高等职业教育食品质量与安全专业教材

中国轻工业"十四五"规划教材

食品质量安全检测

主编
句荣辉　潘　妍

中国轻工业出版社

图书在版编目（CIP）数据

食品质量安全检测/句荣辉，潘妍主编. —北京：中国轻工业出版社，2023.3
ISBN 978-7-5184-4183-9

Ⅰ.①食… Ⅱ.①句… ②潘… Ⅲ.①食品安全—食品检验—高等职业教育—教材 Ⅳ.①TS207

中国版本图书馆 CIP 数据核字（2022）第 209326 号

责任编辑：张　靓
文字编辑：刘逸飞　　　责任终审：劳国强　　　封面设计：锋尚设计
版式设计：砚祥志远　　　责任校对：吴大朋　　　责任监印：张京华

出版发行：中国轻工业出版社（北京东长安街 6 号，邮编：100740）
印　　刷：北京君升印刷有限公司
经　　销：各地新华书店
版　　次：2023 年 3 月第 1 版第 1 次印刷
开　　本：720×1000　1/16　印张：25
字　　数：509 千字
书　　号：ISBN 978-7-5184-4183-9　定价：56.00 元
邮购电话：010-65241695
发行电话：010-85119835　传真：85113293
网　　址：http://www.chlip.com.cn
Email：club@chlip.com.cn
如发现图书残缺请与我社邮购联系调换
220033J2X101ZBW

本书编写人员

主　　编　句荣辉（北京农业职业学院）
　　　　　　潘　妍（北京农业职业学院）

副主编　杨　洋（北京农业职业学院）
　　　　　　任亚敏（漯河食品职业学院）
　　　　　　许文涛［农业农村部农产品质量监督检验测试中心（北京）］

参　　编　王　博（甘肃工业职业技术学院）
　　　　　　徐　佳（漯河食品职业学院）
　　　　　　尹凯静（芜湖职业技术学院）
　　　　　　周慧恒（湖南化工职业技术学院）
　　　　　　肖志勇（北京市农产品质量安全中心）

主　　审　国　伟（中国检验检疫科学研究院）

前　言

食品质量安全检测课程是食品检验检测技术、食品质量与安全专业的一门职业性很强的专业核心课程，又是适应国家乡村振兴战略、都市农业发展、服务区域经济、保障食品安全、满足食品检测行业岗位人才需求的职业培训课程。

一、教材的编写思路

一是牢固树立以人民为中心的发展理念，深入贯彻落实习近平总书记"四个最严"的要求，切实保障人民群众"舌尖上的安全"；二是全面落实二十大报告中指出加快推进农业强国、健康中国建设，保障人民的身体健康，提高人民生活品质的战略；三是借鉴国际当代职业教育发展的最新理论与方法技术，参照《中华人民共和国食品安全法》和《食品安全标准与监测评估"十四五"规划》，反映食品安全领域的专业要求和发展水平；四是结合职业院校学生的特点，以立德树人为根本、以市场需求为导向、以技术技能为核心，着力培养学生的综合能力和职业素养。

本教材以食品企业安全检测岗位调研为基础，紧贴食品质量与安全、食品检验检测类专业的人才培养目标；使学生熟练掌握现代食品安全检测的理论知识、基本方法和操作技能，能根据国家标准进行质量检验、完成检验任务，并具有利用所学理论知识解释检验中的现象与原理、分析与解决食品质量实际问题的能力；培养学生严谨的工作作风和务实的工作态度，使学生形成积极向上、愉快工作的职业心态，树立强烈的食品质量观念和安全意识，养成良好的职业道德习惯。

二、教材开发特色

第一，全面融入思政元素，实现全过程育人。在整部教材内容的编写过程中，通过引导学生了解检测任务背景知识，培养学生食品安全职业道德素养；通过学习国家、地方、行业企业食品安全检测标准，引导学生严格遵守国家法律法规及规章制度；通过规范的检测流程，培养学生认真、严谨、科学的实验态度；通过实验后废弃物正确分类回收，培养学生的环保意识；通过引导学生了解食品检测在保障食品安全中的重要意义，使学生树立职业荣誉感、使命感和责任感。将爱国主义精神、工匠精神、食安精神等核心内容自然渗透到整部教材中。

第二，深化"岗课赛证"融通，培养高素质技术技能型人才。本教材遵循工作过程系统化的原则，在产教融合的基础上，紧密围绕食品安全检测岗位能力要求、农产品食品检验员职业资格标准、"1+X"粮农食品安全评价、食品检验管理职业技能等级标准以及全国农产品质量安全检测技能大赛规程要求组织教材内容，体现了现代食品安全检测的基本理论知识、基本方法和核心操作技能。

第三，采用"国家标准+工作手册"，实现教材与学材统一。教材内容编写形式以相关国家标准为核心资料，学生经历从任务导入、任务要求、必备知识、任务准备、任务实施、在线测试、知识拓展的整个过程，获得工作过程知识（包括理论与实践知识）并掌握操作技能；工作手册包括实验方案设计，样品、耗材、仪器的准备，实验实施及原始数据记录，实验反思，实验后整理，评价与反馈六个部分，使学生学习掌握各种要素及其之间的相互关系，包括检测对象、仪器设备、检测方法、劳动组织要求和工作要求。本教材中，教师是学生学习过程的组织者，主要采用行动导向的教学方法，通过有一定实际价值的典型工作任务来引导教学组织过程。学生学习多以小组进行，有尝试新活动方式的实践空间，并强调合作与交流。

三、教材内容的编写分工

本教材由校企人员共同编写。北京农业职业学院句荣辉负责内容简介、前言、配套资源整理及全书的组织与统稿工作；漯河食品职业学院徐佳负责编写项目一；漯河食品职业学院任亚敏负责编写项目二；芜湖职业技术学院尹凯静、北京市农产品质量安全中心肖志勇负责编写项目三；湖南化工职业技术学院周慧恒负责编写项目四；北京农业职业学院杨洋、农业农村部农产品质量监督检验测试中心（北京）许文涛负责编写项目五；北京农业职业学院潘妍负责编写项目六及全书配套资源的编辑整理；甘肃工业职业技术学院王博负责编写项目七。本教材由中国检验检疫科学研究院国伟研究员担任主审。教材编写过程中得到许多同行、企业专家等的帮助和指导，在此向他们深表谢意。

由于编写人员业务水平有限，书中内容难免有不妥之处，恳望读者予以批评，更希望与我们进行探讨与交流。

目 录 CONTENTS

项目一　样品采集、制备及前处理 ··· 1
　任务一　样品采集 ··· 3
　任务二　样品制备 ·· 10
　任务三　样品前处理 ·· 16

项目二　食品中重金属检测 ·· 27
　任务一　铅的检测 ·· 29
　任务二　镉的检测 ·· 37
　任务三　汞的检测 ·· 46
　任务四　砷的检测 ·· 56

项目三　食品中农药残留检测 ··· 65
　任务一　有机磷类农药残留的检测 ··· 68
　任务二　有机氯和拟除虫菊酯类农药残留的检测 ···························· 78
　任务三　食品中氨基甲酸酯类农药的检测 ····································· 92

项目四　食品中兽药残留检测 ··· 106
　任务一　磺胺类兽药残留的检测 ·· 110
　任务二　硝基呋喃类兽药残留的检测 ··· 116
　任务三　四环素类兽药残留的检测 ·· 126
　任务四　氟喹诺酮类兽药残留的检测 ··· 132

项目五　食品添加剂检测 ··· 141
　任务一　防腐剂——苯甲酸和山梨酸的检测 ································ 146
　任务二　护色剂——硝酸盐及亚硝酸盐的检测 ······························ 157
　任务三　抗氧化剂——BHA、BHT 和 TBHQ 的检测 ······················ 169

任务四　漂白剂——亚硫酸盐的检测 …………………………………………… 178
　　任务五　甜味剂——甜蜜素的检测 ……………………………………………… 185
　　任务六　着色剂——栀子黄和胭脂红的检测 …………………………………… 194

项目六　食品中非法添加物检测 ……………………………………………………… 205
　　任务一　三聚氰胺的检测 ………………………………………………………… 209
　　任务二　瘦肉精的检测 …………………………………………………………… 221
　　任务三　苏丹红的检测 …………………………………………………………… 231
　　任务四　吊白块的检测 …………………………………………………………… 237

项目七　食品加工与贮藏过程中产生的有毒有害物质检测 ………………………… 245
　　任务一　杂环胺的检测 …………………………………………………………… 247
　　任务二　丙烯酰胺的检测 ………………………………………………………… 261
　　任务三　反式脂肪酸的检测 ……………………………………………………… 275

参考文献 …………………………………………………………………………………… 288

项目一

样品采集、制备及前处理

知识目标

1. 掌握采样的原则，采样的方法；
2. 掌握样品的制备方法，样品的保存方法；
3. 掌握样品的前处理方法。

能力目标

1. 能对不同形态、不同种类、不同数量的样品进行正确采集和制备；
2. 掌握常用采样设备的使用方法；
3. 能根据不同种类食品样品及不同的检验项目，对食品样品进行采集和前处理；
4. 能够规范填写采样单。

素质目标

1. 养成良好的实验操作习惯和严谨的科学工作作风，树立良好的团队合作意识；
2. 具备积极探索、勇于实践、虚心好学、一丝不苟的工作态度；
3. 具备吃苦耐劳、团结协作的精神，公平、公正、诚信的品德；
4. 具备爱国情怀，增强学生文化自信，培养学生思辨的精神。

食品是人类赖以生存和发展的物质基础，食品品质的好坏，关系着人们的身体健康。《中华人民共和国食品安全法》规定："食品安全，指食品无毒、无害，符合应当有的营养要求，对人体健康不造成任何急性、亚急性或者慢性危害。"食品质量的好坏，要从营养成分、感官性状、理化指标、安全性等方面进行评价。在对食品检测的过程中，需要借助各种先进的仪器设备进行检验工作，做到数据准确，而样品采集的工作是开展检验工作的首要环节，直接关系到检验数据的质量。

一、样品采集

样品采集简称采样，是指从整批产品中抽取一定量具有代表性的样品的过程，也称抽样。采样的目的在于检验试样感官性质上有无变化，食品的一般成分有无缺陷，加入的外来物质中有无重金属、有害物质和各种微生物的污染，以及有无变质和腐败现象。由于分析检验时采集的样品很多，其检验结果又要代表整箱或整批食品的结果，所以样品的采集是食品质量安全检测的重要环节，也是首要环节，如果采取的样品不足以代表全部样品的组成成分，即使以后的样品处理、检测等一系列环节非常精确，其检测的结果也毫无价值，甚至得出错误的判定。因此，样品采集决定着食品检测结果的准确性，也是食品检验人员必须掌握的一项基本技能。

二、样品制备

食品的种类繁多，许多食品各个部位的组成都有差异，一般来说采集好的样品不会全部用于检测，而是需要从样品中选择少量的样品进行检验，由于按照采样规程采集的样品数量过多、颗粒太大，这就需要对检验样品进行制备。在食品检测中，由于食品的组成复杂，而且各组分之间又往往以复杂的结合形式存在，常对直接测定带来干扰。因此，为了克服和消除这些影响因素，保证分析结果的准确性，必须对样品进行粉碎、混匀、缩分，这样制备出的样品才能充分代表整体样品的特性，这项工作即为样品的制备。

三、样品前处理

样品前处理是食品质量检测的一个重要环节，食品组成成分复杂，既含有大分子的有机化合物，如蛋白质、糖、脂肪、维生素及因污染混入的有机农药，也含有钾、钠、钙、铁、镁等无机元素，这些组分往往以复杂的组合态或配合物的形式存在，当用选定的方法对其中某个组分的含量进行测定时，常出现因共存干扰而影响被测组分检出的问题，若不进行分离浓缩，则难以正常测定。为排除干扰，准确地检验出待测组分的含量，需要对样品进行不同程度地分离、分解、浓缩、提纯处理，这些操作过程统称为样品前处理。样品前处理的目的就是在测定前排除干扰组分，使样品变成一种易于检测的形式，定量、完整地保留住被测组分，对样品进行浓缩或富集，以便获得可靠的结果。

任务一 样品采集

任务导入

2022年7月国家市场监督管理总局组织食品安全监督抽检,抽取粮食加工品、食用农产品、食糖、乳制品、酒类、糕点、炒货食品及坚果制品、饼干、薯类和膨化食品、蛋制品、豆制品、蜂产品、罐头、蔬菜制品、水果制品、水产制品、冷冻饮品、糖果制品、婴幼儿配方食品、保健食品、特殊膳食食品和食用油、油脂及其制品22大类食品607批次样品,其中食糖、乳制品、糕点、炒货食品及坚果制品、蜂产品、罐头、水果制品7大类食品检出10批次样品不合格。发现的主要问题包括微生物污染、食品添加剂超范围超限量使用、质量指标不达标等。(来源:市场监督管理总局关于10批次食品抽检不合格情况的通告〔2022年第19号〕)

任务要求

样品采集是食品检测工作的首要环节,能否正确采样,对分析数据的准确性起着关键作用。本任务要求学生按照专业水平对市售散装粮食进行样品采集、保存,并填写采样记录单。

必备知识

一、样品采集的方法

样品采集——不同状态食品采样

由于食品种类丰富,成分复杂,同一种类的食品,其成分和含量也会因为原材料的品种、产地、加工不同而存在较大的差异;同一种样品的不同部位,其成分和含量也可能有较大差异。因此必须选择正确的采样方法,从大批量的、组成成分不均一的食品中,采集一定量的能够代表全部被检食品的样品,用于分析测定。样品的采集有随机采样和代表性采样两种方法。所谓随机采样,即按照随机原则,均衡地、不加选择地从全部产品的各个部分取样。但随机不等于随意,采集样品要尽可能全面,从各个部位进行抽取,应保证所有物料的各个部分都有被抽到的机会。代表性采样,即根据样品受某些条件影响变化的规律,从待检的食品中全面系统地抽取样品,采集的样品能代表其相应部分的组成。指定代表性采样用于检验有某种特殊检验重点的样品采样,如大批罐头中的个别变形罐头采样,对有沉淀的啤酒的采样等。随机采样与代表性采样各有其优劣性:①随机采样能够最大化剔除人员因素对抽检样品质量的影响,避免人为的倾向性，但是在有些情况下，如难以混匀的食品（如黏稠液体、蔬菜等）的采样，仅仅用随机采样法是不行的，必须结合代表性采样，从有代表性的各个部分分别取样；②代表性采样更易受到人的主观因素的影响，可能会造成样品不具有代表性。因此，在样品采集过程中经常会将随机采样与代表性采样结合在一起使用，或者根据食品的具体情况，选择相应的采样方法。具体的采样方法，因分析对象的性质不同而异，采样工作应按照国家标准或行业标准执行。

1. 均匀的固态食品的采样分析

（1）无包装的散堆食品　如粮食粉状食品，先划分出若干等体积层，然后在四角和上、中、下三层中心点取出检样，把许多份检样综合起来成为原始样品，再按四分法（图1-1）缩分至所需数量。四分法是指将原始样品充分混合均匀后堆集在清洁的玻璃板上，压平成厚度在3cm以下的形状，并划成对角线或"十"字线，将样品分成四份，取对角线的两份混合，再分为四份，取对角的两份。这样操作直至取得所需数量为止，所得样品即是平均样品。

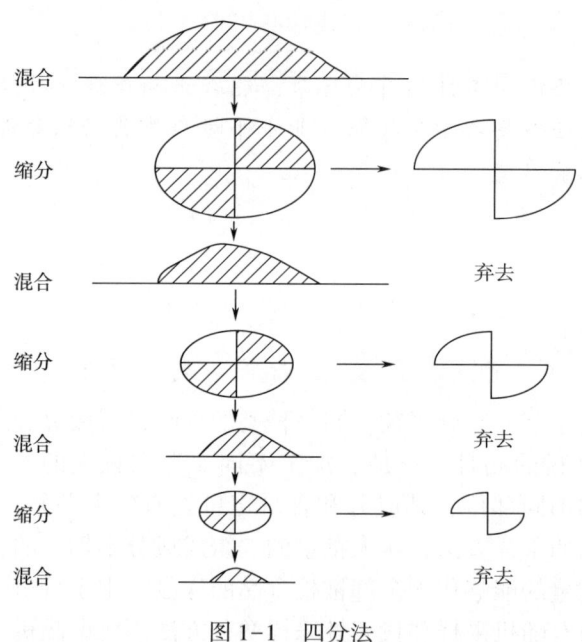

图1-1　四分法

（2）有完整包装的食品　首先根据下列公式确定取样件数。

$$n = \sqrt{\frac{N}{2}}$$

式中　n——取样件数；

N——总件数。

从样品堆放的不同部位取到所需的包装样品后，再用双套回转取样管插入包装中，回转180°取出样品。每一包装须由上、中、下三层取出三份检样，把许多份检样综合起来成为原始样品，再按四分法缩分至所需数量。

2. 较稠的半固体物料的采样方法

如动物油脂、果酱、稀奶油等，可先按照 $n=$ 确定采样件数（几桶或几罐），启开包装后，用采样器从各桶（罐）上、中、下三层分别取出检样，然后混合缩减至所需数量。

3. 液体物料的采样方法

如鲜乳、酒或其他饮料、植物油等，包装体积不太大的可先按上法确定采样件数，开启包装后充分混匀。充分混匀后采取一定量的样品混合。用大容器盛装不便混匀的，可采用虹吸法分层取样，每层各取 500mL 左右，装入小口瓶中混匀后，再分取缩减至所需数量。

4. 不均匀的固体食品的采样方法

像肉类、水产、果品、蔬菜等，由于其各部位极不均匀，个体大小及成熟程度差异较大，取样可按下述方法进行：

（1）肉类可从不同部位取样，经混合后代表该只动物的情况，或从一只或多只动物的同一部位取样，混合后代表这种动物的某一部位的情况。比如动物的肌肉、脂肪等部位。

（2）水产品类如果个体较小可随机取多个样品，捣碎混匀后分取缩减到所需的量；个体较大的可从多个个体上切割少量可食部分混匀后分取缩减到所需量。

（3）果蔬类个体较小的随机取若干整体粉碎混匀后缩分到所需数量；个体较大的可按照个体大小的组成比例及成熟度，选取若干个体，对每个个体按生长轴纵剖成四份或八份，取对角线两份捣碎混匀后缩分到所需数量。

5. 小包装食品的采样方法

一般按班次或批号连同包装一起采样。同一批号取样数量，250g 以上包装不得少于 3 个，250g 以下包装不得少于 6 个。如果小包装外还有大包装，可在堆放的不同部位抽取一定量的大包装，打开包装，从每箱中抽取小包装，再缩减到所需数量。

6. 流水生产线上的采样方法

流水作业线上的货批通常指一个工作班生产的产品。要检验该货批的质量是否达标，在制定好抽样量后，取样位点一般都设在作业线上的一定位置（如罐头生产线的封盖前，又如码头散装货输送线上抓斗前），每隔一定时间，从该位置取出流经此位置的一件或一定量的样品作为检样，然后将一定时间范围（例如一个工作时等）内的检样合并，就形成样品中一个检样的原始样品。

二、样品采集的程序

1. 采样前的准备

采样工具，用具准备。采样用具本着适用、够用为准的原则。可参考备置以下物品：勺子、镊子、剪子、刀子、铲子、开罐器、尖嘴钳、吸管、吸球、量筒（杯）。微生物检测采样需要备置消毒棉签、无菌棉拭子、采样管、运送培养基、一次性注射器、无菌采样容器、无菌采样袋、乳胶手套、规格板、酒精灯及酒精、75%酒精棉球、灭菌生理盐水、消毒纱布、记号笔、不干胶标签、皮筋、火柴、手电筒及样品冷藏运输设备。

样品采集——采集程序

2. 制订采样方案

采样人员应了解检验目的、抽样检验的有关标准和要求，然后制订采样方案。采样方案应包括抽样的对象、品种和数量、范围和检验项目、采样方法及储运规定、人员安排、工作日程等。

3. 采样人员要求

采样应至少2人进行，采样人员应穿戴整洁，不得佩戴戒指、手表、手链等饰品，不留长指甲或染色，采样前应将手洗净戴一次性乳胶手套，采样人员应尽可能亲自采样，所抽样品应遵循同一原则，微生物采样要注意无菌操作。

4. 采样过程要求

样品采集可分为四步：①获取检样：即由整批食品的各个部分采取的少量样品，称为检样。检样的量按产品标准规定而异。②获取原始样品，即把许多份检样综合在一起称为原始样品。③制取平均样品，原始样品经过处理再抽取其中一部分供分析检验用的称为平均样品。④将平均样品分为三份，每份样品质量一般不少于 0.5kg。一份作为检验分析用的样品，称为检验样品或试验样品；一份作为复验用的样品，称为复验样品；一份作为备查用的样品，称为保留样品。

5. 采样信息的记录

为了保证采样过程的真实性、公正性，还应对现场信息进行采集，如被抽检单位外观的照片、相关资质文件的照片、采样过程的照片、所采集样品与购物票据在一起的照片等信息，并应填写采样单，要求详细填写采样单位的名称、地址、具体采样日期、采样条件、采样批号以及样品的包装情况、采样的数量，具体的检验要求以及参与采样工作人员的信息，确保填写信息与所采集样品的信息保持一致，并进行现场签字确认，记录应使用钢笔或签字笔填写，字迹工整、清晰，不得随意涂改，如需更改的应由更改者签字确认。在监督抽检样品时还要对样品进行封样，封条上要对样品的相关信息进行标注，并由双方签字确认。这样可保证样品的真实性、可追溯性，为后面的检验得出准确的结论奠定基础。

本任务依据 GB/T 5491—1985《粮食、油料检验 扦样、分样法》操作。

GB/T 5491—1985《粮食、油料检验 扦样、分样法》

任务准备

1. 扦样工具

(1) 细套管扦样器 全长分1m、2m两种,3个孔,每孔口长约15cm,口宽约1.5cm,头长约7cm,外径约2.2cm。

(2) 粗套管扦样器 全长分1m、2m两种,3个孔,每孔口长约15cm,口宽约1.8cm,头长约7cm,外径约2.8cm。

2. 容器及标签、封条

样品容器应具备的条件是:密闭性能良好,清洁无虫,不漏,不污染。常用的容器有样品筒、样品袋、样品瓶(磨口的广口瓶)等。

任务实施

1. 明确基本原则

取样应采取必要的保密措施,事先不得通知被检单位,以确保取样的真实性。

2. 人员安排

抽样的人员不少于2人。抽样人员应随身携带文件、身份证明、监测方案、抽样单和调查表等,并在规定的时间内抽样。

3. 抽样

(1) 无包装的散堆食品样品的采集 先将成堆的粮食划分出若干等体积层,然后在四角和上中下三层中心点取出检样,把许多份检验样品综合起来成为原始样品,再按四分法缩分至所需数量。

(2) 四分法 将样品倒在光滑平坦的桌面上或玻璃板上,用两块分样板将样品摊成正方形,然后从样品左右两边铲起样品约10cm高,对准中心同时倒落,再换一个方向同样操作(中心点不动),如此反复混合四五次,将样品摊成等厚的正方形,用分样板在样品上划两条对角线,分成四个三角形,取出其中两个对顶三角形的样品,剩下的样品再按上述方法反复分取,直至最后剩下的两个对顶三角形的样品接近所需试样量为止。

4. 保存样品

将缩分后的样品分别保存在洁净的样品瓶中,做好标识,分别为检验样品、复验样品、保留样品。

5. 填写采样单

食品质量安全例行监测抽样工作单如表1-1所示。

表1-1 食品质量安全例行监测抽样工作单

样品名称			样品编号		
商标			等级		
包装	( ) 有 ( ) 无		标识	( ) 有 ( ) 无	
型号规格			执行标准		
生产日期或批号					
产品认证情况	( ) 无公害农产品 ( ) 绿色食品 ( ) 有机农产品 ( ) 其他				
证书编号					
抽样数量			抽样基数		
抽样场所	( ) 生产基地/企业 ( ) 屠宰场 ( ) 农贸市场 ( ) 批发市场 ( ) 超市 ( ) 其他				
受检单位情况	受检单位名称				
	通讯地址		邮编		
	法定代表人				
	联系人		电话		传真
受检人情况	姓名		电话		传真
生产单位情况	( ) 生产 ( ) 进货单位名称		产地		
	通讯地址		邮编		
	联系人		电话		传真
抽样单位情况	单位名称		联系人		
	单位地址		邮政编码		
	联系电话、传真		E-mail		

监测任务依据:

受检人签字: 抽样人签字:

受检单位负责人签字: 抽样单位(公章):

受检单位(公章)   抽样日期   年   月   日
              年   月   日

备注:

在线测试

项目一　任务一　在线测试

知识拓展

一、正确采样的原则

（1）代表性原则　采集的样品能真正反映被采样品的总体水平，也就是通过对具体代表性样品的监测能客观推测食品的整体质量。采集的样品要均匀，有代表性，能反映全部被检测食品的组成，质量和卫生状况。

（2）典型性原则　采集能充分说明达到监测目的典型样品，包括污染或怀疑污染的食品、掺假或怀疑掺假的食品、引起中毒或怀疑引起中毒的食品等。

（3）适时性原则　因为不少被检物质总是随时间发生变化的，为了保证得到正确结论应尽快检测。

（4）适量性原则　样品采集数量应满足检验要求，同时不应造成浪费。

（5）不污染原则　所采集样品应尽可能保持食品原有的品质及包装形态。所采集的样品不得掺入防腐剂、不得被其他物质或致病因素所污染。

（6）无菌原则　对需要进行微生物项目检测的样品，采样必须符合无菌操作的要求，一件采样器具只能盛装一个样品，防止交叉污染。并注意样品的冷藏运输与保存。

（7）程序原则　采样、送检、留样和出具报告均按规定的程序进行，各阶段均应有完整的手续，交接清楚。

（8）同一原则　采集样品时，检测及留样、复检应为同一份样品，即同一单位、同一品牌、同一规格、同一生产日期、同一批号。

二、采样的注意事项

（1）采样应注意样品的生产日期、批号、代表性和均匀性（掺伪食品和食物中毒样品除外）。采集的数量应能反映该食品的质量、安全状况且满足检验项目对样品量的需求。

（2）所有采样的工具，如采样器、容器、包装纸等都应清洁、干燥、无异味，不应将任何有害物质带入样品中。采样容器应根据检验项目选用硬质玻璃瓶或聚乙烯瓶（袋），容器上要贴上标签，并做好标记。检验微量与超微量元素时，为避免采样容器含有待测物质和干扰物质，要对容器进行预处理。例如，检验食品中铅含量时，容器在盛样前应该先进行去铅处理；检验铁含量时，应避免与含铁的工具、容器接触；做汞测定时，样品不能用橡胶塞；检验3,4-苯并芘时，样品不要用蜡纸包装，并防止阳光照射。

（3）设法保持样品原有理化指标，使其在进行检测之前不得污染，不发生变化。例如，做黄曲霉毒素测定的样品，要避免阳光、紫外灯照射，以免黄曲霉毒素分解。

（4）采样后应在4h内迅速送往实验室进行分析检验，使其保持原来的理化状态及有毒有害物质的存在状况，避免样品的理化状态发生改变，在检验前不应再被污染，也不应发生变质、腐败、霉变、微生物死亡、毒物分解或挥发及水分增减及酶的影响。

（5）感官性质极不相同的样品，切不可混合在一起，应另行包装并注明其性质。

（6）采样完毕时，应认真填写采样记录。采样数据应作为检测工作的一部分保留记录，具体要求如下。

①采样记录应采用采样文本固定格式，内容应包括：采样目的、被采样单位名称、采样地点、样品名称、编号、被采样产品产地、商标、数量、生产日期、批号或编号、样品状态、被采样产品数量、包装类型及规格、感官所见（有包装的食品包装有无破损、变形、受污染；无包装的食品外观有无发霉变质、生虫、污染等）、采样方式、采样现场环境条件（包括温度、湿度及一般卫生状况）、采样日期、采样单位（盖章）或采样人（签字）、被采样单位负责人签字。采样记录一式两份，一份由被采样单位保存，另一份由采样单位保存。

②样品签封和编号：采样完毕整理好现场后，将采好的样品分别装在容器或牢固的包装内，在容器盖接处或包装上进行签封，明确标记品名、来源、数量、采样地点、采样人、采样日期等内容。如样品品种较少，应在每件样品上进行编号，注意编号应与采样记录上的样品名称或编号相符。

任务二　样品制备

任务导入

国家市场监督管理总局组织食品安全监督抽检，抽取的原料分别是蔬菜、水果、乳制品等，需要对这些原料进行农药残留的检测。

任务要求

在样品制备之前,要准确地掌握待测产品的相关标准和实验方法,才能根据不同样品的不同检验项目,采用相应的制备方法制备出检验用的所需样品。本任务要求学生按照专业水平对待检测的样品进行制备。

必备知识

样品制备的方法因产品类型和检测项目不同而异。

1. 液体、浆体或悬浮液体的制备

液体、浆体或悬浮液体直接摇匀或充分搅拌使其混匀。如饮料、油脂、炼乳、蜂蜜、酱油、糖浆等液态食品的样品制备主要是充分混匀,如果这些样品中有结晶、结块或很稠时,可在不高于50℃的水浴中边加温边搅拌使其充分匀化。互不相溶的液体(如油与水的混合物)应首先使互不相溶的成分分离,再分别取样。

样品制备

2. 固体样品的制备

固体样品通过切细、粉碎、捣碎、研磨等方法制成均匀的状态。面粉、淀粉、砂糖、乳粉、咖啡等粉末状和较细的颗粒状食品的样品制备只需充分搅拌均匀即可作为检验样品,进行一般检验项目的分析测定;非粉末状样品如茶叶、烟叶、饼干等需要简单粉碎并充分混匀即可作为检验样品,进行一般检验项目的分析测定;谷物、豆子、坚果、花椒等天然颗粒状食品的样品制备包括去杂和去壳,有些检验项目还要求去麸、皮、籽、小梗等;带壳类坚果样品的制备,要根据其不同的检验项目,查找相应的国家标准,根据国家标准要求决定是否去壳。比如在检测坚果炒货的防腐剂、甜味剂时,要根据GB 2760—2014《食品安全国家标准 食品添加剂使用标准》的要求,将样品带壳一起粉碎进行制样,而检测重金属等其他指标时,则需要去壳后再粉碎制取样品。大的固体杂物一般凭手工或分选器捡出,尘土、小梗等细粒和粉末状杂质可经筛分法去除,硬壳一般凭手工破碎后剥去,麸皮的去除则需磨粉和筛分。水分含量大的果蔬类、肉类、禽类、鱼类可用匀浆法,取其可食部分,放入组织捣碎机捣匀或绞肉机中搅匀;水分含量低的硬度大的谷物可用研钵或磨粉机磨碎。

3. 个体过大的固体样品的制备

个体过大的固体样品如香肠、水果、面包、动物、瓜、薯类等,要设法减小个体体积才能进一步匀化,需要对此类样品进行缩分。例如,对于水果,应不断沿着果顶和果梗的轴线对角切分,每次留下对角的两部分,直到达到必要的缩分程度后混合;对于火腿肠,可沿着长轴均匀切分为若干小节,然后每隔几节从中取一节混合;对于去除内脏的动物,可沿身体的对称轴对分,取其一半最后混合。

4. 整鱼、贝、畜、禽、蛋及生鲜水果、瓜、蔬菜、薯类等食品的样品制备要去除不可食部分，如蛋类去壳后用打蛋器打匀。冻鱼表面的冰和干咸鱼表面的盐也要去除，盐水鱼罐头的盐水一般也弃去。

5. 罐头食品的制备

将罐头打开，固体和汤汁分别称重，小心去除固体中的不可食部分（如骨头）后再称重，按可食固体和液体的质量比各取一定量，混合后于捣碎机内捣碎匀化。水果罐头先清除果核；肉禽罐头先清除骨头；鱼罐头去除姜、辣椒、花椒、葱等调味品，捣碎。

NY/T 3304—2018
《农产品检测样品管理技术规范》

本任务依据 NY/T 3304—2018《农产品检测样品管理技术规范》操作。

■ 任务准备

1. 制样工作场地

应通风，整洁，无扬尘，无易挥发化学物质。

2. 制备工具和容器

（1）切碎新鲜样品　用不锈钢食品加工机、聚乙烯塑料食品加工机、高速组织分散机、不锈钢切刀、不锈钢剪刀等。

（2）磨碎干样品　不锈钢磨、旋风磨、玛瑙研钵、无色聚乙烯塑料薄膜、白瓷盘、样品筛。

（3）分装样品容器　具塞磨口玻璃瓶、具塞无色聚乙烯塑料瓶、具塞玻璃瓶等，无色聚乙烯塑料袋等。

3. 样品

果蔬类制品，粮食类制品，乳制品。

■ 任务实施

1. 小型叶菜类蔬菜样品制备

将试样用去离子水洗净，晾干后，去除根部，取可食部分切碎混匀。将切碎的样品用四分法取适量，用不锈钢食品加工机制成匀浆备用。如需加水应记录加水量。

2. 大型叶菜类蔬菜样品制备

大白菜等大型蔬菜样品采用对角线分割法缩分。先用清水将样品洗净晾至无水分后，垂直放置，中间部分横切，然后上下部分分别进行对角线分割，除去不可食部分，用不锈钢食品加工机制成匀浆，取所需要量备用。

3. 谷物和油料类样品制备

（1）鲜样　取少量样品放入匀浆机或组织捣碎机内制成匀浆，按所需量分装入洁净容器，密封并标识。

(2) 干样　取少量样品放入洁净的粉碎机中粉碎，将其弃去，再用粉碎机粉碎剩余的样品，按相应检测标准要求，粉碎后全部通过0.425mm样品筛（40目），按照所需数量分装入洁净容器，密封并标识。

4. 乳粉、豆奶粉、婴儿配方乳粉等固态乳制品（不包括干酪）制备

将试样装入能够容纳2倍试样体积的带盖容器中，通过反复摇晃和颠倒容器使样品充分混匀直到使试样均一化。

5. 发酵乳、乳、炼乳及其他液体乳制品制备

通过搅拌或反复摇晃和颠倒容器使试样充分混匀。

在线测试

项目一　任务二　在线测试

知识拓展

一、样品制备的注意事项

为了保证分析结果的准确性，要求制备过程在不破坏待测成分的条件下进行，首先去除不可食部分。植物性食品，根据品种的不同，剔除非食用的根、皮、茎、柄、叶、壳、核等；动物性食品则需要剔除羽毛、鳞爪、骨头、胃肠内容物、胆囊、甲状腺、皮脂腺、淋巴结等。样品的制备是一个简单的机械加工过程，主要是将样品粉碎、混匀，常用的样品制备工具有刀、剪刀、粉碎机等，要根据具体样品的性状和检测项目来选择样品的均匀化处理工具。在样品的制备过程中会有一定的热量产生，热量过高会引起许多反应，如水分的散失、易挥发成分的逸出、蛋白质的变性、维生素类的分解等，因此要控制这些理化指标的变化，就要降低热量的产生，能切剁的样品尽量采用切剁形式，不能切剁的用粉碎机进行粉碎时要保证热量可以及时散发，如可采用干冰冷冻粉碎机对易挥发检测项目的样品进行冷冻粉碎。在制样过程中还要注意制样器具的干燥清洁，每用完一次都要及时清洗，并擦拭干净，防止外来杂质的带入及样品之间的交叉污染。在完成样品制备后，要对样品的取样部位、待检项目、相关制备方法、取样量、制备量以及保存条件、制样人、制样日期等进行相关的记录，如表1-2所示。

表 1-2 样品制备及保存方法记录表

样品制备依据：GB/T 27404—2008 附录 E		取样部位	待测试项目	制备方法		
样品编号	样品名称	A 农药残留量检测：依据 GB 2763—2021 B 可食部位 C 其他部位	A 农药残留量 B 兽药残留量 C 无机元素 D 食品添加剂 E 其他理化指标	A 食品捣碎机捣碎 B 用刀切碎 C 其他方式	选取样品量（单位）	混合并经四分法缩分后，样品的制备量

二、样品保存的原则

制备好的样品应当尽快分析，为防止其中水分或挥发性物质的散失以及待测组分含量的变化，影响检测结果的准确性。如不能马上分析则应妥善保存，保存的目的是防止样品出现受潮、挥发、风干、变质等现象，确保其成分不发生任何变化，因此保存时应遵循以下原则。

（1）防止污染 制备好的平均样品应装在洁净、密封的容器内（最好用玻璃瓶，切忌使用带橡皮垫的容器），凡是接触样品的器具，手必须干净清洁，不应带入新的污染物，应当及时密封。

（2）防止成分损失 某些待测组分容易挥发、降解或不稳定，可结合这些物质的特性与检验方法加入某些溶剂或试剂，使待测组分处于稳定状态。

（3）防止水分变化 容易失去水分的样品应先取样测定水分，再保存烘干后的样品，然后再折算成新鲜样品中的含量，干燥的样品易吸潮，可将其存放在密封的干燥器内。

（4）防止见光分解 以胡萝卜素、黄曲霉毒素 B_1、维生素 B_1 这些成分为分析项目的样品时，必须将制备好的样品贮存于避光处。

（5）防止腐败变质 容易腐败变质的样品应当采取适当的方法以降低酶的活性及抑制微生物生长繁殖。

三、样品的保藏方式

（1）冷藏 易腐败变质、挥发的样品短期保存温度一般以 0~5℃ 为宜。

（2）干藏 可根据样品的种类和要求，采用风干、烘干、升华干燥等方法。其中升华干燥又称为冷冻干燥，它是在低温及高真空度的情况下对样品进行干燥（温度：-30~-10℃，压强：10~40Pa），所以食品的变化可以减至最小程度，保存时间也较长。

（3）罐藏　不能及时处理的鲜样，在允许的情况下可制成罐头贮藏。例如，将一定量的试样切碎后，放入乙醇（$\varphi=96\%$）中煮沸 30min（最终乙醇浓度应在 78%~82%），冷却后密封，可保存一年以上。

另外，也可以在样品中加入无干扰的防腐剂或保护剂保存。

四、样品的运输与保留

（1）采样结束后应尽快将样品检验或送往留样室，需要复检的应送往实验室。

（2）疑似急性细菌性食物中毒样品应无菌采样后立即送检，一般不超过 4h，气温高时应将备检样品置冷藏设备内冷藏运送，不得加入防腐剂。

（3）需要冷藏的食品，应采用冷藏设备在 0~5℃冷藏运输和保存，不具备冷藏条件时，食品可放在常温冷暗处，样品保存一般不超过 36h（微生物项目常温不得超过 4h）。

（4）采集的冷冻和易腐食品，应置于冰箱或在包装容器内加适量的冷却剂或冷冻剂保存和运送，为保证途中样品不升温或不融化，必要时可于途中补加冷却剂或冷冻剂。

（5）食品标签标明存放、运输条件的食品，采集的样品存放、运输条件要与之相符，如酸乳标识说明要冷藏，样品的运送及复检样品的保存都要做到冷藏。

（6）需做微生物检测的样品，保存和运送的原则是应保证样品中微生物状态不发生变化。微生物检测用的样品及不能冷藏保存的样品原则上不复检、不留样。采用快速检测方法检测出的超标样品，应随即采用国家标准方法进行确认。检测不合格的样品，要及时通知被采样单位和生产企业。处理样品时，禁止将有毒有害液体样品直接倒入下水道。

（7）采集的样品注意应在保质期内，尽量抽取保质期 3 个月以上的产品（保质期限不足 3 个月的除外）。留样和需要确证的样品，按产品说明书要求存放，期限为检测结果出示后 3 个月。对餐饮业要求凉菜 48h 留样。

（8）样品保存要保持样品原有状态，样品应尽量从原包装中采集，不要从已开启的包装内采集。从散装或大包装内采集的样品如果是干燥的，应保存在干燥清洁的容器内，不要与有异味的样品一同保存。

（9）根据检验样品的性状及检验的目的不同而选择不同的容器保存样品。一个容器装量不可过多，尤其液态样品不可超过容量的 80%，以防冻结时容器破裂。装入样品后必须加盖，然后用胶布或封箱胶带固封，如果是液态样品，在胶布或封箱胶带外还须用熔化的石蜡加封，以防液体外泄。如果选用塑料袋，则应用两层袋，分别封口，防止液体流出。

（10）特殊样品要在现场进行处理，如做霉菌检验的样品，要保持湿润，可放在 1%甲醛溶液中保存，也可贮存在 5%乙醇溶液或稀乙酸溶液中。

任务三　样品前处理

任务导入

国家市场监督管理总局组织食品安全监督抽检，抽取的原料是黄瓜，需要对黄瓜中有机磷农药残留进行测定。

任务要求

在样品制备之后，上机检测之前，需要对样品进行预处理，通过提取、净化、浓缩等操作，将所要检测的物质提取出来。本任务要求学生按照专业水平对送检样品进行制备、前处理，保证检测结果准确、可信。

必备知识

食品的组成是复杂的，在分析过程中各成分之间常常产生干扰；或者被测物质含量甚微，难以检出，因此在测定前需进行样品前处理，以消除干扰成分或进行分离、浓缩。

样品前处理过程中，既要排除干扰因素，又不能损失被测物质，使被测物质浓缩，以满足分析化验的要求，保证测定获得理想的结果，因此，样品前处理在食品检验工作中占有重要的地位。

一、样品前处理方法分类

（一）直接溶解法

试样中的被测物质，大多数能直接溶解于水中，如无机盐、氨基酸、有机酸、糖类、醇类等，所以这类物质加水溶解稀释后可以直接测定。有些有机物质，如单宁等可以用水加热提取后测定。有些难溶于水的有机物质，可以用乙醇、乙醚、石油醚、丙酮、四氯化碳、氯仿等有机溶剂来提取。

（二）有机物破坏法

有机物破坏法主要用于测定食品中无机元素的含量。食品中的无机元素常与蛋白质等有机物质结合，形成难溶、难离解的化合物，使无机元素失去原有的特性而不能被检出，因此需要在测定前破坏有机结合体，释放出被测组分。通常采用高温或高温加强氧化剂的方法，使有机物质分解，呈现气态逸散，而被测组分残留下来。

根据具体的操作方法不同，可分为干法灰化法、湿法消化法及微波消解法三大类。

1. 干法灰化法

用高温灼烧的方式，破坏样品中有机物的方法为干法灰化法，又称为灼烧法。测定时将一定量的样品置于坩埚中，先放在电炉上加热，使其中的有机物脱水、炭化、分解、氧化，再置于高温炉中［灼烧温度（550±25）℃］灼烧灰化，直至残灰为白色或灰色为止，所得残渣即为无机成分，可供测定用。除汞以外，大多数金属元素和部分非金属元素的测定都可以用此法处理样品。

（1）干法灰化法的优缺点

干法灰化法的优点：

①基本不加或加入很少的试剂，故空白值低；

②多数食品经灼烧后残留物体积较小，因而能处理较多的样品，使被测组分富集，降低检测限；

③有机物分解彻底，操作简单，无需操作者经常看管。

干法灰化法的缺点：

①所需时间较长；

②因温度高易造成易挥发元素（如砷、锑、铅、锗、硒等）的损失；

③坩埚有吸留作用，使测定结果和回收率降低。

（2）干法灰化法提高回收率的措施　可根据被测组分的性质，采取适宜的灰化温度，也可加入助灰化剂，防止被测组分的挥发损失和坩埚吸留。例如：加氯化镁或硝酸镁可使磷元素、硫元素转化为磷酸镁或硫酸镁，防止它们损失；加入氢氧化钠或氢氧化钙可使卤素转化为难挥发的碘化钠或氟化钙；加入氯化镁及硝酸镁可使砷转化为砷酸镁；加硫酸可使一些易挥发的氯化铅、氯化镉等转变为难挥发的硫酸盐。

2. 湿法消化法

湿法消化法简称消化法，通过在样品中加入液态强氧化剂，并加热消煮，使样品中的有机物质完全分解、氧化，呈气态逸出，待测组分转化为无机物状态存在于消化液中，供测定使用。常用的强氧化剂有浓硝酸、浓硫酸、高氯酸、高锰酸钾、过氧化氢等，实际上多用以一定比例配制的混合酸。在消化过程中应避免产生易挥发性的物质，避免有新的沉淀形成。例如，$HNO_3 : HClO_4 : H_2SO_4 = 3 : 1 : 1$ 的混合酸适于大多数生物试样的消化，但样品含钙量高，则不可用 H_2SO_4，以避免 $CaSO_4$ 沉淀形成。某些硫酸盐（如 Pb^{2+}、Ag^+、Ba^{2+}）和氯酸盐（如 Pb^{2+}、Ag^+ 等）呈不溶性，因此测定这类样品时不宜使用 $HClO_4$ 或 H_2SO_4。其他氧化剂如 H_2O_2、高锰酸盐等也可用于消化试样，钼盐则能作催化剂加速氧化反应。

（1）湿法消化法的优缺点

湿法消化法的优点：

①分解速度快、所需时间短，灰化彻底；

②由于消化过程在溶液中进行，加热温度低，可减少被测组分或元素的挥发逸散损失，以及被容器的吸留。

湿法消化法的缺点：
①产生大量有害气体，需要在通风橱中进行；
②消化初期有机物质分解易产生大量泡沫外溢，需要操作人员随时照管；
③试剂用量大，空白值偏高。

（2）湿法消化法的分类

根据所用氧化剂不同，湿法消化法分为以下几类。

①硫酸法：硫酸具有强氧化性和脱水性，能够使有机物质分解，比如在蛋白质样品和富脂类样品的消化中，硫酸是常用的消化剂。

②硝酸-硫酸分解法：比单独使用硫酸的氧化性要强，利于分解成分复杂、难以消化的样品，适用于鱼、乳、面粉、饮料等食品的消化。消化时取适量样品于250mL锥形瓶中，加入10mL硫酸和20mL左右的硝酸，先用小火低温加热。待剧烈反应结束后徐徐升温。当分解液开始变黑时，加6~10mL硝酸，继续加热分解，必要时反复操作（每当溶液变深时，立即添加硝酸，否则会消化不完全），直至分解液成无色透明或淡黄色后，蒸干冒浓白烟，冷却后加2~10mL HNO_3（1：1）溶液，加热使之彻底溶解，以纯水洗至50~100mL容量瓶中，定容后即成测试溶液。该法易产生二氧化氮和亚硝酸盐，这两种物质有毒并对测定产生干扰，所以消化后要除去。

③硝酸-硫酸-高氯酸分解法：氧化性比前两种方法都要强，能使样品中的有机物质快速氧化分解，适用于鱼、鸡蛋、乳制品、牛肝、面粉、小米、胡萝卜、南瓜、白菜、苹果、苹果汁、薯干等样品消化。取适量样品于250mL锥形瓶中，加入20mL左右的硝酸，先低温加热。剧烈反应结束后取下锥形瓶，稍冷后，再加4~10mL硫酸、高氯酸，慢慢加热分解。当溶液开始变黑时，再加6~10mL硝酸，必要时反复添加硝酸，继续到产生高氯酸浓白烟，直至样液变为透明或淡黄色再加热也不变黑为止。然后进行硫酸冒烟处理。冷却后加2~10mL HNO_3（1：1）溶液，加热使之彻底溶解，以纯水洗至50~100mL容量瓶中，定容后即成测试溶液。在操作过程中应注意防止爆炸。

④硝酸-高氯酸分解法：适用于乳制品、食用油、鱼和各种谷物食品等含钙量大的样品分解。取适量样品于250mL的锥形瓶中，加20mL硝酸，缓慢加热。待剧烈反应结束后，加5mL高氯酸、5mL硝酸（即比例为1：1），继续加热分解。如果分解液没有变为透明或淡黄色，可再加，如此反复操作，直到有机物完全被破坏。样品分解后，再加热到高氯酸白烟消失。冷却后加2~10mL HNO_3（1：1）溶液，加热使之彻底溶解，以纯水洗至50~100mL容量瓶中，定容后即成测试溶液。在操作过程中应注意防止爆炸。

⑤过氧化氢与盐酸分解法：可使大多元素组分和无机物质溶解，适宜于大

米、马铃薯、牛乳、蔬菜等蛋白质含量较低的样品的分解。具体操作与前面几种相似。

3. 微波消解法

微波消解法是利用微波遇金属被反射和与介质作用时被其投射和吸收的性能，对待测样品进行消化处理的。消解罐中的样品和试剂绝大多数属于有耗介质，靠吸收投射的微波能量而被加热，在高压和高温下，试剂沸点提高，消解速度加快。由于样品在密闭的容器中，一是可减少易挥发元素在开口容器中不可避免的损失；二是可大大减少溶剂用量，降低空白值，同时也减少实验环境对待测样品的污染。微波消解法具有样品分解快速、完全，挥发性元素损失小，试剂消耗少，操作简单，处理效率高，污染小，空白低等显著特点。

（三）蒸馏分离法

蒸馏分离法利用液体混合物中各种组分挥发度的不同而将其分离。通过蒸馏法可除去干扰组分，也可以使待测组分得到纯化和浓缩。蒸馏时采取的加热方式根据被蒸馏物质的性质和沸点不同可分为水浴、油浴或直接加热。食品检测中按照待测组分性质的不同，把蒸馏法分为常压蒸馏法、减压蒸馏法、水蒸气蒸馏法和扫集共蒸馏 4 种。

1. 常压蒸馏法

当被蒸馏的物质常压下受热不分解或组分沸点不太高时，可用常压蒸馏法（图 1-2）。常用的蒸馏釜为平底、圆底烧瓶，冷凝管为直管、球型、蛇型等，加热过程中要注意在磨口装置涂油脂，温度计插放位置要正确，防止爆沸现象的发生。

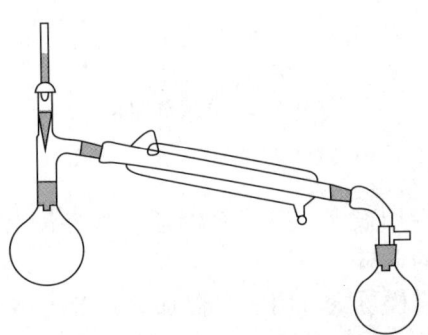

图 1-2 常压蒸馏装置图

2. 减压蒸馏法

当被蒸馏物质常压下受热易分解或沸点太高时，样品组分会炭化、分解，此时应该采用减压蒸馏的方式。减压蒸馏的原理是物质的沸点随其液面上的压强的减小而降低。具体装置如图 1-3 所示。

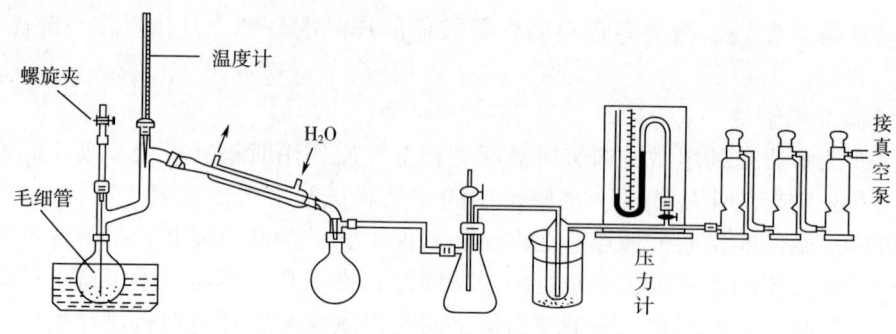

图 1-3　减压蒸馏装置图

3. 水蒸气蒸馏法

水蒸气蒸馏法适用于物质组分复杂，沸点较高，受热不均会引起炭化、分解物质的样品。水蒸气蒸馏是用水蒸气加热混合液体，使具有一定挥发度的被测组分与水蒸气分压成比例地自溶液中一起蒸馏出来。具体装置如图 1-4 所示，水蒸气蒸馏应注意蒸馏前后装置的装拆顺序。

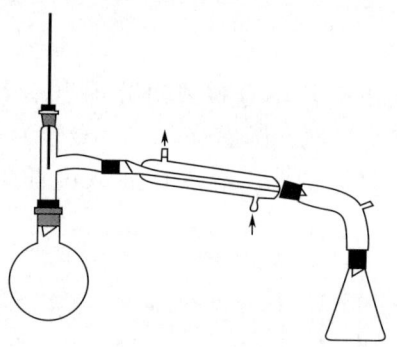

图 1-4　水蒸气蒸馏装置

4. 扫集共蒸馏

扫集共蒸馏是一种专用设备，管式蒸馏器后接冷凝装置与微型层析柱。多用于测定食品中残存农药的含量。

该法最大的优点是需样量少，用注射器加料，节省溶剂，速度快，自动化式，5～6s 测一个样，有 20 条净化管道。

（四）溶剂抽提法

同一溶剂中，不同的物质有不同的溶解度，同一种物质在不同的溶剂中溶解度也不同。利用混合物中各种组分在某种溶剂中溶解度的不同将混合物分离的方法称为溶剂抽提法。溶剂抽提法常用于食品中维生素、重金属、农药、黄曲霉毒素等的分离测定。根据提取对象的不同，溶剂抽提法分为浸提法、溶剂萃取法和超临界萃取法三种。

1. 浸提法

浸提法是用适当的溶剂将固体样品中某种待测成分浸提出来,又称"液-固萃取法"。

(1) 提取剂的选择　浸提法的分离效果取决于提取剂的选择。可根据被提取成分极性的强弱选择提取剂,根据相似相溶的原理,极性弱的成分如有机氯农药可用极性小的溶剂如正己烷、石油醚提取,极性强的物质如黄曲霉毒素 B 可用极性大的溶剂如甲醇与水的混合溶液提取,溶剂对被测组分的溶解度最大,对杂质的溶解度最小。溶剂的沸点应控制在 45～80℃,沸点太高不易浓缩,而且对热稳定性差的待测组分也有不利影响,沸点太低易挥发。另外,溶剂要稳定,不与样品发生反应。

(2) 浸提方法

①振荡浸提法:样品切碎后加入适当的溶剂浸泡、振荡一段时间,被测物质就可以被溶剂提取出来。此法简单方便,但是如果提取次数少或者提取时间短都会降低提取率。

②捣碎法:将切碎的样品和溶剂加入捣碎机中,捣碎一定时间,使被测组分提取出来。此法回收率高,但溶出杂质较多,选择性差。

③索氏提取法:将粉碎的样品放入索氏抽提器中,溶剂加热回流一定时间将被测组分提取出来。此法回收率高,溶剂用量少,提取完全,但操作需要专门的索氏抽提器,操作麻烦,需要提取的时间也较长。

2. 溶剂萃取法

溶剂萃取法是用一种溶剂把样品溶液中的一种组分萃取出来,这种组分在原溶液中的溶解度小于在新溶剂中的溶解度,即分配系数不同,经萃取后,被测组分进入萃取溶剂中,杂质仍然留在原溶剂中,达到分离杂质的目的。本法适用于原溶液中各组分沸点非常相近或形成了共沸物,无法用一般蒸馏法分离的物质。分离效果好,操作简单快速,但萃取剂往往有一定的毒性且易燃,使用时应当注意。

(1) 萃取剂的选择

①萃取剂与原溶剂互不相溶且相对密度不同,易于分层,无泡沫。

②被测组分在萃取剂中溶解度要大于组分在原溶剂中的溶解度。对其他杂质或干扰组分溶解度很小。

③经蒸馏可使萃取剂与被测组分分开,但有时萃取相整体就是产品。

(2) 萃取方法　萃取通常在分液漏斗中进行。一般为获得较高的提取率,往往按照少量多次的原则(萃取 4～5 次),达到分离的目的。常用的有直接萃取和反萃取两种方式。若萃取剂比水轻,或者从水中提取分配系数小或易乳化的组分时,也可用专门的连续液体萃取器。

3. 超临界萃取法(SFE)

超临界萃取利用超临界流体(SCF)作为溶剂,用来有选择性地溶解液体或固体混合物中的溶质，溶质的溶解度大大增加。

超临界流体：流体的温度、压力处于临界状态以上。CO_2常作为超临界流体（临界温度为31.05℃，临界压力7.37MPa），不可燃、无毒、廉价易得、化学稳定性好。

（五）色谱分离法

色谱法于1906年由俄国植物学家茨威特分离植物叶绿体中色素而得名，茨威特在玻璃管中装$CaCO_3$，把溶解了植物叶绿体的石油醚倒入管内，再用石油醚作淋洗剂，结果柱子中被分成几个不同颜色的谱带。色谱法是通过分离体系与固定载体间相向运动，进行组分动态分配而进行分离的方法。色谱法对于分离复杂样品中的各个组分最为有效，在食品、生物、医药检测中应用广泛，按固定相材料及使用形式分类，分为柱色谱（固定相装在色谱柱中）、纸色谱（层析滤纸为支持剂，滤纸上结合水为固定相）和薄层色谱（TLC，将固定相粉末制成薄层）；根据流动相分为气相色谱（GC，流动相为气体）和高效液相色谱（HPLC，流动相为液体）。根据分离机理分为吸附色谱法、分配色谱法和离子交换色谱法。

1. 吸附色谱法

吸附色谱法利用活化处理后的吸附剂，如聚酰胺、硅胶、硅藻土、氧化铝等，经过直接混合或装柱淋洗等方式与样品溶液接触，被测组分或干扰成分即被吸附，分离出吸附剂，通过洗脱液将组分洗出而得到分离。根据不同组分的物理吸附性能的差异进行分离，吸附力相差越大，分离效果越好。例如聚酰胺对色素有强大的吸附力，而其他组分则难以被吸附，在测定食品中色素含量时，常用聚酰胺吸附色素，经过滤洗涤，再用适当溶剂解吸，可得到较为纯净的色素溶液，供检验用。

2. 分配色谱法

分配色谱法利用不同组分在两相中的不同分配系数来进行分离（溶解度的不同）。两相中的一相是流动的，另一相是固定的。被分离组分在流动相沿着固定相移动的过程中，由于不同物质在两相中具有不同的分配比，从而达到分离目的。

3. 离子交换色谱法

离子交换色谱法利用样品中各组分与离子交换剂的亲和力的不同来分离。分为阳离子交换和阴离子交换两种，当被测离子与离子交换剂一起混合振荡，或将样液缓缓通过离子交换剂填充的离子交换柱时，被测离子或干扰离子，即与离子交换剂上的H^+或OH^-发生交换，被测离子或干扰离子留在离子交换剂上，被交换出的，以及不发生反应的其他物质留在溶液内，从而达到分离的目的。食品检测中，常用这种方法制备无氨水、无铅水和分离复杂的样品。

（六）化学分离法

通过适当的化学反应处理样品，改变某些组分的亲水、亲脂及挥发性达到分离的目的。

1. 磺化法和皂化法

磺化法和皂化法用来除去样品中脂肪或处理油脂中其他成分,使本来流水性油脂变成亲水性化合物,从样品中分离出去,可用于食品中农药残留检验中样品的净化。

(1) 硫酸磺化法(磺化法)　用浓硫酸处理样品提取液,使脂肪、色素、蜡质等干扰物质变成极性较大、能溶于水和酸的化合物,与那些溶于有机溶剂的待测组分分开。同时也可增加脂肪族、芳香族物质的水溶性。磺化法就是利用这一反应,使样品中的油脂经过磺化后再用水洗除去,有效地去除脂肪、色素等干扰物质,从而达到分离净化的目的。主要用于有机氯农药残留物的测定。此法简单、快速、效果好,但对含有强酸介质不稳定成分的样品不适用。

(2) 皂化法　以热碱溶液处理样品,使之与脂肪及杂质发生皂化反应,以除去脂肪等干扰物质,达到净化的目的,此法适用于对碱液稳定的农药提取液的净化。

样品前处理——硫酸磺化法

样品前处理——皂化法

2. 沉淀分离法

沉淀分离法利用沉淀反应进行分离。即在试样中加入适当的沉淀剂,使被测组分沉淀下来或将干扰组分沉淀下来,再经过滤或离心把沉淀和母液分开,从而达到分离的目的。比如测定乳品中的糖含量时,常用铜盐或锌盐沉淀蛋白质排除干扰。常用的沉淀剂有碱性硫酸铜、碱性乙酸铅等。测定冷饮中糖精钠含量时,可在试剂中加入碱性硫酸铜,将蛋白质等干扰杂质沉淀下来,而糖精钠仍留在试样溶液中,经过滤除去沉淀后,取滤液分析测定。

3. 掩蔽法

掩蔽法利用掩蔽剂与样液中干扰组分作用,向样品中加入一种掩蔽剂使干扰成分仍在溶液中,而失去了干扰作用,这种方法多用于络合滴定。此法步骤简单,不用经过分离即可消除干扰,在食品检测中应用十分广泛,常用于金属元素的测定。如双硫腙光度法测定铅含量时,在测定条件下铜离子、镉离子等离子对测定有干扰,可加入氰化钾和柠檬酸铵掩蔽,消除它们的干扰。

(七) 浓缩法

食品样品经过提取、净化后,有时净化液的体积较大,往往会将溶液中的溶剂浓度降低,为了减小样品溶液在提取、净化后的体积,提高待测组分的浓度,常对样品提取液进行浓缩。浓缩过程中容易造成待测组分损失,尤其是

样品前处理——浓缩法

挥发性强、不稳定的微量物质更容易损失，因此当浓缩至体积很小时，一定要控制浓缩速度，不能太快，否则会降低回收率。常用的浓缩方法有常压浓缩和减压浓缩。

1. 常压浓缩

常压浓缩用于待测组分不易挥发的样品，可用蒸发皿直接加热浓缩，如果溶剂需要回收，也可用蒸馏装置等，或采用吹干燥空气或氮气，使溶剂挥发的浓缩方法。此法浓缩速度较慢，不适用于易氧化、蒸气压高的待测物。

2. 减压浓缩

减压浓缩适用于对易挥发、热不稳定性组分的浓缩。常用 K–D 浓缩器、旋转蒸发器等，采用水浴加热并抽气减压，浓缩速度快，被测组分损失少，食品中有机磷农药的测定常用此法浓缩。

二、样品前处理的要求

（1）试样完全分解，处理后的溶液不残留原试样的细屑或粉末。

（2）试样分解过程中不能引入待测组分，也不能使待测组分有损失。

（3）试样分解时所用试剂及反应物对后续测定无干扰。

新鲜果蔬中有机磷类农药经乙腈提取，提取溶液经过滤、浓缩后，用丙酮定容，用双自动进样器同时注入气相色谱仪的两个进样口，农药组分经不同极性的两根毛细管柱分离，火焰光度检测器（FPD）检测，用双柱的保留时间定性，外标法定量。

NY/T 761—2008
《蔬菜和水果中有机磷、有机氯、拟除虫菊酯和氨基甲酸酯类农药多残留的测定》

本任务依据 NY/T 761—2008《蔬菜和水果中有机磷、有机氯、拟除虫菊酯和氨基甲酸酯类农药多残留的测定》操作。

■ 任务准备

1. 样品

黄瓜。

2. 仪器设备

食品加工器，分装容器，匀浆机，具塞量筒，氮吹仪。

3. 试剂

乙腈，氯化钠，丙酮。

■ 任务实施

1. 试样制备

按 NY/T 761—2008 抽取黄瓜样品。取可食部分，经缩分后，将其切碎，充分混匀放入食品加工器粉碎,制成待测样。放入分装容器中,于-20~-16℃条件下保存,备用。

2. 提取

准确称取25.0g试样放入匀浆机中,加入50.0mL乙腈,在匀浆机中高速匀浆2min后用滤纸过滤,滤液收集到装有5~7g氯化钠的100mL具塞量筒中,收集滤液40~50mL,盖上塞子,剧烈振荡1min,在室温下静置30min,使乙腈相和水相分层。

3. 净化

从具塞量筒中吸取10.00mL乙腈溶液,放入150mL烧杯中,将烧杯放在80℃水浴锅上加热,杯内缓缓通入氮气或空气流,蒸发近干,加入2.0mL丙酮,盖上铝箔,备用。将上述备用液完全转移至15mL刻度离心管中,再用约3mL丙酮分三次冲洗烧杯,并转移至离心管,最后定容至5.0mL,在旋涡混合器上混匀,分别移入两个2mL自动进样器样品瓶中,供色谱测定。如定容后的样品溶液过于浑浊,应用0.2μm滤膜过滤后再进行测定。

在线测试

项目一　任务三　在线测试

知识拓展

现代技术在样品前处理中的应用

1. 固相萃取法

固相萃取(Solid Phase Extraction,SPE)技术是近十几年迅速发展起来的一种样品前处理技术,其分离和纯化的基础是液相色谱分离机制。

SPE是一个柱色谱分离过程,其原理是利用固定相将液体样品中的待测组分吸附,使待测组分与样品中基质和干扰组分分离,然后用洗脱液洗脱,从而达到分离或富集待测组分目的。也可以让分析物直接通过固定相而不被保留,干扰物被保留在固定相上,从而得到分离。固相萃取的分离机理、固定相和溶剂的选择和HPLC相似,只是在填料的形状和粒径上有所区别。

固相萃取法主要用于样品分析前的净化或浓缩富集。与传统的液-液萃取相比,固相萃取法改进了样本制备技术,具有以下优点:①可批量进行;②节省时间；③减少溶剂使用；④高选择性；⑤可富集痕量农药；⑥可消除乳化现象；⑦易于自动化。

2. 凝胶渗透色谱法

凝胶渗透色谱法（Gel Permeation Chromatography，GPC）的原理是基于物质分子大小和形状不同来实现分离。主要依据物质相对分子质量的差别，通过 GPC 将农药与农药、农药与共提取物分开，从而达到分离和净化的目的。凝胶渗透色谱法的优点是净化容量大，广泛适用于有机磷、有机氯农药的提取，尤其是脂类食物样品和带色素物质中残留农药的提取。缺点是凝胶柱成本较高，溶剂用量大。

3. 微波辅助萃取

微波辅助萃取（Microwave-Assisted Extraction，MAE）是微波和传统的溶剂提取法相结合的一种萃取方法，利用不同结构的化合物吸收微波能力的差异，使得细胞内的某些成分被微波选择性加热，导致细胞结构发生变化，从而提高有效成分的溶出程度和速度。20 世纪 70 年代，普通家用微波炉首次走进实验室；80 年代，首次发表了微波用于植物提取的文献；90 年代商业化 MAE 开始应用于中药有效成分的提取。

微波辅助萃取的原理是待测物质吸收微波，物质细胞内部温度升高，细胞内部压力超过细胞壁膨胀承受能力，细胞破裂，细胞内的有效成分自由流出。影响微波辅助萃取的因素有萃取的温度、时间和萃取剂。微波辅助萃取在食品理化分析中主要用于农兽药残留、真菌毒素和海产品中重金属的分析。

微波辅助萃取的优点是提取质量高，可有效保护食品中的功能成分，对萃取物具有高选择性，省时（50%~90%），溶剂用量少（50%~90%）。但是微波辅助萃取仅适用于对热稳定的产物，如生物碱、黄酮、苷类等，而对于热敏感的物质如蛋白质、多肽等，微波加热会导致这些成分的变性，甚至失活。

4. 顶空技术

样品中痕量高挥发性物质的分析测定可直接使用顶空技术。顶空技术可分为静态顶空和动态顶空，它们具有操作简便、灵敏度高和可自动化的特点。静态顶空操作时只需将样品填充到顶空瓶中，再密封保存直至平衡，就可吸取顶空气体进行色谱分析或气相色谱/质谱联用分析；动态顶空一般是将氮气鼓入样品，使带出可挥发的待分析成分进入顶空气体捕集器，在此富集待分析成分后，再瞬间释放待分析成分到色谱进样器进行分析。

5. 衍生化技术

衍生化技术就是通过化学反应将样品中难于分析检测的目标化合物定量转化成另一易于分析检测的化合物，通过后者的分析检测对可疑目标化合物进行定性或定量分析。衍生化技术的目的有以下几点：①将一些不适合某种分析技术的化合物转化成可以用该技术的衍生物；②提高检测灵敏度；③改变化合物的性能，改善灵敏度；④有助于化合物结构的鉴定。

项目二

食品中重金属检测

知识目标

1. 了解食品中重金属的来源、毒害特性及测定意义；
2. 掌握食品中重金属（铅、镉、汞、砷）检测的原理。

能力目标

1. 能够根据检测项目查询对应国家标准；
2. 能够根据不同的食品样品特性选择合适的分析方法；
3. 能够根据标准分析方法正确完成溶液配制、试样制备等准备工作；
4. 熟练操作微波消解仪、石墨炉原子吸收分光光度计、可见分光光度计、原子荧光光谱仪、电感耦合等离子质谱仪等前处理设备及大型分析仪器；
5. 能独立完成食品中重金属（铅、镉、汞、砷）的项目检测；
6. 能够规范填写原始数据记录单、正确处理检验数据，并准确评价食品品质。

素质目标

1. 具有科学严谨、实事求是、公平公正的科学态度；
2. 具备依法应用、依标检测、安全操作、程序规范的职业习惯；
3. 具备勤于动手、善于思考、敢于创新的职业素养与工匠精神；
4. 具有食品质量安全、家国情怀和使命意识。

民以食为天，食以安为先。近年来，随着我国社会经济的迅速发展，自然环境不断遭到破坏，水污染、空气污染、土壤污染日益严重，进而引起食品安全问题，"血铅""砷毒""镉米"等重金属污染事件频发，食品中重金属污染问题日益突出。重金属由于其毒性强、可蓄积、半衰期长等特性，不仅成为联合国开发计划署（UNDP）、联合国粮食及农业组织（FAO）、世界卫生组织（WHO）的全球食物污染物监测计划中的重要项目，也是我国目前食品污染领域重点监测项目之一。

在118种化学元素中,一般将密度在 $4.5g/cm^3$ 以上的金属认为是重金属,例如:金、银、铜、铅、锌、镍、钴、铬、汞、镉等大约45种,通常指的重金属污染是汞、镉、铅、铬以及类金属砷等生物毒性显著的重金属。

一、食品中重金属污染的来源

食品中重金属污染多数来源于食品原材料的污染。主要有以下几点:①自然地理环境的影响,某些地区自然地理环境造成区域内重金属浓度升高,可直接危害其污染范围内的动植物食品原材料,使得当地食品重金属污染水平远超出国家标准;②工业废料污染,工业生产活动产生大量重金属废料,以及工业"废水""废气""废渣"的不合理排放,使得重金属进入生态环境,导致空气、土壤及水体受到污染,是造成食品重金属污染的主要途径;③农药化肥污染,在种植业,有些种植者为了经济利益大量使用农药化肥,农药化肥中有一定量的重金属,造成重金属污染;④兽药饲料污染,在畜牧业和水产养殖业,部分经营者为了控制禽畜生长过程中病害造成的损失,会在饲料中违规添加兽药,兽药中所含的重金属会在动物体内蓄积,从而造成重金属超标。

食品加工制作过程重金属污染。食品在加工制作过程中,因某些必要的加工工艺方式而引入一些重金属元素,使得加工食物中重金属含量超标。例如传统皮蛋加工中添加了氧化铝,可使蛋产生美丽的花纹,却可因此引入了重金属铅。食品添加剂及加工器械也含有一定量的重金属元素,在特定的条件下会使其中的重金属元素进入食品,引起污染。

食品贮藏销售过程重金属污染。向食品在贮藏销售过程中重金属污染大多是由使用的贮藏包装材料不合格引起,包括包装材料喷涂含重金属元素的染剂以增加食品销售量及贮藏过程中不合格的材料发生重金属涂层脱落等。此外,在贮藏销售过程中因外界贮藏条件的改变而导致食品与包装材料发生化学反应引起重金属溶出,也是导致食品中重金属污染的重要原因。

二、食品中重金属污染的危害

重金属在人体内能和蛋白质、生物酶发生反应,使它们失去活性,也能在人体中累积,如果超过人体能够耐受的限度,会造成人急性中毒或者亚急性中毒、慢性中毒等危害。人体危害主要表现为:①危害肝脏。重金属与血液中的血卟啉结合会损伤肝脏,促使肝脏硬化,严重者造成肝癌的病变。②损害血液循环系统。重金属中毒后,使血液黏度变大、含氧量降低,严重时造成休克等。③危害神经系统。抑制和干扰神经系统的功能,特别是对老人和儿童危害非常大,因为老人代谢能力较慢、儿童免疫力低都会导致重金属排除困难。对人危害最大的重金属是铅、汞、砷、镉等。

GB 2762—2017《食品安全国家标准 食品中污染物限量》规定了食品中铅、镉、汞、砷、锡、镍、铬、亚硝酸盐、硝酸盐、苯并[a]芘、N-二甲基亚硝胺、多氯联苯、3-氯-1,2-丙二醇的限量指标［污染物在食品原料和（或）食品成品可食用部分中允许的最大含量水平］。

任务一　铅的检测

任务导入

2020年11月26日，沧州市市场监督管理局案件线索移送称"四川××食品有限公司（以下简称"当事人"）生产经营的"红油榨菜（酱腌菜）"食品安全监督抽查检验，"铅（以Pb计）"项目不符合GB 2762—2017《食品安全国家标准 食品中污染物限量》要求，检验结论为不合格"。2020年11月30日，该局执法人员对当事人进行了现场检查，未发现有涉案产品。该局在案件调查期间陆续收到当事人生产的5种同类产品，也存在重金属"铅"超标问题。当事人收到产品不合格检验报告后启动了召回程序，召回了部分案涉产品。

经查明，涉案产品均使用了同一批榨菜原料。当事人通过自查确定涉案产品不合格是原料重金属铅超标导致。当事人未按照《中华人民共和国食品安全法》规定验收原材料，造成多批次同类产品不合格。（来源：成都市人民政府信息公开）

任务要求

铅是一种对人体有害的重金属，应按照GB 2762—2017《食品安全国家标准 食品中污染物限量》要求对食品原材料、食品产品、食品加工原辅料进行检验。本任务要求学生按照专业水平对送检样品进行制备、预处理、检测并提供有关铅的准确、可信的数据报告。

必备知识

铅（Pb）是一种用途广泛的重金属元素，在现代工业、交通运输业、冶金、印刷、军事、医学、电子、陶瓷、颜料工业中都有应用。随着经济、科技和工农业生产的发展，各种金属材料大量使用，铅等重金属元素不断通过多种途径对食品造成污染，尤其是畜禽肉类、蛋类、乳类铅污染问题非常突出。

一、铅污染来源

目前，铅主要是通过食物、饮用水、空气等方式进入人体，影响人体健康。

食物中铅的来源有以下几方面：①食品制作过程中出现的铅污染。食品加工用的机械设备含铅会带入铅污染。②食品包装材料或食品盛放容器造成的铅污染，如用铝合金、陶瓷、搪瓷等材料制备的容器和用具均含有铅。③环境中铅对食品的污染。如铅矿的开采、冶炼及铅制品制造业产生的"三废"排入环境造成污染，汽油中加入四基乙铅作防爆剂，因此汽车尾气多含铅。④农业上长期使用含铅的农药、化肥，也会导致土壤中铅的积累。⑤染料、油漆、着色玻璃、陶瓷器等都含有铅。

二、铅的危害性

铅是一种对人体危害极大的有毒重金属之一，铅进入人体后，少部分会随着身体代谢排出体外，其余大量铅则会在体内沉积，造成蓄积性中毒，会对神经、造血、肾脏、心血管、消化和内分泌等多个器官和系统造成危害，铅中毒后往往表现为智力低下、反应迟钝、贫血等慢性中毒症状。食品进入消化道后，成人铅吸收率约11%，而儿童吸收率则高达30%~75%。从危害程度来说，铅对胎儿和幼儿生长发育影响最大，因此儿童发生铅中毒的概率远远高于成年人，目前我国儿童金属铅污染较为严重。

对于成年人而言，铅的入侵会破坏神经系统、消化系统、男性生殖系统，且会对骨骼的造血功能造成影响，进而导致头晕、乏力、困倦、眩晕、失眠、免疫力低下、贫血、腹痛、便秘、肢体酸痛和月经不调等症状。

对于儿童而言，由于大脑正处于发育阶段，神经系统处于敏感期，在同样的铅环境下，儿童对铅的吸入量比成人高出好几倍，危害极为严重。儿童铅中毒会出现发育迟缓、行走不便、食欲不振、失眠、便秘等症状，有的还伴有多动、听觉障碍、注意力不集中和智力低下等现象，严重者造成脑组织损伤，可能导致终身残疾。如果铅进入孕妇体内，则会通过胎盘屏障影响胎儿发育，造成畸形、流产或死胎等。

由于铅具有较大危害性，国内外对于各类物品的含铅量都有明确规定，如美国规定儿童产品含铅量不得高于100mg/kg，颜料或其他表面涂层含铅量不得高于90mg/kg，我国国家标准 GB 2762—2017《食品安全国家标准 食品中污染物限量》也规定了各类食品中铅的最高限量，如肉制品≤0.5mg/kg、食用盐≤2mg/kg、膨化食品≤0.5mg/kg 等。因此，加强食品中重金属铅的监督管控和精准检测对保证食品安全、保障人体健康显得十分重要。

三、检测原理

试样消解处理后，经石墨炉原子化，在283.3nm处测定吸光度。在一定浓度范围内铅的吸光度与含铅量成正比，

铅的检测——
石墨炉原子化工作原理

与标准系列比较定量。

本任务依据 GB 5009.12—2017《食品安全国家标准 食品中铅的测定》操作。

GB 5009.12—2017 《食品安全国家标准 食品中铅的测定》

任务准备

除非另有说明，本方法所用试剂均为优级纯，水为 GB/T 6682—2008《分析实验室用水规格和试验方法》规定的二级水。

1. 仪器

所有玻璃器皿及聚四氟乙烯消解内罐均需硝酸溶液（1+5）浸泡过夜，用自来水反复冲洗，最后用水冲洗干净。

（1）原子吸收光谱仪　配石墨炉原子化器，附铅空心阴极灯。

（2）分析天平　感量0.1mg和1mg。

（3）可调式电热炉。

（4）可调式电热板。

（5）微波消解系统　配聚四氟乙烯消解内罐。

（6）恒温干燥箱。

（7）压力消解罐　配聚四氟乙烯消解内罐。

2. 试剂

（1）硝酸溶液（5+95）　量取50mL硝酸，缓慢加入到950mL水中，混匀。

（2）硝酸溶液（1+9）　量取50mL硝酸，缓慢加入到450mL水中，混匀。

（3）磷酸二氢铵-硝酸钯溶液　称取0.02g硝酸钯，加少量硝酸溶液（1+9）溶解后，再加入2g磷酸二氢铵，溶解后用硝酸溶液（5+95）定容至100mL，混匀。

（4）硝酸（HNO_3）。

（5）高氯酸（$HClO_4$）。

（6）铅标准储备液（1000mg/L）　准确称取1.5985g（精确至0.0001g）硝酸铅，用少量硝酸溶液（1+9）溶解，移入1000mL容量瓶，加水至刻度，混匀。

（7）铅标准使用液（1.00mg/L）　准确吸取铅标准储备液（1000mg/L）1.00mL于1000mL容量瓶中，加硝酸溶液（5+95）至刻度，混匀。

（8）铅标准系列溶液　分别吸取铅标准使用液（1.00mg/L）0、0.50、1.00、2.00、3.00、4.00mL于100mL容量瓶中，加硝酸溶液（5+95）至刻度，混匀。此铅标准系列溶液的质量浓度分别为0、5.0、10.0、20.0、30.0、40.0μg/L。

可根据仪器的灵敏度及样品中铅的实际含量确定标准系列溶液中铅的质量浓度。

任务实施

1. 试样制备

在采样和试样制备过程中,应避免试样污染。

(1) 粮食、豆类样品 样品去除杂物后,粉碎,贮于塑料瓶中。

(2) 蔬菜、水果、鱼类、肉类等样品 样品用水洗净,晾干,取可食部分,制成匀浆,贮于塑料瓶中。

(3) 饮料、酒、醋、酱油、食用植物油、液态乳等液体样品 将样品摇匀。

2. 试样前处理

(1) 湿法消解 称取固体试样0.2~3g（精确至0.001g）或准确移取液体试样0.500~5.00mL于带刻度消化管中,加入10mL硝酸和0.5mL高氯酸,在可调式电热炉上消解（参考条件:120℃/0.5~1h;升至180℃/2~4h、升至200~220℃）。若消化液呈棕褐色,再加少量硝酸,消解至冒白烟,消化液呈无色透明或略带黄色,取出消化管,冷却后用水定容至10mL,混匀备用。同

铅的检测——湿法消解

时做试剂空白试验。亦可采用锥形瓶,于可调式电热板上,按上述操作方法进行湿法消解。

(2) 微波消解 称取固体试样0.2~0.8g（精确至0.001g）或准确移取液体试样0.500~3.00mL于微波消解罐中,加入5mL硝酸,按照微波消解的操作步骤消解试样,消解条件参考表2-1。冷却后取出消解罐,在电热板上于140~160℃赶酸至1mL左右。消解罐冷却后,将消化液转移至10mL容量瓶中,用少量水洗涤消解罐2~3次,合并洗涤液于容量瓶中并用水定容至刻度,混匀备用。同时做试剂空白试验。

表2-1 微波消解升温程序

步骤	设定温度/℃	升温时间/min	恒温时间/min
1	120	5	5
2	160	5	10
3	180	5	10

(3) 压力罐消解 称取固体试样0.2~1g（精确至0.001g）或准确移取液体试样0.500~5.00mL于消解内罐中,加入5mL硝酸。盖好内盖,旋紧不锈钢外套,放入恒温干燥箱,于140~160℃下保持4~5h。冷却后缓慢旋松外罐,取出消解内罐,放在可调式电热板上于140~160℃赶酸至1mL左右。冷却后将消化液转移至10mL容量瓶中,用少量水洗涤内罐和内盖2~3次,合并洗涤液于容量瓶中并用水定容至刻度,混匀备用。同时做试剂空白试验。

3. 测定

（1）仪器参考条件　根据各自仪器性能调至最佳状态。参考条件如表 2-2 所示。

表 2-2　石墨炉原子吸收光谱法仪器参考条件

元素	波长/nm	狭缝/nm	灯电流/mA	干燥	灰化	原子化
铅	283.3	0.5	8~12	85~120℃/40~50s	750℃/20~30s	2300℃/4~5s

（2）标准曲线的制作　按质量浓度由低到高的顺序分别将 10μL 铅标准系列溶液和 5μL 磷酸二氢铵-硝酸钯溶液（可根据所使用的仪器确定最佳进样量）同时注入石墨炉，原子化后测其吸光度，以质量浓度为横坐标，吸光度为纵坐标，制作标准曲线。

（3）试样溶液的测定　在与测定标准溶液相同的实验条件下，将 10μL 空白溶液或试样溶液与 5μL 磷酸二氢铵-硝酸钯溶液（可根据所使用的仪器确定最佳进样量）同时注入石墨炉，原子化后测其吸光度，与标准系列比较定量。

铅的检测——
上机测定

4. 结果计算

试样中铅的含量按式（2-1）计算：

$$X = \frac{(\rho - \rho_0) \times V}{m \times 1000} \tag{2-1}$$

式中　X——试样中铅的含量，mg/kg 或 mg/L；
　　　ρ——试样溶液中铅的质量浓度，μg/L；
　　　ρ_0——空白溶液中铅的质量浓度，μg/L；
　　　V——试样消化液的定容体积，mL；
　　　m——试样称样量或移取体积，g 或 mL；
　　　1000——换算系数。

当含铅量≥1.00mg/kg（或 mg/L）时，计算结果保留三位有效数字；当含铅量<1.00mg/kg（或 mg/L）时，计算结果保留两位有效数字。

5. 确保精密度

在重复性条件下获得的两次独立测定结果的绝对差值不得超过算术平均值的 20%。

6. 其他

当称样量为 0.5g（或 0.5mL），定容体积为 10mL 时，方法的检出限为 0.02mg/kg（或 0.02mg/L），定量限为 0.04mg/kg（或 0.04mg/L）。

在线测试

项目二 任务一 在线测试

知识拓展

食品添加剂中铅的测定——二苯基硫巴腙（双硫腙）比色法

一、原理

试样经前处理加入柠檬酸氢二铵、氰化钾和盐酸羟胺等，消除铁、铜、锌等离子干扰，在 pH 8.5~9.0 时，铅离子与二苯基硫巴腙（双硫腙）生成红色络合物，用三氯甲烷提取，与标准系列比较做限量试验或定量试验。

二、仪器和试剂

除非另有说明，本方法所用试剂均为分析纯，水为 GB/T 6682—2008《分析实验室用水规格和试验方法》规定的一级水。

1. 仪器和设备

所用玻璃仪器均需以硝酸溶液（1+4）浸泡 24h 以上，用水反复冲洗，最后用去离子水冲洗干净。

（1）分光光度计。

（2）125mL 分液漏斗。

（3）250mL 凯氏烧瓶或 250mL 锥形瓶。

（4）电子天平　感量为 0.1mg 和 1mg。

2. 试剂

（1）硝酸溶液（1+1）　取 50mL 硝酸慢慢加入 50mL 水中。

（2）氨溶液（1+1）　取 1 份氨水与 1 份水混合。如含铅，应用全玻璃蒸馏器重蒸馏。

（3）酚红指示液（1g/L 乙醇溶液）　称取 100mg 酚红，加 100mL 乙醇溶解

铅的检测——紫外可见分光光度计原理

（必要时过滤）。

（4）柠檬酸氢二铵溶液（500g/L） 称取 100g 柠檬酸氢二铵，溶于 100mL 水中，加两滴酚红指示液，加氨溶液（1+1）调节 pH 至 8.5~9.0（由黄变红，再多加两滴），用双硫腙使用液提取数次，每次 10~20mL，至三氯甲烷层呈绿色且不变为止，弃去三氯甲烷层，再用三氯甲烷洗涤两次，每次 5mL，弃去三氯甲烷层，加水稀释至 200mL。

（5）氨溶液（1+99） 取 1 份氨水与 99 份水混合。

（6）盐酸羟胺溶液（200g/L） 称取 20g 盐酸羟胺，加 40mL 水溶解，加两滴酚红指示液，加氨溶液（1+1）调节 pH 至 8.5~9.0（由黄变红，再多加两滴），用双硫腙三氯甲烷溶液提取数次，每次 10~20mL，至三氯甲烷层呈绿色且不变为止，再用三氯甲烷洗两次，每次 5mL，弃去三氯甲烷层，水层加盐酸（1+1）呈酸性，加水至 100mL。

（7）氰化钾溶液（100g/L） 称取 10g 氰化钾，用水溶解并定容至 100mL。氰化钾（KCN）为危险化学品，应采取相应的防护措施。

（8）双硫腙储备液（0.05%三氯甲烷溶液） 称取 0.5g 研细的双硫腙，溶于 50mL 三氯甲烷中，如有残渣，可用滤纸过滤于 250mL 分液漏斗中，用氨溶液（1+99）提取 3 次，每次 100mL，将提取液用脱脂棉过滤至 500mL 分液漏斗中，用盐酸溶液（1+1）调至酸性，将沉淀出的双硫腙用 200mL、200mL、100mL 三氯甲烷分别提取 3 次，合并三氯甲烷层为双硫腙储备液。保存于冰箱中。

（9）双硫腙使用液 吸取 1.0mL 双硫腙储备液，加 9.0mL 三氯甲烷，混匀。用 1cm 比色杯，以三氯甲烷调节零点，于波长 510nm 处测吸光度（A），用式（2-2）算出配制 100mL 双硫腙使用液（70%透光率）所需双硫腙储备液的毫升数（V）：

$$V = \frac{10 \times (2 - \lg 70)}{A} = \frac{1.55}{A} \qquad (2-2)$$

式中 V——双硫腙储备液的用量，mL；

$\lg 70$——双硫腙使用液（70%透光率）；

A——吸光度值。

（10）硝酸溶液（1%） 取 1mL 硝酸，加水稀释至 100mL。

（11）铅标准储备溶液（1mg/mL） 精密称取 0.1598g 硝酸铅标准品，加 10mL 1%硝酸溶液，溶解后定量移入 100mL 容量瓶中，加水稀释至刻度。

（12）铅标准使用溶液（10μg/mL） 吸取铅标准储备溶液 1.0mL 于 100mL 容量瓶中，加水稀释至刻度。

（13）硫酸（H_2SO_4）。

（14）高氯酸（$HClO_4$）。

（15）盐酸（HCl）。

（16）三氯甲烷（$CHCl_3$）。
（17）乙醇（C_2H_6O）。

三、操作步骤

1. 样品制备

（1）无机试样的制备　无机试样的"试样处理"按照相应标准方法进行测定。

（2）有机试样的制备　有机试样的"试样处理"除已有相应标准的，按照相应标准方法进行测定外，一般按下述方法进行。

①湿法消解：称取5.000g试样，置于250mL锥形瓶中，加10mL硝酸，放置片刻（或过夜）后，加热，待反应缓和后，取下冷却，沿瓶壁加入5mL硫酸，再继续加热，至瓶中溶液开始变成棕色，不断滴加硝酸（如有必要可滴加些高氯酸），至有机物分解完全，继续加热，至生成大量的二氧化硫白色烟雾，最后溶液应呈无色或微黄色。冷却后加20mL水煮沸，除去残余的硝酸至产生白烟为止。如此处理两次，放冷，将溶液移入50mL容量瓶中，用少量水分次洗涤锥形瓶2~3次，将洗液一并移入容量瓶中，加水至刻度，混匀备用。取相同量的硝酸、硫酸，同时做试剂空白试验。

②干法灰化：本法用于不适合湿法消解的试样。称取5.000g试样于瓷坩埚中，加入适量硫酸湿润试样，小心炭化后，加2mL硝酸和5滴硫酸，小心加热直到白色烟雾挥尽，移入高温炉中，于500℃灰化完全。冷却后取出。加1mL硝酸溶液(1+1)，加热使灰分溶解，将试样液转移到50mL容量瓶中（必要时过滤），并用少量水洗涤坩埚，洗液一并移入容量瓶中，加水至刻度，混匀备用。取一坩埚，同时做试剂空白试验。

2. 测定

（1）限量试验　吸取适量试样液及铅标准使用液（含铅量不低于5μg），分别置于125mL分液漏斗中，各加硝酸溶液（1%）至20mL。

向试样液及铅标准使用液（1mg/mL）中各加入1mL柠檬酸氢二铵溶液（500g/L）、1mL盐酸羟胺溶液（200g/L）和两滴酚红指示液，用氨溶液（1+1）调至红色，再各加2mL氰化钾溶液（100g/L），混匀后，加入5.0mL双硫腙使用液，剧烈振摇1min，静置分层后，三氯甲烷层经脱脂棉滤入1cm比色杯中，于波长510nm处，以三氯甲烷调节零点，测定吸光度或进行目视比色，试样液的吸光度或色度不应大于铅标准使用溶液的吸光度或色度。若试样经处理，则铅限量标准也应同法处理。

（2）定量测定　吸取10.0mL（或适量）试样液和同量的试剂空白液，分别置于125mL分液漏斗中，各加1%硝酸溶液至20mL。

吸取铅标准使用溶液0，0.1，0.3，0.5，0.7，1.0mL（分别相当于0，1，3，

5，7，10μg 铅），分别置于 125mL 的分液漏斗中，各加硝酸溶液（1%）至 20mL。向试样液、试剂空白液及铅标准使用液中各加入 1mL 柠檬酸氢二铵溶液（500g/L）、1mL 盐酸羟胺溶液（200g/L）和两滴酚红指示液，用氨溶液（1+1）调至红色，再各加入 2mL 氰化钾溶液（100g/L），混匀，各加 5.0mL 双硫腙使用液，剧烈振摇 1min，静置分层后，三氯甲烷经脱脂棉滤入 1cm 比色杯中，于波长 510nm 处，以零管调节零点，测定吸光度，绘制标准曲线。

四、结果计算

试样中铅含量按式（2-3）计算：

$$c = \frac{(m_1 - m_2) \times 1000}{m \times \frac{V_2}{V_1} \times 1000} \tag{2-3}$$

式中　c——试样中铅的含量，mg/kg（或 mg/L）；
　　　m_1——试样液中铅的质量，μg；
　　　m_2——试剂空白液中铅的质量，μg；
　　　m——试样质量或体积，g 或 mL；
　　　V_2——测定时所取试样液体积，mL；
　　　V_1——试样处理后定容体积，mL；
　　　1000——换算系数。

五、精密度

在重复条件下获得的两次测定结果的绝对偏差值不得超过算术平均值的 10%。

六、其他

本方法检出限为 0.25mg/kg。

任务二　镉的检测

任务导入

2020 年 4 月 25 日，媒体报道湖南益阳大米重金属镉超标事件。据了解，这次的镉大米之所以被发现，是云南昭通市镇雄县市场监督管理部门在日常检查工作中，发现了一批不合格米线，进而追溯到了这批镉超标大米。据镇雄县市场监督管理部门反馈，本次销毁的不合格大米主要存在着霉烂变质、保质期超期、重金属超标等不符合食品安全标准问题，涉及15起案件，共销毁大米99425公斤。在这15起案件中有13起重金属超标案（主要是镉超标），没收并销毁大米77350公斤，占总销毁比例的77.8%；查处时间为2019年4月至2019年7月，涉及生产企业7家。经溯源，根据其大米包装袋上标注名称显示，这7家企业均属湖南省益阳市。4月24日，益阳市回应称，已对涉事的7家企业立案调查。（来源：都市时报微信公众号）

■ 任务要求

镉是一种对人体有害的重金属，应按照GB 2762—2017《食品安全国家标准 食品中污染物限量》要求对食品原材料、食品产品、食品加工原辅料及其他相关物料进行检验。本任务要求学生按照专业水平对送检样品进行制备、预处理、检测并提供有关铅准确、可信的数据报告。

■ 必备知识

镉（Cd）是一种天然稳定存在于地壳表面、含量通常较低的金属元素，主要在电镀、化工和电子工业等领域有着广泛作用。镉对人体而言是非必需元素，不具有任何营养价值。环境中的镉主要通过植物性食物或食品原料进入人体内。镉是危险度相对较高的重金属污染物之一，同时也是农业环境的重要重金属污染物，已经被列为四级致癌物。1971年的一次国际环境会议上镉被列为环境污染中最为危险的5种物质之一，世界卫生组织（WHO）将镉确定为优先研究的食品污染物之一，1984年联合国环境规划署（UNEP）提出的12种具有全球意义的危险化学物质中，镉居首位，美国农业委员会把镉列为当前最主要的农业环境污染物。

一、镉污染来源

在食品的重金属污染中，镉污染是最严重的一种。含镉废水的排放是污染食品的主要路径之一。镉在人体内富集，很难代谢出去。食品中镉的来源主要有五个方面：①含镉"三废"的排放可直接污染土壤，农作物根系从受污染的土壤中吸收镉并将其富集于体内；②废水在流入江河湖海时，生长于镉污染的水体中的水产品可将镉浓缩于体内，进而在食物链中传递；③农业生产中使用的农药和化肥含有大量重金属镉元素，一旦施肥不合理或剂量过高，会导致重金属镉残留，再加上植物会从土壤中吸收重金属，且不断积累，会导致农作物中镉元素超标；④含有重金属镉的驱虫剂被广泛应用到养殖行业，进而严重影响养殖业的顺利发展，尤其是对于猪、牛、羊来讲，重金属镉会影响其肉制品质量，同时借此传输到人体内；⑤在食物生产过程中，使用表面镀镉处理的加工设备及器皿时，因酸性食物可将镉溶出，也可造成食物的镉污染。

二、镉的危害性

镉对人体的急性毒性一般分为吸入性和食入性两种。吸入性主要由接触较高浓度镉引起,主要造成肺部损害。食入性主要是由于误食镉的化合物引起,主要造成胃肠道损伤,表现为在极短时间内,出现强烈的胃肠道刺激症状,导致全身疲乏、肌肉酸痛和虚脱。

镉对人体的慢性危害涉及到肾脏、骨骼、肝脏等多个器官,镉导致的肾损害是最主要的慢性毒性作用,镉会造成维生素 D 代谢异常,导致钙离子的流失,造成骨软化。同时,镉也可以直接损伤骨细胞和软骨细胞,使人产生骨质疏松、软骨症和骨折等症状。

镉还具有致癌、致畸、致突变作用。镉不仅可以引起机体的急、慢性毒性作用,还可产生较强的致癌、致畸、致突变作用。同时,镉还能导致胚胎发育异常。

我国国家标准 GB 2762—2017《食品安全国家标准 食品中污染物限量》也规定了各类食品中镉的最高限量,如谷物(稻谷除外)≤0.1mg/kg,稻谷、糙米、大米≤0.2mg/kg,叶菜蔬菜≤0.2mg/kg,新鲜水果≤0.05mg/kg 等。因此,加强食品中重金属镉的监督管控和精准检测对保证食品安全、保障人体健康显得十分重要。

三、检测原理

试样经灰化或酸消解后,注入一定量样品消化液于原子吸收分光光度计石墨炉中,电热原子化后吸收 228.8nm 共振线,在一定浓度范围内,其吸光度与镉含量成正比,采用标准曲线法定量。

本任务依据 GB 5009.15—2014《食品安全国家标准 食品中镉的测定》操作。

GB 5009.15—2014
《食品安全国家标准 食品中镉的测定》

任务准备

除非另有说明,本方法所用试剂均为分析纯,水为 GB/T 6682—2008《分析实验室用水规格和试验方法》规定的二级水。

1. 仪器

注意:所用玻璃仪器均需以硝酸溶液(1+4)浸泡 24h 以上,用水反复冲洗,最后用去离子水冲洗干净。

(1) 原子吸收分光光度计,附石墨炉。
(2) 镉空心阴极灯。

（3）电子天平　感量为0.1mg和1mg。

（4）可调温式电热板、可调温式电炉。

（5）马弗炉。

（6）恒温干燥箱。

（7）压力消解器、压力消解罐。

（8）微波消解系统　配聚四氟乙烯或其他合适的压力罐。

2. 试剂

（1）硝酸溶液（1%）　取10.0mL硝酸加入100mL水中，稀释至1000mL。

（2）盐酸溶液（1+1）　取50mL盐酸慢慢加入50mL水中。

（3）硝酸-高氯酸混合溶液（9+1）　取9份硝酸与1份高氯酸混合。

（4）磷酸二氢铵溶液（10g/L）　称取10.0g磷酸二氢铵，用100mL硝酸溶液（1%）溶解后定量移入1000mL容量瓶，用硝酸溶液（1%）定容至刻度。

（5）硝酸（HNO_3）　优级纯。

（6）高氯酸（$HClO_4$）　优级纯。

（7）盐酸（HCl）　优级纯。

（8）过氧化氢（H_2O_2，30%）。

（9）镉标准储备液（1000mg/L）　准确称取1g金属镉标准品（精确至0.0001g）于小烧杯中，分次加入20mL盐酸溶液（1+1）溶解，加2滴硝酸，移入1000mL容量瓶中，用水定容至刻度，混匀；或购买经国家认证并授予标准物质证书的标准物质。

（10）镉标准使用液（100ng/mL）　吸取镉标准储备液10.0mL于100mL容量瓶中，用硝酸溶液（1%）定容至刻度，如此经多次稀释成每毫升含100.0ng镉的标准使用液。

（11）镉标准系列溶液　准确吸取镉标准使用液0，0.5，1.0，1.5，2.0，3.0mL于100mL容量瓶中，用硝酸溶液（1%）定容至刻度，即得到含镉量分别为0，0.50，1.0，1.5，2.0，3.0ng/mL的标准系列溶液。

任务实施

1. 试样制备

（1）干试样　粮食、豆类，去除杂质；坚果类去杂质、去壳；磨碎成均匀的样品，颗粒度不大于0.425mm。贮于洁净的塑料瓶中，并标明标记，于室温下或按样品保存条件下保存备用。

（2）鲜（湿）试样　蔬菜、水果、肉类、鱼类及蛋类等，用食品加工机打成匀浆或碾磨成匀浆，贮于洁净的塑料瓶中，并标明标记，于-18~-16℃冰箱中保存备用。

（3）液态试样　按样品保存条件保存备用。含气样品使用前应除气。

2. 试样前处理

可根据实验室条件选用以下任何一种方法消解，称量时应保证样品的均匀性。

（1）压力消解罐消解法　称取干试样0.3~0.5g（精确至0.0001g）、鲜（湿）试样1~2g（精确到0.001g）于聚四氟乙烯内罐，加硝酸5mL浸泡过夜。再加过氧化氢溶液（30%）2~3mL（总量不能超过罐容积的1/3）。盖好内盖，旋紧不锈钢外套，放入恒温干燥箱，120~160℃保持4~6h，在箱内自然冷却至室温，打开后加热赶酸至近干，将消化液转移至10mL或25mL容量瓶中，用少量硝酸溶液（1%）洗涤内罐和内盖3次，洗液合并于容量瓶中并用硝酸溶液（1%）定容至刻度，混匀备用；同时做试剂空白试验。

（2）微波消解法　称取干试样0.3~0.5g（精确至0.0001g）、鲜（湿）试样1~2g（精确到0.001g）置于微波消解罐中，加5mL硝酸和2mL过氧化氢。微波消解程序可以根据仪器型号调至最佳条件。消解完毕，待消解罐冷却后打开，消化液呈无色或淡黄色，加热赶酸至近干，用少量硝酸溶液（1%）冲洗消解罐3次，将溶液转移至10mL或25mL容量瓶中，并用硝酸溶液（1%）定容至刻度，混匀备用；同时做试剂空白试验。

（3）湿法消解法　称取干试样0.3~0.5g（精确至0.0001g）、鲜（湿）试样1~2g（精确到0.001g）于锥形瓶中，放数粒玻璃珠，加10mL硝酸-高氯酸混合溶液（9+1），加盖浸泡过夜，加一小漏斗在可调温式电热板上消化，若消化液变棕黑色，再加硝酸，直至冒白烟，消化液呈无色透明或略带微黄色，放冷后将其转移至10或25mL容量瓶中，用少量硝酸溶液（1%）洗涤锥形瓶3次，洗液合并于容量瓶中并用硝酸溶液（1%）定容至刻度，混匀备用；同时做试剂空白试验。

（4）干法灰化法　称取干试样0.3~0.5g（精确至0.0001g）、鲜（湿）试样1~2g（精确到0.001g）、液态试样1~2g（精确到0.001g）于瓷坩埚中，先小火在可调温式电炉上炭化至无烟，移入马弗炉500℃灰化6~8h，冷却。若个别试样灰化不彻底，加1mL混合酸在可调温式电炉上小火加热，将混合酸蒸干后，再转入马弗炉中500℃继续灰化1~2h，直至试样消化完全，呈灰白色或浅灰色。放冷，用硝酸溶液（1%）将灰分溶解，将试样

镉的检测——
干法灰化

消化液移入10mL或25mL容量瓶中，用少量硝酸溶液（1%）洗涤瓷坩埚3次，洗液合并于容量瓶中并用硝酸溶液（1%）定容至刻度，混匀备用；同时做试剂空白试验。

实验要在通风良好的通风橱内进行。对含油脂的样品，尽量避免用湿法消解法消化，最好采用干法灰化，如果必须采用湿法消解法消化，样品的取样量最大不能超过1g。

3. 测定

（1）仪器参考条件 根据所用仪器型号将仪器调至最佳状态。原子吸收分光光度计（附石墨炉及镉空心阴极灯）测定参考条件如下：①波长228.8nm，狭缝0.2~1.0nm，灯电流2~10mA，干燥温度105℃，干燥时间20s；②灰化温度400~700℃，灰化时间20~40s；③原子化温度1300~2300℃，原子化时间3~5s；④背景校正为氘灯或塞曼效应。

（2）标准曲线的制作 将标准系列溶液按浓度由低到高的顺序各取20μL注入石墨炉，测其吸光度，以标准系列溶液的浓度为横坐标，相应的吸光度为纵坐标，绘制标准曲线并求出吸光度与浓度关系的一元线性回归方程。

标准系列溶液应为不少于5个点的不同浓度的镉标准溶液，相关系数不应小于0.995。如果有自动进样装置，也可用程序稀释来配制标准系列。

（3）试样溶液的测定 与测定标准系列溶液相同的实验条件下，吸取样品消化液20μL（可根据使用仪器选择最佳进样量），注入石墨炉，测其吸光度。代入标准系列的一元线性回归方程中求样品消化液中镉的含量，平行测定次数不少于两次。若测定结果超出标准曲线范围，用硝酸溶液（1%）稀释后再行测定。

（4）基体改进剂的使用 对有干扰的试样，5μL基体改进剂磷酸二氢铵溶液（10g/L）和样品消化液一起注入石墨炉，绘制标准曲线时也要加入与试样测定时等量的基体改进剂。

4. 结果计算

试样中镉的含量按式（2-4）计算：

$$X = \frac{(c_1 - c_0) \times V}{m \times 1000} \tag{2-4}$$

式中 X——试样中镉的含量，mg/kg 或 mg/L；

c_1——试样消化液中镉含量，ng/mL；

c_0——空白液中镉含量，ng/mL；

V——试样消化液定容总体积，mL；

m——试样质量或体积，g 或 mL；

1000——换算系数。

以重复性条件下获得的两次独立测定结果的算术平均值表示，结果保留两位有效数字。

5. 确保精密度

在重复性条件下获得的两次独立测定结果的绝对差值不得超过算术平均值的20%。

6. 其他

方法检出限为0.001mg/kg，定量限为0.003mg/kg。

在线测试

项目二 任务二 在线测试

知识拓展

GB/T 17141—1997《土壤质量 铅、镉的测定 石墨炉原子吸收分光光度法》规定了测定土壤中铅、镉的石墨炉原子吸收光谱法。本标准的检出限（按称取0.5g试样消解定容至50mL计算）为：铅0.1mg/kg，镉0.01mg/kg。使用塞曼法、自吸收法和氘灯法扣除背景，并在磷酸氢二铵或氯化铵等基体改进剂存在下，直接测定试液中的痕量铅、镉未见干扰。

一、原理

采用盐酸-硝酸-氢氟酸-高氯酸全消解的方法，彻底破坏土壤的矿物晶格，使试样中的待测元素全部进入试液。然后，将试液注入石墨炉中。经过预先设定的干燥、灰化、原子化等升温程序使共存基体成分蒸发除去，同时在原子化阶段的高温下铅、镉化合物离解为基态原子蒸气，并对空心阴极灯发射的特征谱线产生选择性吸收。在选择的最佳测定条件下，通过背景扣除，测定试液中铅、镉的吸光度。

二、仪器和试剂

本标准所使用的试剂除另有说明外，均使用符合国家标准的分析纯试剂和去离子水或同等纯度的水。

1. 仪器和设备

一般实验室仪器和以下仪器。

（1）石墨炉原子吸收分光光度计（带有背景扣除装置）。

（2）铅空心阴极灯。

（3）镉空心阴极灯。

（4）氩气钢瓶。

（5）10μL手动进样器。

2. 试剂

(1) 盐酸（HCl） $\rho=1.19g/mL$，优级纯。

(2) 硝酸（HNO_3） $\rho=1.42g/mL$，优级纯。

(3) 硝酸溶液（1+5） 用（2）配制。

(4) 硝酸溶液，体积分数为 0.2% 用（2）配制。

(5) 氢氟酸（HF） $\rho=1.49g/mL$。

(6) 高氯酸（$HClO_4$） $\rho=1.68g/mL$，优级纯。

(7) 磷酸氢二铵（$(NH_4)_2HPO_4$）（优级纯）水溶液，质量分数为 5%。

(8) 铅标准储备液（0.500mg/mL） 准确称取 0.5000g（精确至 0.0002g）光谱纯金属铅于 50mL 烧杯中，加入 20mL 硝酸溶液（1+5），微热溶解。冷却后转移至 1000mL 容量瓶中，用水定容至标线，摇匀。

(9) 镉标准储备液（0.500mg/mL） 准确称取 0.5000g（精确至 0.0002g）光谱纯金属镉粒于 50mL 烧杯中，加入 20mL 硝酸溶液（1+5），微热溶解。冷却后转移至 1000mL 容量瓶中，用水定容至标线，摇匀。

(10) 铅、镉混合标准使用液（铅 $250\mu g/L$，镉 $50\mu g/L$） 临用前将铅、镉标准储备液（8）（9），用硝酸溶液（0.2%）经逐级稀释配制。

三、操作步骤

1. 样品制备

将采集的土壤样品（一般不少于 500g）混匀后用四分法缩分至约 100g。缩分后的土样经风干（自然风干或冷冻干燥）后，除去土样中石子和动植物残体等异物，用木棒（或玛瑙棒）研压，通过 2mm 尼龙筛（除去 2mm 以上的砂砾），混匀。用玛瑙研钵将通过 2mm 尼龙筛的土样研磨至全部通过 100 目（孔径 0.149mm）尼龙筛，混匀后备用。

2. 试液制备

准确称取 0.1~0.3g（精确至 0.0002g）试样于 50mL 聚四氟乙烯坩埚中，用水润湿后加入 5mL 盐酸（$\rho=1.19g/mL$，优级纯），于通风橱内的电热板上低温加热，使样品初步分解，当蒸发至 2~3mL 时，取下稍冷，然后加入 5mL 硝酸（$\rho=1.42g/mL$，优级纯）、4mL 氢氟酸（$\rho=1.49g/mL$）、2mL 高氯酸（$\rho=1.68g/mL$），加盖后于电热板上中温加热 1h 左右，然后开盖，继续加热除硅，为了达到良好的飞硅效果，应经常摇动坩埚。当加热至冒浓厚高氯酸白烟时，加盖，使黑色有机碳化物充分分解。待坩埚上的黑色有机物消失后，开盖驱赶白烟并蒸至内容物呈黏稠状。视消解情况，可再加入 2mL 硝酸、2mL 氢氟酸、1mL 高氯酸，重复上述消解过程。当白烟再次基本冒尽且内容物呈黏稠状时，取下稍冷，用水冲洗坩埚盖和内壁，并加入 1mL 硝酸溶液（1+5）温热溶解残渣。然后将溶液转移至 25mL

容量瓶中,加入3mL磷酸氢二铵溶液(5%)冷却后定容,摇匀备测。

由于土壤种类多,所含有机质差异较大,在消解时,应注意观察,各种酸的用量可视消解情况酌情增减。土壤消解液应呈白色或淡黄色(含铁较高的土壤),没有明显沉淀物存在。

注意电热板的温度不宜太高,否则会使聚四氟乙烯坩埚变形。

3. 测定

按照仪器使用说明书调节仪器至最佳工作条件,测定试液的吸光度。

不同型号仪器的最佳测试条件不同,通常本标准采用的测量条件如表2-3所示。

表2-3 仪器测量条件

元素	铅	镉
测定波长/nm	283.3	228.8
狭缝宽度/nm	1.3	1.3
灯电流/mA	7.5	7.5
干燥	80~100℃/20s	80~100℃/20s
灰化	700℃/20s	500℃/20s
原子化	2000℃/5s	1500℃/5s
清除	2700℃/3s	2600℃/3s
氩气流量/(mL/min)	200	200
原子化阶段是否停气	是	是
进样量/μL	10	10

4. 空白试验

用水代替试样,采用和试液的制备相同的步骤和试剂,制备全程序空白溶液,并按试样测定步骤进行测定。每批样品至少制备2个以上的空白溶液。

5. 校准曲线

准确移取铅、镉混合标准使用液0,0.50,1.00,2.00,3.00,5.00mL 于25mL 容量瓶中。加入3.0mL 磷酸氢二铵溶液(5%),用硝酸溶液(0.2%)定容。该标准溶液含铅0,5.0,10.0,20.0,30.0,50.0μg/L,含镉0,1.0,2.0,4.0,6.0,10.0μg/L。按试液测定中的条件由低到高浓度顺次测定标准溶液的吸光度。

用减去空白的吸光度与相对应的元素含量(μg/L)分别绘制铅、镉的校准曲线。

四、结果计算

土壤样品中铅、镉的含量按式(2-5)计算:

$$W = \frac{c \cdot V}{m(1-f)} \tag{2-5}$$

式中　W——土壤样品中铅、镉的含量，mg/kg；
　　　c——试液的吸光度减去空白试验的吸光度，然后在校准曲线上查得铅、镉的含量，μg/L；
　　　V——试液定容的体积，mL；
　　　m——称取试样的质量，g；
　　　f——试样中水分的含量，%。

五、精密度和准确度

多个实验室用本方法分析环境土壤样品（Environmental soil samples，ESS）系列土壤标样中铅、镉的精密度和准确度如表2-4所示。

表2-4　方法的精密度和准确度

元素	实验室数	土壤标样	保证值/(mg/kg)	总均值/(mg/kg)	室内相对标准偏差/%	室间相对标准偏差/%	相对误差/%
Pb	19	ESS-1	23.6±1.2	23.7	4.2	7.3	0.42
	21	ESS-3	33.3±1.3	33.7	3.9	8.6	1.2
Cd	25	ESS-1	0.083±0.011	0.080	3.6	6.2	-3.6
	28	ESS-3	0.044±0.014	0.045	4.1	8.4	2.3

附：土壤水分含量的测定。

称取通过100目筛的风干土样5~10g（准确至0.01g），置于铝盒或称量瓶中，在105℃烘箱中烘4~5h，烘干至恒重。

以百分数表示的风干土样水分含量f按式（2-6）计算：

$$f(\%) = \frac{m_1 - m_2}{m_1} \times 100 \tag{2-6}$$

式中　f——土样水分含量，%；
　　　m_1——烘干前土样质量，g；
　　　m_2——烘干后土样质量，g。

任务三　汞的检测

任务导入

按照2013年国家食品安全风险监测计划，有关部门对婴幼儿食品开展了重点风险监测。在对近830份婴幼儿罐装辅助食品的监测中发现，23份以深海鱼类为主要原料的婴幼儿罐装辅助食品样品有汞含量超标情况。当地食品监督管理部门已要求涉事企业召回问题产品。问题样品平均监测值为0.03mg/kg，超过了GB 10770—2010《食品安全国家标准　婴幼儿罐装辅助食品》规定的0.02mg/kg经初步调查，鱼泥、鱼酥罐装食品汞超标的原因是企业使用的深海旗鱼和金枪鱼原料带入（注：有些种类海鱼的汞含量较高）。（来源：国家市场监督管理总局官方网站）

任务要求

汞是一种对人体有害的重金属，应按照GB 2762—2017《食品安全国家标准　食品中污染物限量》要求对食品原材料、食品产品、食品加工原辅料及其他相关物料进行检验。本任务要求学生按照专业水平对送检样品进行制备、预处理、检测并提供有关汞准确、可信的数据报告。

必备知识

汞（Hg）是常温下唯一呈液态的金属元素，又称水银，广泛分布于地壳表层，在工业、农业、医药等领域均有广泛应用。汞并非人体的必需元素，可以借助于摄食、皮肤、呼吸等途径进入人体，并对人的神经、生殖等系统产生毒害作用。在自然界中，汞是一种可长期存在于环境中且具有全球迁移性的污染物，其污染具有持久性、易迁移性、高生物富集性和高生物毒性等特点。即使吸收微量的汞和汞化物，通过逐渐积累也会导致慢性中毒，因此，全球各国均将汞列为需重点控制的污染物之一。作为世界第三大产汞国，我国的汞污染情况较为严重。

一、汞污染来源

汞有着广泛的用途，如温度计、电池、气压表、压力计、汞真空泵、日光灯、整流器、水银法制烧碱、汞触媒、升汞消毒剂、雷酸汞、炸药起爆剂、颜料、农药、镏金、气焊切割等都要用到汞。随着汞应用范围的扩大，汞污染不断加剧，对人类健康和环境造成了极大危害。食品中汞污染来源与铅、镉相似，主要是工业生产产生的废水、废气、废渣造成的污染；其次是含汞农药、机械等污染；再次是含汞杀虫剂、杀菌剂、防霉剂、选种剂等也可造成污染，汞随着食品的运输、加工及原料生产环节进入食品，进而对人体造成一定毒害作用。

二、汞的危害性

汞及其化合物毒性都很大，特别是汞的有机化合物毒性更大，毒性最大的是甲基汞，甲基汞对人的作用特别顽固，进入人体后遍布全身各器官组织中，主要侵害神经系统，尤其是中枢神经系统，其中最严重的是小脑和大脑两半球，并且这些损害是不可逆的。甲基汞还可通过胎盘屏障侵害胎儿，使胎儿先天性汞中毒，或畸形，或痴呆。此外甲基汞还可使男性生育能力下降。

汞常以蒸气状态污染空气，汞及其化合物可通过呼吸道、皮肤或消化道等不同途径侵入人体。当汞进入人体后，即集聚于肝、肾、大脑、心脏和骨髓等部位，造成神经性中毒和深部组织病变，引起疲倦、头晕、颤抖、牙龈出血、秃发、手脚麻痹、神经衰弱等症状，甚至会出现精神错乱，进而疯狂痉挛致死。汞的毒性是积累性的，往往要几年或十几年才能反映出来。

GB 2762—2017《食品安全国家标准 食品中污染物限量》也规定了各类食品中汞的最高限量，如肉食性鱼类及其制品甲基汞含量≤1.0mg/kg；稻谷、糙米、大米、玉米、玉米面（渣、片）、小麦、小麦粉总汞含量≤0.02mg/kg；新鲜蔬菜总汞含量≤0.01mg/kg、肉类总汞含量≤0.05mg/kg等。因此，加强食品中重金属汞的监督管控和精准检测对保证食品安全、保障人体健康显得十分重要。

三、检测原理

试样经酸加热消解后，在酸性介质中，试样中汞被硼氢化钾或硼氢化钠还原成原子态汞，由载气（氩气）带入原子化器中，在汞空心阴极灯照射下，基态汞原子被激发至高能态，在由高能态回到基态时，发射出特征波长的荧光，其荧光强度与汞含量成正比，外标法定量。

GB 5009.17—2021《食品安全国家标准 食品中总汞及有机汞的测定》

本任务依据 GB 5009.17—2021《食品安全国家标准 食品中总汞及有机汞的测定》操作。

任务准备

除非另有说明，本方法所用试剂均为优级纯，水为 GB/T 6682—2008《分析实验室用水规格和试验方法》规定的一级水。

1. 仪器

玻璃器皿及聚四氟乙烯消解内罐均需以硝酸溶液（1+4）浸泡24h以上，最后用水冲洗干净。

（1）原子荧光光谱仪 配汞空心阴极灯。

（2）电子天平 感量为0.01mg、0.1mg和1mg。

（3）微波消解系统。

（4）压力消解器。

（5）恒温干燥箱（50~300℃）。

(6) 控温电热板（50~200℃）。

(7) 超声水浴箱。

(8) 匀浆机。

(9) 高速粉碎机。

2. 试剂

(1) 硝酸溶液（1+9） 量取 50mL 硝酸，缓缓加入 450mL 水中，混匀。

(2) 硝酸溶液（5+95） 量取 50mL 硝酸，缓缓加入 950mL 水中，混匀。

(3) 氢氧化钾溶液（5g/L） 称取 5.0g 氢氧化钾，用水溶解并稀释至 1000mL，混匀。

(4) 硼氢化钾溶液（5g/L） 称取 5.0g 硼氢化钾，用氢氧化钾溶液（5g/L）溶解并稀释至 1000mL，混匀。临用现配。

(5) 重铬酸钾的硝酸溶液（0.5g/L） 称取 0.5g 重铬酸钾，用硝酸溶液（5+95）溶解并稀释至 1000mL，混匀。

注意：本方法也可用硼氢化钠作为还原剂：称取 3.5g 硼氢化钠，用氢氧化钠溶液（3.5g/L）溶解并定容至 1000mL，混匀。临用现配。

(6) 硝酸（HNO_3）。

(7) 过氧化氢（H_2O_2）。

(8) 硫酸（H_2SO_4）。

(9) 汞标准储备液（1000mg/L） 准确称取 0.1354g 氯化汞，用重铬酸钾的硝酸溶液（0.5g/L）溶解并转移至 100mL 容量瓶中，稀释并定容至刻度，混匀。于 2~8℃ 冰箱中避光保存，有效期 2 年。或经国家认证并授予标准物质证书的汞标准溶液。

(10) 汞标准中间液（10.0mg/L） 准确吸取汞标准储备液（1000mg/L）1.00mL 于 100mL 容量瓶中，用重铬酸钾的硝酸溶液（0.5g/L）稀释并定容至刻度，混匀。于 2~8℃ 冰箱中避光保存，有效期 1 年。

(11) 汞标准使用液（50.0μg/L） 准确吸取汞标准中间液（10.0mg/L）1.00mL 于 200mL 容量瓶中，用重铬酸钾的硝酸溶液（0.5g/L）稀释并定容至刻度，混匀。临用现配。

(12) 汞标准系列溶液 分别吸取汞标准使用液（50.0μg/L）0，0.20，0.50，1.00，1.50，2.00，2.50mL 于 50mL 容量瓶中，用硝酸溶液（1+9）稀释并定容至刻度，混匀，相当于汞浓度为 0，0.20，0.50，1.00，1.50，2.00，2.50μg/L。临用现配。

任务实施

1. 试样制备

(1) 粮食、豆类等样品 取可食部分粉碎均匀，装入洁净聚乙烯瓶中，密封保存备用。

（2）蔬菜、水果、鱼类、肉类及蛋类等新鲜样品　洗净晾干，取可食部分匀浆，装入洁净聚乙烯瓶中，密封，于2~8℃冰箱冷藏备用。

（3）乳及乳制品　匀浆或均质后装入洁净聚乙烯瓶中，密封于2~8℃冰箱冷藏备用。

2. 试样前处理

（1）微波消解法　称取固体试样0.2~0.5g（精确到0.001g，含水分较多的样品可适当增加取样量至0.8g）或准确称取液体试样1.0~3.0g（精确到0.001g），对于植物油等难消解的样品称取0.2~0.5g（精确到0.001g），置于消解罐中，加入5~8mL硝酸，加盖放置1h，对于难消解的样品再加入0.5~1mL过氧化氢，旋紧罐盖，按照微波消解仪的标准操作步骤进行消解（微波消解参考条件如表2-5所示）。冷却后取出，缓慢打开罐盖排气，用少量水冲洗内盖，将消解罐放在控温电热板上或超声水浴箱中，80℃下加热或超声脱气3~6min赶去棕色气体，取出消解内罐，将消化液转移至25mL容量瓶中，用少量水分3次洗涤内罐，洗涤液合并于容量瓶中并定容至刻度，混匀备用；同时做空白试验。

表2-5　试样微波消解参考条件

步骤	温度/℃	升温时间/min	恒温时间/min
1	120	5	5
2	160	5	10
3	190	5	25

（2）压力消解罐消解法　称取固体试样0.2~1.0g（精确到0.001g，含水分较多的样品可适当增加取样量至2g），或准确称取液体试样1.0~5.0g（精确到0.001g），对于植物油等难消解的样品称取0.2~0.5g（精确到0.001g），置于消解内罐中，加入5mL硝酸，放置1h或过夜，盖好内盖，旋紧不锈钢外套，放入恒温干燥箱，140~160℃下保持4~5h，在箱内自然冷却至室温，缓慢旋松不锈钢外套，将消解内罐取出，用少量水冲洗内盖，将消解罐放在控温电热板上或超声水浴箱中，80℃下加热或超声脱气3~6min赶去棕色气体。取出消解内罐，将消化液转移至25mL容量瓶中，用少量水分3次洗涤内罐，洗涤液合并于容量瓶中并定容至刻度，混匀备用；同时做空白试验。

（3）回流消化法

①粮食：称取1.0~4.0g（精确到0.001g）试样，置于消化装置锥形瓶中，加玻璃珠数粒，加45mL硝酸、10mL硫酸，转动锥形瓶防止局部炭化。装上冷凝管后，低温加热，待开始发泡即停止加热，发泡停止后，加热回流2h。如加热过程中溶液变棕色，再加5mL硝酸，继续回流2h，消解到样品完全溶解，一般呈淡黄

色或无色，待冷却后从冷凝管上端小心加入 20mL 水，继续加热回流 10min，放置冷却后，用适量水冲洗冷凝管，冲洗液并入消化液中，将消化液经玻璃棉过滤于 100mL 容量瓶内，用少量水洗涤锥形瓶、过滤器，洗涤液并入容量瓶内，加水至刻度，混匀备用；同时做空白试验。

②植物油及动物油脂：称取 1.0~3.0g（精确到 0.001g）试样，置于消化装置锥形瓶中，加玻璃珠数粒，加入 7mL 硫酸，小心混匀至溶液颜色变为棕色，然后加 40mL 硝酸。后续步骤同①"装上冷凝管后，低温加热……同时做空白试验"。

③薯类、豆制品：称取 1.0~4.0g（精确到 0.001g）试样，置于消化装置锥形瓶中，加玻璃珠数粒及 30mL 硝酸、5mL 硫酸，转动锥形瓶防止局部炭化。后续步骤同①"装上冷凝管后，低温加热……同时做空白试验"。

④肉、蛋类：称取 0.5~2.0g（精确到 0.001g）试样，置于消化装置锥形瓶中，加玻璃珠数粒及 30mL 硝酸、5mL 硫酸，转动锥形瓶防止局部炭化。后续步骤同①"装上冷凝管后，低温加热……同时做空白试验"。

⑤乳及乳制品：称取 1.0~4.0g（精确到 0.001g）试样，置于消化装置锥形瓶中，加玻璃珠数粒及 30mL 硝酸，乳加 10mL 硫酸，乳制品加 5mL 硫酸，转动锥形瓶防止局部炭化。后续步骤同①"装上冷凝管后，低温加热……同时做空白试验"。

3. 测定

(1) 仪器参考条件

根据各自仪器性能调至最佳状态。光电倍增管负高压：240V；汞空心阴极灯电流：30mA；原子化器温度：200℃；载气流速：500mL/min；屏蔽气流速：1000mL/min。

(2) 标准曲线的制作

设定好仪器最佳条件，连续用硝酸溶液（1+9）进样，待读数稳定之后，转入标准系列溶液测量，由低到高浓度顺序测定标准系列溶液的荧光强度，以汞的质量浓度为横坐标，荧光强度为纵坐标，绘制标准曲线。

注意：可根据仪器的灵敏度及样品中汞的实际含量微调标准系列溶液中汞的质量浓度范围。

(3) 试样溶液的测定

转入试样测量，先用硝酸溶液（1+9）进样，使读数基本回零，再分别测定处理好的试样空白和试样溶液。

4. 结果计算

试样中汞含量按式 (2-7) 计算：

$$X = \frac{(\rho - \rho_0) \times V \times 1000}{m \times 1000 \times 1000} \tag{2-7}$$

式中　X——试样中汞的含量，mg/kg；

ρ——试样溶液中汞含量，$\mu g/L$；

ρ_0——空白液中汞含量，$\mu g/L$；

V——试样消化液定容总体积，mL；

m——试样称样量，g；

1000——换算系数。

当汞含量≥1.00mg/kg 时，计算结果保留三位有效数字；当汞含量<1.00mg/kg 时，计算结果保留两位有效数字。

5. 确保精密度

样品中汞含量大于 1mg/kg 时，在重复性条件下获得的两次独立测定结果的绝对差值不得超过算术平均值的 10%；小于等于 1mg/kg 且大于 0.1mg/kg 时，在重复性条件下获得的两次独立测定结果的绝对差值不得超过算术平均值的 15%；小于等于 0.1mg/kg 时，在重复性条件下获得的两次独立测定结果的绝对差值不得超过算术平均值的 20%。

6. 其他

当样品称样量为 0.5g，定容体积为 25mL 时，方法检出限为 0.003mg/kg，方法定量限为 0.01mg/kg。

在线测试

项目二　任务三　在线测试

知识拓展

GB/T 13081—2006《饲料中汞的测定》规定了配合饲料、浓缩饲料、预混合饲料及饲料添加剂中汞的测定方法。本标准适用于配合饲料、浓缩饲料、预混合饲料及饲料添加剂中汞的测定。原子荧光光谱分析法：检出限 0.15$\mu g/kg$，标准曲线最佳线性范围 0~60$\mu g/L$；冷原子吸收的检出限：压力消解法为 0.4$\mu g/kg$，其他消解法为 10$\mu g/kg$。

一、原理

试样经酸加热消解后，在酸性介质中，试样中汞被硼氢化钾（KBH_4）或硼氢化钠（$NaBH_4$）还原成原子态汞，由载气（氩

汞的检测——原子荧光产生的原理

气）带入原子化器中，在特制汞空心阴极灯照射下，基态汞原子被激发至高能态，在去活化回到基态时，发射出特征波长的荧光，其荧光强度与汞含量成正比，与标准系列比较定量。

二、仪器和试剂

除非另有说明，在分析中仅使用确认为分析纯的试剂，水为去离子水或相当纯度的水，应符合 GB/T 6682—2008《分析实验室用水规格和试验方法》二级用水的规定。

1. 仪器和设备

（1）分析天平　感量 0.0001g。

（2）高压消解罐　100mL。

（3）微波消解炉。

（4）实验室用样品粉碎机或研钵。

（5）消化装置。

（6）原子荧光光度计。

（7）容量瓶　50mL。

2. 试剂

（1）硝酸（优级纯）。

（2）30%过氧化氢。

（3）硫酸（优级纯）。

（4）混合酸液　硫酸+硝酸+水（1+1+8），量取 10mL 硝酸（优级纯）和 10mL 硫酸（优级纯），缓缓倒入 80mL 水中，冷却后小心混匀。

（5）硝酸溶液（1+9）　量取 50mL 硝酸（优级纯），缓缓倒入 450mL 水中，混匀。

（6）氢氧化钾溶液（5g/L）　称取 5.0g 氢氧化钾，溶于水中，稀释至 1000mL，混匀。

（7）硼氢化钾溶液（5g/L）　称取 5.0g 硼氢化钾，溶于 5.0g/L 的氢氧化钾溶液中，并稀释至 1000mL，混匀，现用现配。

（8）汞标准储备溶液 100μg/mL　称取 0.135g 氯化汞，溶于水，移入 1000mL 容量瓶中，稀释至刻度。或者选用国家标准物质——汞标准溶液（GBW 08617），此溶液每毫升相当于 1000μg 汞。

（9）汞标准工作溶液　吸取汞标准储备液 1mL 于 100mL 容量瓶中，用硝酸溶液（1+9）稀释至刻度，混匀，此溶液浓度为 10μg/mL。再分别吸取 10μg/mL 汞标准溶液 1mL 和 5mL 于两个 100mL 容量瓶中，用硝酸溶液（1+9）稀释于刻度，混匀，溶液浓度分别为 100ng/mL 和 500ng/mL，分别用于测定低浓度试样和高浓度试样,制作标准曲线,现用现配。

三、操作步骤

1. 样品制备

(1) 高压消解法 饲料样品:称取0.5~2.00g试样,精确到0.0001g,置于聚四氟乙烯塑料内罐中,加10mL硝酸(优级纯),混匀后放置过夜,再加15mL 30%过氧化氢,盖上内盖放入不锈钢外套中,旋紧密封。然后将高压消解罐放入普通干燥箱(烘箱)中加热,升温至120℃后保持恒温2~3h,至消解完全,冷至室温,将消解液用硝酸溶液(1+9)洗涤消解罐并定容至50mL容量瓶中,摇匀。同时做试剂空白试验。待测。

(2) 微波消解法 称取0.20~1.0g试样,精确到0.0001g,置于高压消解罐中加入2~10mL硝酸(优级纯),2~4mL 30%过氧化氢,盖好安全阀后,将消解罐放入微波炉消解系统中,根据不同种类的试样设置微波炉消解系统的最佳分析条件(表2-6和表2-7),至消解完全,冷却后用硝酸溶液(1+9)洗涤消解罐并定容至50mL容量瓶中(低含量试样可定容至25mL容量瓶)混匀待测。同时做试剂空白试验。

表2-6 饲料试样微波消解条件

步骤	1	2	3
功率/%	50	75	90
压力/kPa	343	686	1096
升压时间/min	30	30	30
保压时间/min	5	7	5
排风量/%	100	100	100

表2-7 鱼油、鱼粉试样微波消解条件

步骤	1	2	3	4	5
功率/%	50	70	80	100	100
压力/kPa	343	514	686	959	1234
升压时间/min	30	30	30	30	30
保压时间/min	5	7	5	7	5
排风量/%	100	100	100	100	100

2. 标准系列溶液配制

（1）低浓度标准系列　分别吸取 100ng/mL 汞标准使用液 0.50，1.00，2.00，4.00，5.00mL 于 50mL 容量瓶中，用硝酸溶液（1+9）稀释至刻度，混匀。各自相当于汞浓度 1.0，2.0，4.0，8.0，10.0ng/mL。此标准系列适用于一般试样测定。

（2）高浓度标准系列　分别吸取 500ng/mL 汞标准使用液 0.50，1.00，2.00，3.00，4.00mL 于 50mL 容量瓶中，用硝酸溶液（1+9）稀释至刻度，混匀。各自相当于汞浓度 5.0，10.0，20.0，30.0，40.0ng/mL。此标准系列适用于鱼粉及含汞量偏高的试样测定。

3. 测定

（1）仪器参考条件　光电倍增管负高压：260V；汞空心阴极灯电流：30mA；原子化器：温度 300℃，高度 8.0mm；氩气流速：载气 500mL/min，屏蔽气 1000mL/min；测量方式：标准曲线法；读数方式：峰面积；读数延迟时间：1.0s；读数时间：10.0s；硼氢化钾溶液加液时间：8.0s；标准或样液加液体积：2mL。仪器稳定后，测标准系列，至标准曲线的相关系数 $r>0.999$ 后测试样。

（2）测定方式

①浓度测定方式：设定好仪器最佳条件，逐步将炉温升至所需温度后，稳定 10~20min 后开始测量。连续用硝酸溶液（1+9）进样，待读数稳定之后，转入标准系列测量，绘制标准曲线。转入试样测量，先用硝酸溶液（1+9）进样，使读数基本回零，再分别测定试样空白和试样消化液，每测不同的试样前都应清洗进样器。

②仪器自动计算结果方式：设定好仪器最佳条件，在试样参数画面输入以下参数：试样质量（g），稀释体积（mL），并选择结果的浓度单位，逐步将炉温升至所需温度，稳定后测量。连续用硝酸溶液（1+9）进样，待读数稳定之后，转入标准系列测量，绘制标准曲线。在转入试样测定之前，再进入空白值测量状态，用试样空白消化液进样，让仪器取其均值作为扣底的空白值。随后即可依法测定试样。测定完毕后，选择"打印报告"即可将测定结果自动打印。

四、结果计算

试样中汞的含量按式（2-8）计算：

$$\omega = \frac{(c - c_0) \times V \times 1000}{m \times 1000 \times 1000} \tag{2-8}$$

式中　ω——试样中汞的含量，mg/kg；

c——试样消化液中汞的含量，ng/mL；

c_0——试剂空白液中汞的含量，ng/mL；

V——试样消化液总体积，mL；
m——试样质量，g。

五、分析结果表示

每个试样平行测定 2 次，以其算术平均值为结果。分析计算结果表示到 0.001mg/kg。

六、重复性

同一分析者对同一试样同时或快速连续地进行两次测定，所得结果之间的差值：①在汞含量小于等于 0.020mg/kg 时，不得超过平均值的 100%；②在汞含量大于 0.020mg/kg 而小于 0.100mg/kg 时，不得超过平均值的 50%；③在汞含量大于 0.100mg/kg 时，不得超过平均值的 20%。

任务四 砷的检测

任务导入

2015 年上半年国家质量监督检验检疫总局官网公布的信息显示，某公司进口的凯蒂猫小鱼拌饭料、凯蒂猫鸡蛋拌饭料、蔬菜拌饭料、青芥末拌饭料、蔬菜拌饭料优惠装、鲑鱼芝麻拌饭料、海鲜拌饭料优惠装、鲑鱼鸡蛋拌饭料、北海道海鲜抹茶味拌饭料、鲣鱼拌饭料、沙丁鱼仔拌饭料、青菜拌饭料、关东煮调味粉、抹茶味泡饭料砷含量均超出国家标准。

据 GB 2762—2017《食品安全国家标准 食品中污染物限量》规定，砷在油脂及其制品中含量不超过 0.1mg/kg、调味品（水产调味品、藻类调味品和香辛料类除外）中不超过 0.5mg/kg。（来源：国家质量监督检验检疫总局官网）

任务要求

砷（As）是一种对人体有害的重金属，应按照 GB 2762—2017《食品安全国家标准 食品中污染物限量》要求对食品原材料、食品产品、食品加工原辅料及其他相关物料进行检验。本任务要求学生按照专业水平对送检样品进行制备、预处理、检测并提供有关砷准确、可信的数据报告。

必备知识

砷在元素周期表上是一种非金属元素，但具有金属特性，因此被归到重金属污染物中。由砷元素所构成的砷化物具有非常强的毒性，只要人从食品中摄入了超出污染物限量的砷会威胁到人们的身体健康，摄入量达到一定的含量会直接导致人类的死亡，因此在食品安全检测中判断食物是否合格的一项重要指标就是砷含量是否符合标准。

一、砷污染来源

食品中砷的来源与其他几种重金属相似，主要包括自然环境、工业污染和食品加工污染3个方面：①砷天然存在于自然环境中，不同的土壤、水源和生物中有不同含量的砷，砷含量高的区域会引发区域性食品砷污染；②工业的含砷废水、废气、废渣处理不当会造成动植物的污染，从而形成砷污染食品；③在食品原料、辅料，食品加工、贮存、运输和销售过程中使用和接触的机械、管道、容器、包装材料以及因工艺需要加入的食品添加剂中，也可造成砷对食品的污染。

二、砷的危害性

砷及其化合物对人体有着严重的毒害作用和致癌性，比如三氧化二砷（俗称砒霜），口服$0.01\sim0.05g$即可发生中毒，致死量为$60\sim200mg$（$0.75\sim1.95mg/kg$）。无论是砷还是砷化合物都有着极强的毒性，一般来说，无机砷比有机砷的毒性大，三价砷比五价砷的毒性大，可溶性砷的毒性大于不溶性砷，一次性直接摄入过多的含砷物质极有可能会引起急性中毒甚至死亡。在日常生活中，砷可以通过饮食、饮水或是呼吸道吸入和皮肤接触等多种途径进入人体，从而破坏人体正常的生理功能，严重紊乱体内的细胞代谢。人们长期食用被污染的水、鱼、农作物，会造成食物链砷富集而中毒。慢性砷中毒表现为感觉异常、眩晕、气短、心悸、食欲不振、呕吐、皮膜黏膜病变和多发性神经炎，颜面、四肢色素异常，心、肝、脾、肾等实质脏器发生退行性变以及并发性溶血性贫血、黄疸等，严重时可导致中毒性肝炎，心肌麻痹而死亡。急性中毒多因消化道摄入，主要表现为剧烈腹痛、腹泻、恶心呕吐，口、咽、食管有烧灼感，可伴有头晕、头痛、浮肿、尿少、血压降低、尿砷增高等症状。

GB 2762—2017《食品安全国家标准 食品中污染物限量》规定了各类食品中总砷和无机砷的最高限量，如肉及肉制品总砷$\leq0.5mg/kg$、乳粉总砷$\leq0.5mg/kg$、包装饮用水总砷$\leq0.01mg/L$等。因此，加强食品中重金属砷的监督管控和精准检测对保证食品安全、保障人体健康显得十分重要。

三、检测原理

样品经酸消解处理为样品溶液，样品溶液经雾化由载气送入电感耦合等离子体（ICP）炬管中，经过蒸发、解离、原子化和离子化等过程，转化为带电荷的离子，经离子采集系统进入质谱仪，质谱仪根据质荷比（m/z）进行分离。对于一定的质荷比，质谱的信号强度与进入质谱仪的离子数成正比，即样品浓度与质谱信号强度成正比。通过测量质谱的信号强度对试样溶液中的砷元素进行测定。

GB 5009.11—2014
《食品安全国家标准 食品中总砷及无机砷的测定》

本任务依据 GB 5009.11—2014《食品安全国家标准 食品中总砷及无机砷的测定》操作。

■ 任务准备

除非另有说明，本方法所用试剂均为优级纯，水为 GB/T 6682—2008《分析实验室用水规格和试验方法》规定的一级水。

1. 仪器

玻璃器皿及聚四氟乙烯消解内罐均需以硝酸溶液（1+4）浸泡 24h，用水反复冲洗，最后用去离子水冲洗干净。

（1）电感耦合等离子体质谱仪（ICP-MS）。

（2）微波消解系统。

（3）压力消解器。

（4）恒温干燥箱（50~300℃）。

（5）控温电热板（50~200℃）。

（6）超声水浴箱。

（7）天平 感量为 0.1mg 和 1mg。

2. 试剂

（1）硝酸（HNO_3） MOS 级（电子工业专用高纯化学品）、BV（Ⅲ）级。

（2）过氧化氢（H_2O_2）。

（3）质谱调谐液 Li、Y、Ce、Ti、Co，推荐使用浓度为 10ng/mL。

（4）硝酸溶液（2+98） 量取 20mL 硝酸，缓缓倒入 980mL 水中，混匀。

（5）内标储备液 Ge，浓度为 100μg/mL。

（6）内标溶液 Ge 或 Y（1.0μg/mL） 取 1.0mL 内标溶液，用硝酸溶液（2+98）稀释并定容至 100mL。

（7）氢氧化钠溶液（100g/L） 称取 10.0g 氢氧化钠，用水溶解和定容至 100mL。

（8）砷标准储备液（100mg/L，按 As 计） 准确称取于 100℃ 干燥 2h 的三氧化二砷 0.0132g，加 1mL 氢氧化钠溶液（100g/L）和少量水溶解，转入 100mL 容量瓶中，加入适量盐酸调节其 pH 近中性，用水稀释至刻度。4℃ 避光保存，保存期一年。或购买经国家认证并授予标准物质证书的标准溶液物质。

（9）砷标准使用液（1.00mg/L，按 As 计） 准确吸取 1.00mL 砷标准储备液（100mg/L）于 100mL 容量瓶中，用硝酸溶液（2+98）稀释定容至刻度。现用现配。

任务实施

1. 试样制备

在采样和制备过程中,应注意不使试样污染。粮食、豆类等样品去杂物后粉碎均匀,装入洁净聚乙烯瓶中,密封保存备用。蔬菜、水果、鱼类、肉类及蛋类等新鲜样品,洗净晾干,取可食部分匀浆,装入洁净聚乙烯瓶中,密封,于4℃冰箱冷藏备用。

2. 试样前处理

(1) 微波消解法 蔬菜、水果等含水分高的样品,称取2.0~4.0g(精确至0.001g)样品于消解罐中,加入5mL硝酸,放置30min;粮食、肉类、鱼类等样品,称取0.2~0.5g(精确至0.001g)样品于消解罐中,加入5mL硝酸,放置30min,盖好安全阀,将消解罐放入微波消解系统中,根据不同类型的样品,设置适宜的微波消解程序(表2-8~表2-10),按相关步骤进行消解,消解完全后赶酸,将消化液转移至25mL容量瓶或比色管中,用少量水洗涤内罐3次,合并洗涤液并定容至刻度,混匀。同时做空白试验。

表2-8 粮食、蔬菜类试样微波消解参考条件

步骤	功率		升温时间/min	控制温度/℃	保持时间/min
1	1200W	100%	5	120	6
2	1200W	100%	5	160	6
3	1200W	100%	5	190	20

表2-9 乳制品、肉类、鱼肉试样微波消解参考条件

步骤	功率		升温时间/min	控制温度/℃	保持时间/min
1	1200W	100%	5	120	6
2	1200W	100%	5	180	10
3	1200W	100%	5	190	15

表2-10 油脂、糖类试样微波消解参考条件

步骤	功率/%	温度/℃	升温时间/min	保持时间/min
1	50	50	30	5
2	70	75	30	5
3	80	100	30	5
4	100	140	30	7
5	100	180	30	5

(2) 高压密闭消解法 称取固体试样 0.20~1.0g（精确至 0.001g），湿样 1.0~5.0g（精确至 0.001g）或取液体试样 2.00~5.00mL 于消解内罐中，加入 5mL 硝酸浸泡过夜。盖好内盖，旋紧不锈钢外套，放入恒温干燥箱，140~160℃保持 3~4h，自然冷却至室温，然后缓慢旋松不锈钢外套，将消解内罐取出，用少量水冲洗内盖，放在控温电热板上于 120℃赶去棕色气体。取出消解内罐，将消化液转移至 25mL 容量瓶或比色管中，用少量水洗涤内罐 3 次，合并洗涤液并定容至刻度，混匀。同时做空白试验。

3. 测定

(1) 仪器参考条件 RF 功率 1550W；载气流速 1.14L/min；采样深度 7mm；雾化室温度 2℃；Ni 采样锥，Ni 截取锥。质谱干扰主要来源于同量异位素、多原子、双电荷离子等，可采用最优化仪器条件、干扰校正方程校正或采用碰撞池、动态反应池技术方法消除干扰。砷的干扰校正方程为：$^{75}As = ^{75}As - ^{77}M$ (3.127) $+^{82}M$ (2.733) $-^{83}M$ (2.757)；采用内标校正、稀释样品等方法校正非质谱干扰。砷的 m/z 为 75，选 ^{72}Ge 为内标元素。

推荐使用碰撞/反应池技术，在没有碰撞/反应池技术的情况下使用干扰方程消除干扰的影响。

(2) 标准曲线的制作 吸取适量砷标准使用液（1.00mg/L），用硝酸溶液 (2+98) 配制砷浓度分别为 0，1，5，10，50，100ng/mL 的标准系列溶液。

当仪器真空度达到要求时，用调谐液调整仪器灵敏度、氧化物、双电荷、分辨率等各项指标，当各项指标达到测定要求，编辑测定方法、选择相关消除干扰方法，引入内标，观测内标灵敏度、脉冲与模拟模式的线性拟合，符合要求后，将标准系列溶液引入仪器。进行相关数据处理，绘制标准曲线、计算回归方程。

(3) 试样溶液的测定 相同条件下，将试剂空白、样品溶液分别引入仪器进行测定。根据回归方程计算出样品中砷元素的浓度。

4. 结果计算

试样中砷含量按式 (2-9) 计算。

$$X = \frac{(c - c_0) \times V \times 1000}{m \times 1000 \times 1000} \tag{2-9}$$

式中 X——试样中砷的含量，mg/kg 或 mg/L；

c——试样消化液中砷的测定浓度，ng/mL；

c_0——试样空白消化液中砷的测定浓度，ng/mL；

V——试样消化液总体积，mL；

m——试样质量，g 或 mL；

1000——换算系数。

计算结果保留两位有效数字。

5. 确保精密度

在重复条件下获得的两次独立测定结果的绝对差值不得超过算术平均值的20%。

6. 其他

称样量为1g，定容体积为25mL时，方法检出限为0.003mg/kg，方法定量限为0.010mg/kg。

在线测试

项目二 任务四 在线测试

知识拓展

SN/T 0448—2011《进出口食品中砷、汞、铅、镉的检测方法 电感耦合等离子体质谱（ICP-MS）法》规定了用电感耦合等离子体质谱法（以下简称ICP-MS法）测定进出口食品中砷、铅、汞、镉含量的方法。本标准适用于进出口食品（不包括食品添加剂）中砷、铅、汞、镉含量的测定。

一、原理

试样经硝酸-过氧化氢消解，进行ICP-MS测定。ICP-MS由离子源和质谱仪两个主要部分构成，试样溶液经雾化由载气送入ICP炬焰中，经过蒸发、解离、原子化、电离等过程，转化为带正电荷的离子，经离子采集系统进入质谱仪，质谱仪根据质荷比（m/z）进行分离。对于一定质荷比，质谱积分面积与进入质谱仪中的离子数成正比，即试样中元素浓度与质谱的积分面积成正比。与标准系列比较定量。

二、仪器和试剂

1. 仪器和设备

（1）电感耦合等离子体质谱分析仪。

（2）微波消解炉。

（3）密封消解罐（聚四氟乙烯材料特制）。

（4）超纯水机。

(5) 恒温干燥箱（300℃）。

2. 试剂

(1) 硝酸（70%，质量分数） MOS级高纯试剂。

(2) 硝酸（2+98，体积比） 取20mL硝酸慢慢加入980mL超纯水中。

(3) 过氧化氢（30%，质量分数） MQS级高纯试剂。

(4) 内标溶液（^{6}Li、Sc、Ge、Y、In、Tb、Bi） 10mg/L。

(5) 内标溶液（^{6}Li、Sc、Ge、Y、In、Tb、Bi） 1mg/L，分取内标储备溶液5mL于50mL容量瓶中，用硝酸（2+98）稀释至刻度，此溶液浓度为1mg/L。

(6) 砷、铅、汞、镉、金元素混合标准储备溶液 分别为100μg/mL。

(7) 砷、铅、镉元素混合标准溶液10μg/mL 分别取砷、铅、镉元素标准储备溶液5mL于50mL容量瓶中，用硝酸（2+98）稀释至刻度，此溶液浓度为10mg/L。

(8) 汞、金元素混合标准溶液2μg/mL 分别取汞、金元素标准储备溶液1mL于50mL容量瓶中，用硝酸（2+98）稀释至刻度，此溶液浓度为2mg/L。

(9) 去离子水 分析用水为GB/T 6682—2008《分析实验室用水规格和试验方法》的一级水，电阻率≥18.2MΩ/cm。

(10) 液氩或高纯氩气（纯度≥99.999%）。

(11) 高纯氦气（纯度≥99.999%）。

三、操作步骤

1. 样品制备

在采样和制备过程中应注意不使试样受到污染。所有玻璃器皿及消化罐均需要以（1+4）硝酸浸泡24h，用水反复冲洗，最后用去离子水冲洗干净。

一般液体试样称取2.0~5.0g（精确至0.01g），固体试样称取0.5~1.0g（精确至0.01g）。将试样置于聚四氟乙烯消化罐中，加入4mL 70%硝酸，浸泡1h，再加入1mL 30%过氧化氢，盖上密封盖，放入恒温干燥箱或微波消解炉中，调节恒温干燥箱温度140~160℃加热3~4h；微波消解炉温度和加热时间至最佳程序（表2-11），消解结束后，冷却，将消化液转移至50mL容量瓶中，用去离子水冲洗消化罐内壁3次以上，稀释至刻度，混匀，待测。可根据样品中元素的实际含量适当稀释样液，确定稀释因子。

表2-11 CEM MARS 微波消解条件

条件	消化程序			
	1	2	3	4
控制温度/℃	120	120	160	160
加热时间/min	6	2	5	15

取与消化试样相同量的70%硝酸和30%过氧化氢,按同一试样消解方法做试剂空白试验。

2. 标准系列溶液配制

取10μg/mL砷、铅、镉元素混合标准溶液、2μg/mL汞标准溶液各5mL,用硝酸(2+98)稀释至50mL,成为标准使用溶液,分取此标准使用溶液0,0.1,0.25,0.5,1.0,2.5mL分别置于100mL容量瓶中,用硝酸(2+98)稀释至刻度,此混合标准工作溶液中各元素浓度见表2-12。

表2-12 混合标准系列溶液中各元素浓度

元素	系列1	系列2	系列3	系列4	系列5	系列6
Hg/(ng/mL)	0.00	0.40	1.00	2.00	4.00	10.00
As、Cd、Pb/(ng/mL)	0.00	2.00	5.00	10.00	20.00	50.00

注:可根据样品中杂质的实际含量确定标准系列溶液中各元素的具体浓度。

3. 测定

按照ICP-MS仪器的操作规程,调整仪器至最佳工作状态,参考条件见表2-13、表2-14;分析中应用内标,采用ICP-MS分析方法中内标校正定量分析方法测定(表2-15)。待仪器稳定后,按顺序依次对标准溶液、空白溶液和试样溶液进行测定。

表2-13 ICP-MS 7500cx(Agilent)仪器工作条件

雾化器	Babington高盐雾化器	雾化室	石英双通道scott雾化室
矩管	石英一体化,1.5mm中心通道	雾化室温度	2℃
取样锥/截取锥	1.0/0.4mm(Ni)锥	载气流速	0.85L/min
高频发射功率	1450W	混合气流量	0.28L/min
样品提升速率	0.1r/s	等离子气流量	15.0L/min
采样深度	7.5mm	辅助气流量	1.0L/min
样品提升量	0.4mL/min	氩气流量	5mL/min

表2-14 ICP-MS 7500cx(Agilent)仪器测量条件

参数	^{7}Li	^{89}Y	^{205}Tl
轴偏移(amu)	7.00±0.10	89.00±0.10	205±0.10
分辨率(W-10%)	0.65~0.80	0.65~0.80	0.65~0.80
灵敏度 cps/ppb(积分时间0.1s)		>1000	>1000

续表

参数	^{7}Li	^{89}Y	^{205}Tl
精密度（RSD）	<10%	<10%	<10%
背景（cps）	<30	<30	<30
氧化物比值		$^{156}Ce^+O/^{140}Ce^+$：<1%	
双电荷比值		$^{70}Ce^{++}/^{140}Ce^+$：<5%	

表 2-15 元素的质荷比及内标元素选择

元素的质荷比	元素	积分时间/s	内标元素
75	As	0.3	Ge72
111，114	Cd	0.1	In115
202	Hg	1.0	Bi209
206，207，208	Pb	0.1	Bi209

四、结果计算

试样中各元素含量按式（2-10）计算，计算结果保留两位有效数字：

$$X_i = \frac{c_i \times V \times F}{m \times 1000} \tag{2-10}$$

式中　X_i——分析试样中的金属元素的含量，mg/kg 或 mg/L；
　　　c_i——分析试样溶液中被测元素的浓度（扣空白后），ng/mL；
　　　V——测试溶液的体积，mL；
　　　F——稀释因子；
　　　m——分析试样的质量，g 或 mL。

五、精密度

在重复性条件下获得的两次独立测定结果的绝对差值不得超过算术平均值的 20%。

六、其他

当取样量为 1g，定容 50mL 时，本标准检出限：砷、铅为 0.05mg/kg，镉、汞为 0.02mg/kg。

项目三

食品中农药残留检测

知识目标

1. 了解食品中农药残留的种类、危害特性及检测方法；
2. 理解食品中常见农药残留（有机磷类、有机氯和拟除虫菊酯类、氨基甲酸酯类）检测的原理及各种方法的适用范围。

能力目标

1. 掌握农药标准溶液配制方法；
2. 熟练操作电动振荡器、组织捣碎机、旋转蒸发仪、粉碎机、恒温水浴锅、气相色谱仪等前处理设备及大型分析仪器，并能熟练操作相关的虚拟仿真软件；
3. 能独立完成食品中农药残留（有机磷类、有机氯和拟除虫菊酯类、氨基甲酸酯类）的项目检测；
4. 能够规范填写原始数据记录单。

素质目标

1. 具有责任担当、安全环保意识和团队合作精神；
2. 具有遵守法规、爱岗敬业、乐于奉献、吃苦耐劳的职业素质；
3. 具有实事求是、依法检测、公平公正、忠于职守、服务社会的品质。

广义上的农药为用于预防、控制甚至消灭病、虫、害，以及有目的地调节或促进植物生长的一种物质或者多种物质的混合物。狭义来讲，农药通常指在农作物生产过程中，为保障其健康生长和提高产量所施用的杀虫、杀草、杀菌、调节植物生长等物质的总称。

一、农药的分类及应用

农药的种类十分繁多,按其使用目的可分为杀虫剂、杀螨剂、杀菌剂、除草剂及植物生长调节剂;按原料来源可分为矿物源农药、生物源农药及化学合成农药;按化学结构可分为有机氯、有机磷、有机氮、有机硫、氨基甲酸酯、拟除虫菊酯、酰胺类化合物、脲类化合物、醚类化合物、酚类化合物、苯氧羧酸类、脒类、三唑类、杂环类、苯甲酸类、有机金属化合物类等,以上都是有机合成农药;根据加工剂型可分为粉剂、可湿性粉剂、乳剂、乳油、乳膏、糊剂、胶体剂、熏蒸剂、熏烟剂、烟雾剂、颗粒剂、微粒剂及油剂等。

为了保证农药使用安全高效,必须经过严格的食品安全毒理学评价来确定农药是否可用、许可使用的范围、最大限量标准、分析检验方法等。农药的使用虽然给人类的生产生活带来了诸多益处,但是在长期使用的过程中,其带给人类的危害日益显著。因此,经过严格的毒理学试验和一定的安全性评价就能将农药的危害降到最低水平。农药的使用不当,不仅会造成环境污染,而且会危害人类的身体健康,导致中毒、致癌、致畸、致突变等。因此,防止农药污染,控制农药使用已成为大家广泛关注的问题。

二、农药残留导致的食品安全问题

违规使用禁用的农药、农药质量和搭配不合理、用药方法不科学主要有以下几个原因:①随意加大用药浓度和用药量。有些农民本身存在误解,认为农药浓度越大,对病虫的防效越高。在农药使用中,存在私自加大药量以达到更好的治虫效果的现象,最终导致农作物受害,农药残留增加。施药时如果用水量少,很难做到整株喷施,死角中的残卵、残菌很容易再次爆发。而且盲目加大使用浓度还能强化病菌、害虫的耐药性。因此,单纯提高药液浓度,往往适得其反。②单一农药品种长期使用。农民在农药使用中认定某种农药效果好就长期使用,忽视病虫有可能产生抗药性。很多农户使用的杀虫剂都是有机磷类,这类农药毒性强且质量差。杀虫剂质量差,就会导致农药的反复施用,这样就会进一步加剧农作物中农药的残留。③缺乏农药合理使用的科学知识。在实际农药施用过程中,不按照稀释标准进行农药的稀释,而是仅靠经验进行农药的稀释,这样就会导致农药过稀或者过浓,造成农药的浪费,加剧了农药残留。④缺乏生物防治害虫的知识。在病虫害防治的过程中,并不是只有化学防治这一种方法,也可以使用生物防治。比如:苹果生产过程中的食心虫和卷叶蛾就可以利用赤眼蜂进行防治,从而减少农药的使用。

农药是现代农业科学发展的产物,合理使用能杀灭害虫,促进农作物健康生长。科技的进步淘汰了一批低效高毒的农药品种，取而代之的是高效低毒的农药，其稳定性好、专一性强，但违规使用仍会对人体健康带来不利的影响。

农产品中农药残留对人体健康影响主要表现在以下几方面：①影响神经。在农产品种植过程中，农户如果长期超量使用化学药剂，会导致农产品出现药物残留的现象，人在食用这些农产品后，其中枢神经系统会受到影响。如农产品中如果有机磷农药超标，就会引发迟发性神经毒性。②致癌作用。如果长期接触或食用含有农药残留的食品，使农药在体内不断蓄积，对人体健康构成潜在威胁，即慢性中毒，严重的话则会致癌。③影响肝脏。肝脏是人体重要的器官，大量、长期进食含有农药残留的农产品，会引发肝脏病变，甚至会出现肝脏肿大及肝脏坏死的现象。④诱发突变。农产品中的农药残留，具有一定的遗传毒性。随着残留物质在人体内的不断积聚，可能会遗传给后代，导致其出现畸形现象。此外，男性极易出现精子畸形、不育现象；女性则极易出现流产、不孕等现象。

三、农药残留提取方法和分析检测方法

农药残留提取方法主要有以下几种：①索氏提取法。为将农药从固体食品中萃取出来，需要通过研磨处理将食品研成粉末，提高其与萃取液的接触面积，通过加热使萃取溶剂发生回流与虹吸现象，最终将食品中残留的农药萃取出来。②振荡提取法。将食品样品于振荡机内与提取溶剂进行振荡融合处理，通过对溶于溶剂中农药含量的分析来测定食品中的农药残留。此方法快捷、简便，能够在30min之内完成提取工作。③超声波提取法。超声波会产生高速、强烈的空化效应和搅拌作用，破坏药材食品的细胞壁，实现细胞核与溶剂的完全接触融合，为后续的农药残留成分分析提供便利。④固相萃取法。通过吸附检测物及杂质，保留其中被测物质，再选用适当强度溶剂冲去杂质，然后用少量溶剂迅速洗脱被测物质，从而达到快速分离净化与浓缩的目的。⑤超临界流体萃取法。以具有临界点之上压力和温度参数的流体为萃取剂，能够更快捷地将食品中残留的农药化合物萃取处理。

农药残留分析检测方法主要有以下几种：①气相/液相串联质谱法。针对有机磷农药，可以借助色谱、质谱相关的大型精密仪器进行农药残留的定量检测，能够快速分析农药残留含量。②酶抑制法。根据植物酯酶、胆碱酯酶等酶类物质受有机磷农药的抑制情况开展检测工作，以酶促底物反应中的显色情况来测定食品中的农药残留。③免疫分析法。该方法是基于抗体与蛋白抗原的特异反应，广泛应用于食品中农药残留如有机磷农药、有机氯农药、除草剂、氨基甲酸酯类农药等的分析检测。④生物传感器法。用于研究农药残留检测的生物传感器所使用的生物物质主要为酶、微生物、适配体、抗体等，分为酶传感器法、微生物传感器法和免疫传感器法。此外，分子流技术和微流控技术等是快速检测技术中的重要发展方向。

任务一　有机磷类农药残留的检测

任务导入

2015年6月，"河南登封吃韭菜撂倒一家七口人"事件，被国内媒体广泛关注。这家人在家附近的菜摊上买来一些韭菜包了水饺吃，随后这家人都开始出现呕吐、腹泻的症状。七口人中，年纪最大的六十岁，最小的只有五六岁。经医生检查胆碱酯酶数值，确诊七人有机磷中毒。经过治疗，七人已无大碍。医生表示：有机磷大量存在于剧毒农药中，其中毒症状有：心率减慢、恶心呕吐、出汗、瞳孔缩小等，如中毒较深会出现肌肉颤动甚至昏迷。登封市农产品质量安全检测中心经过对剩余饺子及韭菜菜叶的检测，结果表明，这家人所食用的韭菜农药残留超标。（来源：大河网）

任务要求

有机磷类农药是我国使用广泛、用量最大的杀虫剂。食物中有机磷类农药残留必须符合国家规定的限量标准，若超出最大残留限量会对人体健康造成危害，进食含有有机磷农药的食物可能会发生中毒。本任务要求学生根据所学专业知识对样品进行前处理、检测，并提供有关有机磷类农药的准确、可信的数据报告。

必备知识

一、有机磷类农药简介

20世纪30年代末，德国化学家Gerhard Schrader首次合成了有机磷农药。1944年，第一个商品化对硫磷成功上市。随后有机磷农药在农业生产的产前至产后的全过程中广泛使用。有机磷类农药是指含磷元素的有机化合物农药，多为磷酸酯类化合物。大多呈油状液体或结晶状，通常不溶或微溶于水，易溶于有机溶剂及脂肪。一般呈淡黄色至棕色，大多具有蒜臭味。在环境中较为不稳定，遇碱易分解破坏。

有机磷农药简介

有机磷农药结构通式如图3-1所示：氧或硫原子以双键与磷结合；R_1和R_2为亲脂基团，使得其容易通过脂膜进入细胞。目前在我国生产的有机磷农药品种中，R_1、R_2多为甲氧基或乙氧基；A为离去基团，通常为烷氧基、芳氧基或其他取代基团；S（O）代表氧原子或者硫原子。按化学结构，有机磷农药可分为磷酸酯、膦酸酯和磷酰胺及其相应的硫代衍生物。

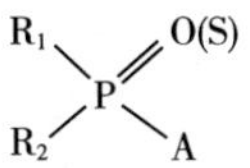

$$\begin{array}{c} O(S) \\ R_1\!\!-\!\!P\!\!-\!\!A \\ R_2 \end{array}$$

图 3-1 有机磷农药的结构通式

有机磷农药杀灭害虫的机理主要是抑制昆虫体内乙酰胆碱酯酶的活性。乙酰胆碱酯酶水解产生神经细胞突触膜上的神经递质乙酰胆碱，在神经传导功能中起着基础性作用。有机磷化合物通过催化中心的丝氨酸残基磷酸化使酶失活，导致乙酰胆碱酯酶无法分解从而影响神经传输。

有机磷农药具有高效、广谱等特点，其作为一种重要的农用化学品广泛应用于我国的农业生产。曾经，有机磷农药化学品几乎占我国整个农药市场的 70%，有机磷杀虫剂占整个杀虫剂市场的 1/3。市面上售卖的有机磷类农药分为乳化剂、可湿性粉剂、颗粒剂和粉剂，它们作为杀虫剂、杀菌剂、除草剂或脱叶剂，广泛用于农业、畜牧业、公共卫生事业。由于有机磷农药在生产、加工及作用在农产品的过程中，导致农作物中发生不同程度的残留，通过不同途径污染到生活环境，进而危害到居民身体健康。

1990 年，世界卫生组织将有机磷农药认定为对脊椎动物最具危险的杀虫剂之一。有机磷农药根据毒性可分为三大类：高毒类：甲基对硫磷、二甲基吸磷、敌敌畏、亚胺磷；中毒类：敌百虫、乐果、毒死蜱等；低毒类：马拉硫磷、氯硫磷等。1998 年，《关于在国际贸易中对某些危险化学品种农药采用事先知情同意程序的鹿特丹公约》将甲胺磷、对硫磷、甲基对硫磷、久效磷、磷胺 5 种高毒有机磷农药列入严格控制的名单。然而，中低毒类如毒死蜱、乐果等依然在使用，并广泛存在于环境中。

二、有机磷农药的危害特性

有机磷农药广泛存在于环境中，并通过大气、水体、食物和生物富集等方式作用于人类。喷施液体农药时，仅有 20% 左右可以附着在植物上，1%~4% 接触到害虫，其余 40%~60% 落到土壤，5%~30% 药剂漂浮于空气中，产生大气污染，大气中的农药又可通过降水返回陆地。降落到土壤上的农药会随着降水和灌溉，进入水体循环，污染地下水。我国食品中农药残留问题十分严重，蔬菜残留呈一定季节规律，即第二、三季度蔬菜残留超标率较高，叶菜类蔬菜农药残留超标率和超标量普遍严重于其他蔬菜品种，同时豆菜类蔬菜农药残留率相对较高。

有机磷农药可经消化道、呼吸道及完整的皮肤和黏膜进入人体。农药中毒主要通过皮肤污染引起。吸收的有机磷农药在体内分布于各器官，其中以肝脏含量最大，脑内含量则取决于农药穿透血脑屏障的能力。农药喷雾剂经呼吸道黏膜、食物残留的方式进入生物体内是最为常见的方式。由于有机磷农药为脂溶性物质，其可以污染皮肤黏膜，经无损伤皮肤进入体内。有机磷农药还可经过胎盘进入胎儿机体，导致死胎、流产。

有机磷农药可能导致的中毒情况有：①急性中毒。最早出现的症状为毒蕈碱样作用，主要是副交感神经系统兴奋造成的，主要表现为：平滑肌痉挛和腺体分泌增加，临床可观察到恶心、呕吐、腹痛、多汗、瞳孔缩小及流涎增加，严重者可出现肺水肿。中枢神经系统受乙酰胆碱刺激后，会出现头晕、头疼、疲乏、共济失调、抽搐及昏迷等症状。②慢性中毒。长期接触有机磷农药对人体的多种器官和系统都有不同程度的影响，如心血管系统、血液系统、生殖系统、视网膜等，甚至与肿瘤的发生也有着密切的关系。长期低剂量接触后都呈现明显的神经系统症状，包括记忆力减退、反应变慢、注意力失调及解决复杂问题能力减弱。③可能导致癌症。乐果、对硫磷可能是人类致癌物。杀虫剂和农药的频繁使用可能与儿童白血病发病率呈强相关。

三、有机磷农药残留的检测方法

有机磷农药逐渐迈向超高效低残留的高效环保型的发展趋势，在环境和农产品的残留量很低，和多种农药残留共同存在。这就要求在检测时消除被测样品中其他物质的干扰，这需要运用高灵敏度的检测器来实现。随着检测技术的发展，当前对有机磷农药残留检测方法日益多样化。根据检测原理的不同，大致可分为两类：一是传统的仪器检测，即色谱法，气相色谱、高效液相色谱和在此基础上发展的色谱-质谱联用技术等；二是基于生物检测技术的原理，如生物传感器、酶抑制检测、免疫分析法等。

四、检测原理

含有机磷农药的试样在富氢焰上燃烧，以 HPO 碎片的形式，放射出波长 526nm 的特征光，这种光通过滤光片选择后，由光电倍增管接收，转换成电信号，经微电流放大器放大后被记录下来。试样的峰面积或峰高与标准品的峰面积或峰高进行比较定量，计算出样品的相对含量。最低检出量为 0.1~0.25ng。

GB/T 5009.20—2003
《食品中有机磷农药残留量的测定》

本任务依据 GB/T 5009.20—2003《食品中有机磷农药残留量的测定》操作。

任务准备

除非另有说明，本方法所用试剂均为分析纯，水为 GB/T 6682—2008《分析实验室用水规格和试验方法》规定的一级水。

1. 仪器

(1) 气相色谱仪 配火焰光度离子化检测器。

(2) 组织捣碎机。

(3) 粉碎机。

(4) 旋转蒸发仪。

2. 试剂

(1) 丙酮。

(2) 二氯甲烷。

(3) 氯化钠。

(4) 无水硫酸钠。

(5) 助滤剂 Celite 545。

(6) 99%敌敌畏标准品。

(7) 速灭磷标准品（顺式纯度≥60%，反式纯度≥40%）。

(8) 99%久效磷标准品。

(9) 98%甲拌磷标准品。

(10) 99%巴胺磷标准品。

(11) 98%二嗪磷标准品。

(12) 97%乙嘧硫磷标准品。

(13) 99%甲基嘧啶硫磷标准品。

(14) 99%甲基对硫磷标准品。

(15) 99%稻瘟净标准品。

(16) 99%水胺硫磷标准品。

(17) 99%氧化喹硫磷标准品。

(18) 99.6%稻丰散标准品。

(19) 99.6%甲喹硫磷标准品。

(20) 99.9%克线磷标准品。

(21) 95%乙硫磷标准品。

(22) 99.0%乐果标准品。

(23) 98.5%杀螟硫磷标准品。

农药标准溶液的配制：分别准确称取（6）~（23）标准品，以二氯甲烷为溶剂，分别配制成 1.0mg/mL 的标准储备液，贮藏于 4℃冰箱中。使用时根据各农药品种的食品相应值或最小检测限，吸取不同量的标准储备液，用二氯甲烷稀释成混合标准使用液。

任务实施

1. 试样制备

取粮食试样经粉碎机粉碎，过 20 目筛制成粮食试样；水果、蔬菜试样洗净、晾干后，去掉非可食部分后制成待分析试样。

2. 试样提取

（1）水果、蔬菜　称取50.00g试样，置于300mL烧杯中，加入50mL水和100mL丙酮（提取液总体积为150mL），用组织捣碎机提取1~2min。匀浆液经铺有两层滤纸和约10g Celite 545的布氏漏斗减压抽滤。取滤液100mL移至500mL分液漏斗中。

（2）谷物　称取25.00g试样，置于300mL烧杯中，加入50mL水和100mL丙酮，用组织捣碎机提取1~2min。匀浆液经铺有两层滤纸和约10g Celite 545的布氏漏斗减压抽滤。取滤液100mL移至500mL分液漏斗中。

3. 净化

加入10~15g氯化钠使溶液处于饱和状态。猛烈振摇2~3min，静置10min，使丙酮从水相中盐析出来，水相用50mL二氯甲烷振摇2min，再静置分层。

将丙酮与二氯甲烷提取液合并，经装有20~30g无水硫酸钠的玻璃漏斗脱水滤入250mL圆底烧瓶中，再以约40mL二氯甲烷分数次洗涤容器和无水硫酸钠。洗涤液也并入烧瓶中，用旋转蒸发器浓缩至约2mL，浓缩液定量转移至5~25mL容量瓶中，加二氯甲烷定容至刻度。

4. 仪器参考条件确定

①色谱柱：玻璃柱2.6m×3mm（内径），填装涂有4.5% DC-200+2.5% OV-17的Chromosorb W A W DMCSC（80~100目）的担体。玻璃柱2.6m×3mm（内径），填装涂有质量分数为1.5%的QF-1的Chromosorb W A W DMCS（60~80目）的担体。

②气体流速：氮气50mL/min，氢气100mL/min，空气50mL/min。

③进样量：2~5μL。

④温度：柱箱240℃，汽化室260℃，检测器270℃。

5. 制作标准曲线

将混合农药标准使用液2~5μL分别注入气相色谱仪中，可测得不同浓度有机磷标准溶液的峰高或峰面积，以混合标准使用液的质量浓度为横坐标，以峰高或峰面积为纵坐标，分别绘制有机磷农药的标准曲线。

6. 测定试样溶液

取试样溶液2~5μL注入气相色谱仪中，以保留时间定性分析，测得的峰高或峰面积从标准曲线图中查出相应的含量。

7. 结果计算

试样中有机磷的含量按式（3-1）计算。

$$X_i = \frac{A_i \times V_1 \times V_3 \times E_{si} \times 1000}{A_{si} \times V_2 \times V_4 \times m \times 1000} \tag{3-1}$$

式中　X_i——i组分有机磷农药的含量，mg/kg；

A_i——试样中i组分的峰面积，积分单位；

A_{si}——混合标准液中 i 组分的峰面积，积分单位；
V_1——试样提取液的总体积，mL；
V_2——净化用提取液的总体积，mL；
V_3——浓缩后的定容体积，mL；
V_4——进样体积，μL；
E_{si}——注入色谱仪中的 i 标准组分的质量，ng；
m——试样的质量，g。

计算结果保留两位有效数字。

在重复条件下获得的两次独立测定结果的绝对差值不得超过算术平均值的 15%。

8. 其他

本标准规定了水果、蔬菜、谷类中敌敌畏、速灭磷、久效磷、甲拌磷、巴胺磷、二嗪磷、乙嘧硫磷、甲基嘧啶磷、甲基对硫磷、稻瘟净、水胺硫磷、氧化喹硫磷、稻丰散、甲喹硫磷、克线磷、乙硫磷、乐果、喹硫磷、对硫磷、杀螟硫磷的残留量分析方法。

本标准适用于使用过敌敌畏等 20 种农药制剂的水果、蔬菜、谷类等作物的残留量分析。16 种有机磷农药色谱图的保留时间和最低检测限度如图 3-2 所示。

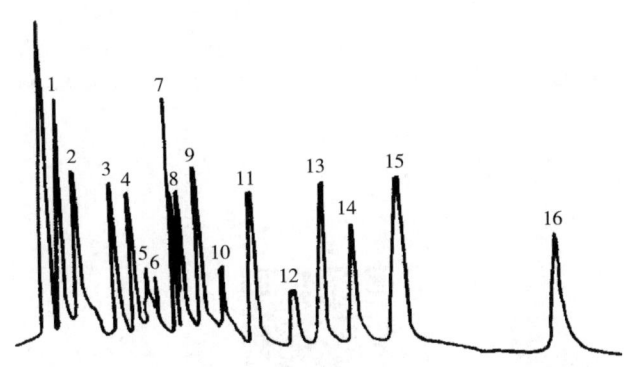

图 3-2 16 种有机磷农药（标准溶液）的色谱图

1—敌敌畏，1.21min，最低检测浓度 0.005mg/kg；2—速灭磷，1.67min，最低检测浓度 0.004mg/kg；
3—久效磷，3.03min，最低检测浓度 0.014mg/kg；4—甲拌磷，3.37min，最低检测浓度 0.004mg/kg；
5—巴胺磷，3.94min，最低检测浓度 0.011mg/kg；6—二嗪磷，4.27min，最低检测浓度 0.003mg/kg；
7—乙嘧硫磷，4.65min，最低检测浓度 0.003mg/kg；8—甲基嘧啶磷，5.01min，最低检测浓度 0.004mg/kg；
9—甲基对硫磷，6.54min，最低检测浓度 0.004mg/kg；10—稻瘟净，6.64min，最低检测浓度 0.004mg/kg；
11—水胺硫磷，7.46min，最低检测浓度 0.005mg/kg；12—氧化喹硫磷，3.51min，最低检测浓度 0.025mg/kg；
13—稻丰散，9.33min，最低检测浓度 0.017mg/kg；14—甲喹硫磷，9.95min，最低检测浓度 0.014mg/kg；
15—克线磷，11.64min，最低检测浓度 0.009mg/kg；16—乙硫磷，17.00min，最低检测浓度 0.014mg/kg。

13种有机磷农药（标准溶液）色谱图如图3-3所示。

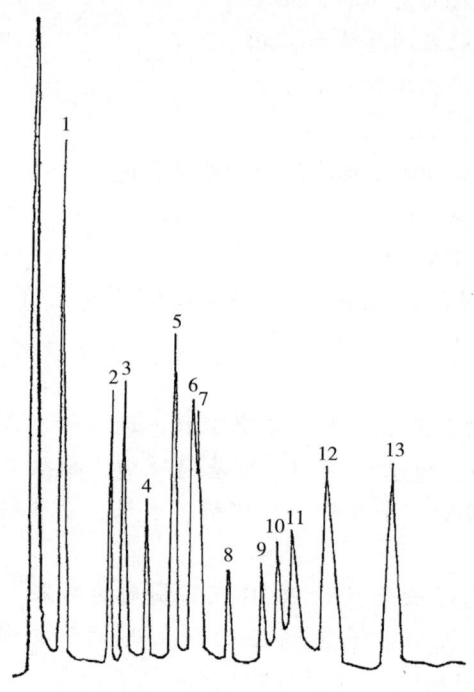

图3-3　13种有机磷农药（标准溶液）的色谱图
1—敌敌畏　2—甲拌磷　3—二嗪磷　4—乙嘧硫磷　5—巴胺磷　6—甲基嘧啶磷　7—异稻瘟净
8—乐果　9—喹硫磷　10—甲基对硫磷　11—杀螟硫磷　12—对硫磷　13—乙硫磷

▍在线测试

项目三　任务一　在线测试

▍知识拓展

GB/T 5009.20—2003《食品中有机磷农药残留量的测定》第二法规定了粮食、蔬菜、食用油等食品中敌敌畏、乐果、马拉硫磷、对硫磷、甲拌磷、稻瘟净、杀螟硫磷、倍硫磷、虫螨磷的测定方法。本标准适用于粮食、蔬菜、食用油中敌敌畏、乐果、马拉硫磷、对硫磷、甲拌磷、稻瘟净、杀螟硫磷、倍硫磷、虫螨磷等农药的残留量分析。

一、粮、菜、油中有机磷农药残留量的测定

(一) 原理

试样中有机磷农药经提取、分离净化后在富氢焰上燃烧，以 HPO 碎片的形式，放射出波长 526nm 光，这种特征光通过滤光片选择后，由光电倍增管接收，转换成电信号，经微电流放大器放大后，被记录下来。试样的峰高与标准的峰高相比，计算出试样相当的含量。

(二) 仪器和试剂

除非另有说明，在分析中仅使用分析纯的试剂，色谱分析用水符合 GB/T 6682—2008《分析实验室用水规格和试验方法》中二级水的规定。

1. 仪器

(1) 气相色谱仪　具有火焰光度检测器。

(2) 电动振荡器。

2. 试剂

(1) 二氯甲烷。

(2) 无水硫酸钠。

(3) 丙酮。

(4) 中性氧化铝　层析用，经 300℃ 活化 4h 后备用。

(5) 活性炭　称取 20g 活性炭用 3mol/L 盐酸浸泡过夜，抽滤后，用水洗至无氯离子，在 120℃ 烘干备用。

(6) 50g/L 硫酸钠溶液。

(7) 农药标准储备液　准确称取适量有机磷农药标准品，用苯（或三氯甲烷）先配制储备液，放在冰箱中保存。

(8) 农药标准使用液　临用时将标准储备液用二氯甲烷稀释为标准使用液，使其浓度为相当于敌敌畏、乐果、马拉硫磷、对硫磷和甲拌磷各 $1.0\mu g/mL$，相当于稻瘟净、倍硫磷、杀螟硫磷和虫螨磷各 $2.0\mu g/mL$。

(三) 操作步骤

1. 样品制备、提取、净化

(1) 蔬菜　将蔬菜切碎混匀。称取 10.00g 混匀的试样，置于 250mL 具塞锥形瓶中，加 30~100g 无水硫酸钠（根据蔬菜含水量）脱水，剧烈振摇后如有固体硫酸钠存在，说明所加无水硫酸钠已够。加 0.2~0.8g 活性炭（根据蔬菜色素含量）脱色。加 70mL 二氯甲烷，在振荡器上振摇 0.5h，经滤纸过滤。量取 35mL 滤液，在通风柜中室温下自然挥发至近干，用二氯甲烷少量多次研洗残渣，移入 10mL（或 5mL）具塞刻度试管中，并定容至 2.0mL，备用。

(2) 稻谷　脱壳、磨粉、过20目筛、混匀。称取10.00g试样，置于具塞锥形瓶中，加入0.5g中性氧化铝及20mL二氯甲烷，振摇0.5h，过滤，滤液直接进样。如农药残留量过低，则加30mL二氯甲烷，振摇过滤，量取15mL滤液浓缩并定容至2.0mL进样。

(3) 小麦、玉米　将试样磨碎过20目筛、混匀。称取10.00g试样置于具塞锥形瓶中，加入0.5g中性氧化铝、0.2g活性炭及20mL二氯甲烷，振摇0.5h，过滤，滤液直接进样。如农药残留量过低，则加30mL二氯甲烷，振摇过滤，量取15mL滤液浓缩，并定容至2mL进样。

(4) 植物油　称取5.0g混匀的试样，用50mL丙酮分次溶解并洗入分液漏斗中，摇匀后，加10mL水，轻轻旋转振摇1min，静置1h以上，弃去下面析出的油层，上层溶液自分液漏斗上口倾入另一分液漏斗中，当心尽量不使剩余的油滴倒入（如乳化严重，分层不清，则放入50mL离心管中，以2500r/min离心0.5h，用滴管吸出上层溶液）。加30mL二氯甲烷，100mL硫酸钠溶液（50g/L），振摇1min。静置分层后，将二氯甲烷提取液移至蒸发皿中。丙酮水溶液再用10mL二氯甲烷提取一次，分层后，合并至蒸发皿中。自然挥发后，如无水，可用二氯甲烷少量多次研洗蒸发皿，残液移入具塞量筒中，并定容至5mL。加2g无水硫酸钠振摇脱水，再加1g中性氧化铝、0.2g活性炭（毛油可加0.5g）振摇脱油和脱色，过滤，滤液直接进样。二氯甲烷提取液自然挥发后如有少量水，可用5mL二氯甲烷分次将挥发后的残液洗入小分液漏斗内，提取1min，静置分层后将二氯甲烷层移入具塞量筒内，再以5mL二氯甲烷提取一次，合并入具塞量筒内，定容至10mL，加5g无水硫酸钠，振摇脱水，再加1g中性氧化铝、0.2g活性炭，振摇脱油和脱色，过滤，滤液直接进样。或将二氯甲烷和水一起倒入具塞量筒中，用二氯甲烷少量多次研洗蒸发皿，洗液并入具塞量筒中，以二氯甲烷层为准定容至5mL，加3g无水硫酸钠，然后如上加中性氧化铝和活性炭依法操作。

2. 色谱条件确定

(1) 色谱柱　玻璃柱，内径3mm，长1.5~2.0m。

分离测定敌敌畏、乐果、马拉硫磷和对硫磷的色谱柱，内装涂以2.5%SE-30和3%QF-1混合固定液的60~80目Chromosorb WAW DMCS；或内装涂以1.5%OV-17和2%QF-1混合固定液的60~80目Chromosorb WAW DMCS；或内装涂以2%OV-101和2%QF-1混合固定液的60~80目Chromosorb W AW DMCS。

分离测定甲拌磷、虫螨磷、稻瘟净、倍硫磷和杀螟硫磷的色谱柱，内装涂以3%PEGA和5%QF-1混合固定液的60~80目Chromosorb WAW DMCS；或内装涂以2%NPGA和3%QF-1混合固定液的60~80目Chromosorb WAW DMCS。

(2) 气流速度　载气为氮气80mL/min，空气50mL/min，氢气180mL/min（氮气、空气和氢气之比按各仪器型号不同选择各自的最佳比例条件）。

(3) 温度　进样口220℃，检测器240℃，柱温180℃（测定敌敌畏时为130℃）。

3. 测定

将混合农药标准使用液 2~5μL 注入气相色谱仪中，可测得不同浓度有机磷标准溶液的峰高，分别绘制有机磷标准曲线。同时取试样溶液 2~5μL 注入气相色谱仪中，测得的峰高从标准曲线图中查出相应的含量。

（四）结果计算

试样中有机磷农药的含量按式（3-2）进行计算。

$$X = \frac{A \times 1000}{m \times 1000 \times 1000} \tag{3-2}$$

式中　X——样品中有机磷农药的含量，mg/kg；

A——进样体积中有机磷农药的质量，ng；

m——进样体积（μL）相当于样品的质量，g。

（五）精密度

敌敌畏、甲拌磷、倍硫磷、杀螟硫磷在重复性条件下获得的两次独立测定结果的绝对差值不得超过算术平均值的 10%。

乐果、马拉硫磷、对硫磷、稻瘟净在重复性条件下获得的两次独立测定结果的绝对差值不得超过算术平均值的 15%。

二、肉类、鱼类中有机磷农药残留量的测定

GB/T 5009.20—2003《食品中有机磷农药残留量的测定》第三法规定了肉类、鱼类中敌敌畏、乐果、马拉硫磷、对硫磷的残留分析方法。本标准适用于肉类、鱼类中敌敌畏、乐果、马拉硫磷、对硫磷农药的残留分析。敌敌畏、乐果、马拉硫磷、对硫磷检出限分别为 0.03，0.015，0.015，0.008mg/kg。

（一）原理

试样中有机磷农药经提取、分离净化后在富氢焰上燃烧，以 HPO 碎片的形式，放射出波长 526nm 光，这种特征光通过滤光片选择后，由光电倍增管接收，转换成电信号，经微电流放大器放大后，被记录下来。试样的峰高与标准的峰高相比，计算出试样相当的含量。

（二）仪器和试剂

除非另有说明，在分析中仅使用分析纯的试剂，色谱分析用水符合 GB/T 6682—2008《分析实验室用水规格和试验方法》中二级水的规定。

1. 仪器

（1）气相色谱仪　具有火焰光度检测器。

（2）电动振荡器。

2. 试剂

（1）丙酮。

（2）二氯甲烷。

（3）无水硫酸钠　在700℃灼烧4h后备用。

（4）中性氧化铝　在550℃灼烧4h。

（5）20g/L硫酸钠溶液。

（6）农药标准溶液　准确称取敌敌畏、乐果、马拉硫磷、对硫磷标准品各10.0mg，用丙酮溶解并定容至100mL，混匀，每毫升相当于农药0.10mg，作为储备液，保存于冰箱中。

（7）农药标准使用液　临用时将标准溶液用丙酮稀释至每毫升相当于2.0mg。

（三）操作步骤

1. 样品制备、提取、净化

将有代表性的肉、鱼试样切碎混匀，称取20.00g于250mL具塞锥瓶中，加60mL丙酮，于振荡器上振摇0.5h，经滤纸过滤，取滤液30mL于125mL分液漏斗中，加60mL硫酸钠溶液（20g/L）和30mL二氯甲烷，振摇提取2min后，静置分层，将下层提取液放入另一个125mL分液漏斗中，再用20mL二氯甲烷于丙酮水溶液中同样提取后，合并二次提取液，在二氯甲烷提取液中加1g中性氧化铝（如为鱼肉加5.5g），轻摇数次，加20g无水硫酸钠。振摇脱水，过滤于蒸发皿中，用20mL二氯甲烷分两次洗涤分液漏斗，倒入蒸发皿中，在55℃水浴上蒸发浓缩至1mL左右，用丙酮少量多次将残液洗入具塞刻度小试管中，定容至2~5mL，如溶液含少量水，可在蒸发皿中加少量无水硫酸钠后，再用丙酮洗入具塞刻度小试管中，定容。

2. 色谱条件确定

（1）色谱柱　内径3.2mm，长1.6m的玻璃柱，内装涂以1.5% OV-17和2% QF-1混合固定液的80~100目Chromosorb WAW DMCSO。

（2）气体流速　氮气60mL/min，氢气0.7kg/cm^2，空气0.5kg/cm^2。

（3）温度　检测器250℃，进样口250℃，柱温220℃（测定敌敌畏时为190℃）。如同时测定四种农药可用程序升温。

3. 测定

将标准使用液或试样液进样1~3μL，以保留时间定性；测量峰高，与标准比较进行定量。

（四）结果计算

同粮、菜、油中有机磷农药残留量的测定。

（五）精密度

在重复性条件下获得的两次独立测定结果的绝对差值不得超过算术平均值的10%。

任务二　有机氯和拟除虫菊酯类农药残留的检测

任务导入

2020年12月8日，印度卫生官员表示，在过去几天中安得拉邦怪病爆发，该病导致1人死亡，400多人住院。安得拉邦的未知疾病已经感染了300多名儿童，其中大多数有头晕、昏厥、头痛和呕吐的症状。印度当局正在调查是否是有机氯物质导致的该病爆发。有机氯一般用作农药或灭蚊药。短期内接触有机氯农药可能会导致抽搐、头痛、头晕、恶心、呕吐、震颤、精神错乱、肌肉无力、言语含糊、流涎和出汗。研究表明有机氯与癌症和其他潜在的健康风险有关，许多国家已禁止或限制有机氯的使用。但是，一些污染物仍会在环境中存留数年，并在动物和人体脂肪中积累。（来源：中国日报网）

■ 任务要求

有机氯和拟除虫菊酯类农药的使用必须按照国家规定的限量标准进行，若超量添加会给我们人体造成危害。本任务要求学生按照专业水平对送检样品进行制备、预处理、检测，并提供有关有机氯和拟除虫菊酯类农药准确、可信的数据报告。

■ 必备知识

一、有机氯类农药简介

有机氯农药是以苯为原料或者以环戊二烯为原料的一类用于防治植物病虫害，且成分中含有氯元素的有机化合物。按照生产原料可分为两大类，一类是以苯为原料的氯化苯类，如六六六、滴滴涕、六氯苯、林丹及甲氧滴滴涕等；另一类是以环戊二烯为原料的氯化亚甲基萘制剂类，如七氯、氯丹、硫丹、艾氏剂、狄氏剂、异狄氏剂及灭蚁灵等。此外，还包括以松节油为原料的莰烯类杀虫剂（如毒杀芬）和以萜烯为原料的冰片基氯。

有机氯农药简介

1925年，瑞士化学家Muller开始了合成农药的研究，滴滴涕于1942年投放市场，成为人类历史上第一种人工合成的有机农药，之后更多的有机氯农药相继问世，如六六六、氯丹、七氯、狄氏剂、毒杀芬和硫丹等。有机氯农药效率高、杀虫谱广，且成本较低，为农业的发展做出了突出贡献。有机氯农药作为一种广谱性杀虫剂在将近半个世纪的时间里被大规模使用，其中二氯二苯三氯乙烷及其结构类似物是最早、最广泛使用的杀虫剂之一。

二、拟除虫菊酯类农药简介

拟除虫菊酯类农药是模拟天然除虫菊酯的化学结构和生物活性，通过化学改造和合成研制出的一类仿生农药，具有杀虫活性高、击倒速度快、杀虫谱广、半衰期短等优点。拟除虫菊酯农药具有高效、低毒、低残留、易于降解的特点，对昆虫具有触杀和胃毒作用，广泛应用于农业害虫、卫生害虫防治及粮食贮藏等方面。

经过几十年的研究和开发，农药工业、政府以及科研机构已经研制出近百种不同结构和功能的拟除虫菊酯化合物，目前与有机磷和氨基甲酸酯类农药一起，是使用最多的三类农药，在农业、兽医和家庭害虫防治中得到广泛的应用，例如，甲氰菊酯是

拟除虫菊酯类农药简介

一种神经毒性拟除虫菊酯类杀虫剂，杀虫谱广。高效氯氰菊酯作为一种高效、广谱、速效的杀虫剂，具有对光稳定、持效性长，对昆虫有很高的胃毒和触杀作用，在植物体内无内吸和传导作用等特点。高效氯氰菊酯是由氯氰菊酯8个光学异构体中的4个生物活性较高的异构体组成的外消旋混合物，其毒性是氯氰菊酯的1~3倍。联苯菊酯是非系统性杀虫剂，由于其在光照下的稳定性，环境中的低挥发性，对哺乳动物生命的低毒性以及在正常条件下的高杀虫活性，它已被广泛使用。在我国，这4种拟除虫菊酯类杀虫剂已成为谷物、棉花、水果和蔬菜的害虫防治策略的重要组成药剂。

三、有机氯农药的危害特性

2001年5月23日，包括中国在内的151个国家及地区共同签署了《关于持久性有机污染物的斯德哥尔摩公约》（以下简称《斯德哥尔摩公约》），旨在全球范围内控制并消减有机氯农药的生产和使用。首批优先控制的持久性有机污染物包括六氯苯、灭蚁灵、氯丹、七氯、毒杀芬、艾氏剂、狄氏剂、异狄氏剂及滴滴涕等。2009年5月，《斯德哥尔摩公约》第四次缔约方大会增列9种有机氯农药，其中包括α-六六六、β-六六六及γ-六六六等。2011年4月，《斯德哥尔摩公约》第五次缔约方大会将硫丹列入其中。我国目前禁止生产和使用的典型有机氯农药有：滴滴涕、艾氏剂、氯丹、α-六六六、β-六六六、林丹、狄氏剂、异狄氏剂、七氯、灭蚁灵、毒杀芬、六氯苯、五氯苯、十氯酮及硫丹。

有机氯农药大都具有以下类似的特性：①持久性（或难降解性）。物理化学性质稳定，很难通过光降解、化学分解及生物代谢等途径自然消失，能够在环境介质中长期存在。②高毒性。近年来的实验研究和流行病学调查都表明，它们能导致生物体内分泌紊乱、免疫机能失调及癌症等严重疾病。③生物蓄积性。大多有机氯农药亲脂憎水，容易在动物体内某些脂肪含量丰富的器官内蓄积，并沿着食物链逐级放大、不断富集，从而危害人类的健康。

滴滴涕及其代谢物会影响内分泌系统和生殖系统，对人类淋巴细胞染色体损伤，抑制卵黄形成，降低循环中的雌二醇和睾酮含量。它的不断使用和难以降解导致其广泛存在于水体、土壤甚至动植物中，这已被许多研究证实。滴滴涕的残留主要分布在河北、山东、江苏、浙江、福建、广东等省以及北京、天津、上海

等大城市。根据 GB 2763—2021《食品安全国家标准 食品中农药最大残留限量》，稻谷和蛋类中滴滴涕的限量为 0.1mg/kg，豆类、蔬菜、水果和水产品的限量为 0.05mg/kg。茶叶和生牛乳的限量分别为 0.2、0.02mg/kg。为了保护食品和环境安全，从不同的食品和环境样品中检测滴滴涕残留是必不可少的。

四、拟除虫菊酯类农药的危害特性

随着科学技术的进步和研究范围的扩大，拟除虫菊酯类农药对生态环境和生物体的危害逐渐被人们所认识。在生态环境方面，拟除虫菊酯类农药对蜜蜂和家蚕等有益昆虫和水生生物表现出极高的毒性。有研究表明，长期低剂量接触拟除虫菊酯可导致慢性疾病，并对生物体的神经、免疫、遗传系统和心血管产生毒性作用，诱发致畸性、致癌性和诱变性。此外，拟除虫菊酯可能与儿童脑瘤、儿童急性淋巴细胞白血病和冠心病的患病风险增加有关，对男性生殖系统有不良影响。拟除虫菊酯还是一种内分泌干扰物，能影响人体正常的内分泌系统，从而带来不良的健康影响。

拟除虫菊酯类农药是农药中使用量比较大的一类农药，对人体的侵害主要通过呼吸、接触和饮食三种途径。在现实生产生活过程中，人会或多或少地接触农药，特别对从事农业生产的生产者来说，接触机会就更大，受到拟除虫菊酯类农药的影响会更大。因此，呼吸受农药污染的空气和食用被农药污染的食品成为最主要的人体侵害途径。皮肤接触到拟除虫菊酯类农药杀虫剂也可能造成对人体的侵害，特别是当人体皮肤出现溃烂或是皮肤有流血伤口时。其实，也有一些农药可以通过皮肤毛孔渗透进入人体内，对人体产生非常隐蔽的侵害，因此，农业生产过程中了解足够的农药性质的知识，对避免拟除虫菊酯类农药对人体侵害是必不可少的。

五、检测原理

试样中有机氯和拟除虫菊酯农药用有机溶剂提取，经液液分配及层析净化除去干扰物质，用电子捕获检测器检测，根据色谱峰的保留时间定性，外标法定量。

本任务依据 GB/T 5009.146—2008《植物性食品中有机氯和拟除虫菊酯类农药多种残留量的测定》操作。

GB/T 5009.146—2008
《植物性食品中有机氯和拟除虫菊酯类农药多种残留量的测定》

▎任务准备

除非另有说明，本方法所用试剂均为分析纯，水为 GB/T 6682—2008《分析实验室用水规格和试验方法》规定的一级水。

1. 仪器

(1) 气相色谱仪　附电子捕获检测器（ECD）。

(2) 电动振荡器。

(3) 组织捣碎机。

(4) 旋转蒸发仪。

(5) 过滤器具　布氏漏斗（直径 80mm）、抽滤瓶（20mL）。

(6) 具塞三角瓶　100mL。

(7) 分液漏斗　250mL。

(8) 层析柱。

2. 试剂

除非另有说明，在分析中仅使用确定为分析纯的试剂和蒸馏水或相当纯度的水。

(1) 石油醚　沸程 60~90℃，重蒸。

(2) 苯　重蒸。

(3) 丙酮　重蒸。

(4) 乙酸乙酯　重蒸。

(5) 无水硫酸钠。

(6) 弗罗里硅土　层析用，于 620℃ 灼烧 4h 后备用，用前 140℃ 烘 2h，趁热加 5% 水灭活。

(7) 农药标准品　α-六六六≥99%、β-六六六≥99%、γ-六六六≥99%、δ-六六六≥99%、p,p'-滴滴涕≥99%、p,p'-滴滴滴≥99%、p,p'-滴滴伊≥99%、o,p'-滴滴涕≥99%、七氯≥99%、艾氏剂≥99%、甲氰菊酯≥99%、三氟氯氰菊酯≥99%、二氯苯醚菊酯≥99%、氯氰菊酯≥99%、氰戊菊酯≥99%、溴氰菊酯≥99%。

(8) 标准溶液的配制　分别准确称取上述标准品，用苯溶解并配成 1mg/mL 的储备液，使用时用石油醚稀释配成单品种的标准使用液。再根据各农药品种在仪器上的响应情况，吸取不同量的标准储备液，用石油醚稀释成混合标准使用液。

任务实施

1. 试样制备

取粮食试样经粮食粉碎机粉碎，过 20 目筛制成粮食试样。取蔬菜试样，擦净，去掉非可食部分后备用。

2. 试样提取

(1) 粮食试样　称取 10g 粮食试样，置于 100mL 具塞三角瓶中，加入 20mL 石油醚，于振荡器上振摇 0.5h，抽滤，滤液移入 250mL 分液漏斗中，加入 100mL 2%硫酸钠水溶液，

有机氯和拟除虫菊酯类农药残留检测前处理

充分摇匀，静置分层，将下层溶液转移到另一250mL分液漏斗中，用2×20mL石油醚萃取两次，合并三次萃取的石油醚层，过无水硫酸钠层，于旋转蒸发仪上浓缩至10mL。

（2）蔬菜试样　称取20g蔬菜试样。置于组织捣碎杯中，加入30mL丙酮和30mL石油醚，于捣碎机上捣碎2min，捣碎液经抽滤，滤液移入250mL分液漏斗中，加入100mL 2%硫酸钠水溶液，充分摇匀，静置分层，将下层溶液转移到另一250mL分液漏斗中，用2×20mL石油醚萃取，合并三次萃取的石油醚层，过无水硫酸钠层，于旋转蒸发仪上浓缩至10mL。

3. 净化

（1）层析柱的制备　玻璃层析柱中先加入1cm高无水硫酸钠，再加入5g 5%水脱活弗罗里硅土，最后加入1cm高无水硫酸钠，轻轻敲实，用20mL石油醚淋洗净化柱，弃去淋洗液，柱面要留有少量液体。

（2）净化与浓缩　准确吸取试样提取液2mL，加入已淋洗过的净化柱中，用100mL石油醚–乙酸乙酯（95+5）洗脱，收集洗脱液于蒸馏瓶中，于旋转蒸发仪上浓缩至近干，用少量石油醚多次溶解残渣于刻度离心管中，最终定容至1.0mL，供气相色谱分析。

4. 仪器参考条件确定

（1）色谱柱　石英弹性毛细管柱，15m×0.25mm（内径），内涂有OV-101固定液。

（2）气体流速　氮气40mL/min，尾吹气60mL/min，分流比1∶50。

（3）温度　柱温自180℃升至230℃（5℃/min）保持30min；检测器、进样口温度250℃。

5. 色谱分析

吸取1μL样液注入气相色谱仪，记录色谱峰的保留时间和峰高。再吸取1μL混合标准使用液进样，记录色谱峰的保留时间和峰高。根据组分在色谱上的出峰时间与标准组分比较定性；用外标法与标准组分比较定量。

6. 结果计算

试样中农药残留的含量按式（3-3）计算。

$$X = \frac{h_i \times m_{si} \times V_2}{h_{si} \times V_1 \times m} \times K \tag{3-3}$$

式中：X——试样中农药的含量，mg/kg；

h_i——试样中i组分农药峰高，mm；

m_{si}——标准样品中i组分农药的含量，ng；

V_2——最后定容体积，mL；

h_{si}——标准样品中i组分农药峰高，mm；

V_1——试样进样体积，uL；

m——试样的质量，g；

K——稀释倍数。

在重复条件下获得的两次独立测定结果的绝对差值不得超过算术平均值的10%。

7. 其他

本法适用于粮食、蔬菜中14种有机氯和拟除虫菊酯农药残留量的测定。

将10种有机氯和4种拟除虫菊酯类农药混合标准使用液分别加入到面粉、黄瓜、油菜中进行方法的精密度和准确度试验，添加回收率在81.71%～112.41%，变异系数在2.48%～10.05%。检出限见表3-1。有机氯和拟除虫菊酯标准溶液色谱图见图3-4。

表3-1 检出限

农药名称	检出限/(μg/kg)	农药名称	检出限/(μg/kg)
α-六六六	0.1	o,p'-滴滴涕	1.0
β-六六六	0.2	七氯	0.8
γ-六六六	0.6	艾氏剂	0.8
δ-六六六	0.6	三氟氯氰菊酯	0.8
p,p'-滴滴涕	1.0	二氯苯醚菊酯	16
p,p'-滴滴滴	1.0	氰戊菊酯	3.0
p,p'-滴滴伊	0.8	溴氰菊酯	1.6

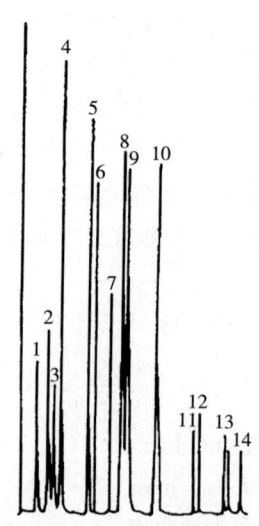

图3-4 有机氯和拟除虫菊酯标准溶液色谱图

1—α-六六六 2—β-六六六 3—γ-六六六 4—δ-六六六 5—七氯 6—艾氏剂 7—p,p'-滴滴伊 8—o,p'-滴滴涕 9—p,p'-滴滴滴 10—p,p'-滴滴涕 11—三氟氯氰菊酯 12—二氯苯醚菊酯 13—氰戊菊酯 14—溴氰菊酯

在线测试

项目三 任务二 在线测试

知识拓展

一、动物性食品中有机氯农药和拟除虫菊酯农药多组分残留量的测定——气相色谱-质谱法

本方法为 GB/T 5009.162—2008《动物性食品中有机氯农药和拟除虫菊酯农药多组分残留量的测定》第一法,适用于肉类、蛋类、乳类食品及油脂(含植物油)中 α-六六六、六氯苯、β-六六六、γ-六六六、五氯硝基苯、δ-六六六、五氯苯胺、七氯、五氯苯基硫醚、艾氏剂、氧氯丹、环氧七氯、反氯丹、α-硫丹、顺氯丹、p,p'-滴滴伊、狄氏剂、异狄氏剂、β-硫丹、p,p'-滴滴滴、o,p'-滴滴涕、异狄氏剂醛、硫丹硫酸盐、p,p'-滴滴涕、异狄氏剂酮、灭蚁灵、除螨酯、丙烯菊酯、杀螨蝗、杀螨酯、胺菊酯、甲氰菊酯、氯菊酯、氯氰菊酯、氰戊菊酯、溴氰菊酯的确证分析。各种农药检出限(μg/kg)为:α-六六六 0.20;六氯苯 0.20;β-六六六 0.20;γ-六六六 0.20;五氯硝基苯 0.50;δ-六六六 0.20;五氯苯胺 0.50;七氯 0.50;五氯苯基硫醚 0.50;艾氏剂 0.50;氧氯丹 0.20;环氧七氯 0.50;反氯丹 0.20;α-硫丹 0.50;顺氯丹 0.20;p,p'-滴滴伊 0.20;狄氏剂 0.20;异狄氏剂 0.50;β-硫丹 0.50;p,p'-滴滴滴 0.20;o,p'-滴滴涕 0.20;异狄氏剂醛 0.50;硫丹硫酸盐 0.50;p,p'-滴滴涕 0.20;异狄氏剂酮 0.50;灭蚁灵 0.20;除螨酯 0.50;丙烯菊酯 0.50;杀螨蝗 0.50;杀螨酯 0.50;胺菊酯 1.00;甲氰菊酯 1.00;氯菊酯 1.00;氯氰菊酯 2.00;氰戊菊酯 2.00;溴氰菊酯 2.00。

(一)原理

在均匀的试样溶液中定量加入 $^{13}C_6$-六氯苯和 $^{13}C_{10}$-灭蚁灵稳定性同位素内标,经有机溶剂振荡提取、凝胶色谱层析净化,采用选择离子监测的气相色谱-质谱法(GC-MS)测定,以内标法定量。

(二)仪器和试剂

除非另有说明,在分析中仅使用分析纯的试剂,色谱分析用水符合 GB/T

6682—2008《分析实验室用水规格和试验方法》中二级水的规定。

1. 仪器和设备

（1）气相色谱-质谱联用仪（GC-MS）。

（2）凝胶净化柱　长30cm、内径2.3~2.5cm具活塞玻璃层析柱，柱底垫少许玻璃棉。用洗脱剂乙酸乙酯-环己烷（1+1）浸泡的凝胶，以湿法装入柱中，柱高约26cm，使凝胶始终保持在洗脱剂中。

（3）全自动凝胶色谱系统，带有固定波长（254nm）紫外检测器，供选择使用。

（4）旋转蒸发仪。

（5）组织匀浆器。

（6）振荡器。

（7）氮气浓缩器。

2. 试剂

（1）丙酮　分析纯，重蒸。

（2）石油醚　沸程30~60℃，分析纯，重蒸。

（3）乙酸乙酯　分析纯，重蒸。

（4）环己烷　分析纯，重蒸。

（5）正己烷　分析纯，重蒸。

（6）氯化钠　分析纯。

（7）无水硫酸钠　分析纯，将无水硫酸钠置于干燥箱中，于120℃干燥4h，冷却后，密闭保存。

（8）凝胶　Bio-Beads S-X3 200~400目。

（9）有机氯农药标准品：α-六六六、六氯苯、β-六六六、γ-六六六、五氯硝基苯、δ-六六六、五氯苯胺、七氯、五氯苯基硫醚、艾氏剂、氧氯丹、环氧七氯、反氯丹、α-硫丹、顺氯丹、p,p'-滴滴伊、狄氏剂、异狄氏剂、β-硫丹、p,p'-滴滴滴、o,p'-滴滴涕、异狄氏剂醛、硫丹硫酸盐、p,p'-滴滴涕、异狄氏剂酮、灭蚁灵纯度均大于99%。拟除虫菊酯农药标准品：除螨酯、丙烯菊酯、杀螨蝗、杀螨酯、胺菊酯、甲氰菊酯、氯菊酯、氯氰菊酯、氰戊菊酯、溴氰菊酯纯度均大于99%。同位素内标$^{13}C_6$-六氯苯和$^{13}C_{10}$-灭蚁灵纯度均大于99%。

标准溶液：分别准确称取上述农药标准品适量，用少量苯溶解，再用正己烷稀释成一定浓度的标准储备溶液。量取适量标准储备溶液，用正己烷稀释为系列混合标准溶液。

内标溶液：将浓度为1000mg/L、体积为1mL的$^{13}C_6$-六氯苯和$^{13}C_{10}$-灭蚁灵稳定性同位素内标溶液转移至容量瓶中，分别用正己烷定容至10.00mL，配制成100mg/L的标准储备液，−20℃冰箱保存。取此标准储备液0.6mL，分别用正己烷定容至10.00mL，配制成6.0mg/L的标准工作液。

(三) 操作步骤

1. 样品制备

蛋品去壳，制成匀浆；肉品去筋后，切成小块，制成肉糜；乳品混匀待用。

2. 提取

（1）蛋类 称取试样20g（精确到0.01g），置于200mL具塞三角瓶中，加水5mL（视试样水分含量加水，使总含水量约20g。通常鲜蛋水分含量约75%，加水5mL即可），加入 $^{13}C_6$-六氯苯（6mg/L）和 $^{13}C_{10}$-灭蚁灵（6mg/L）各5μL，加入40mL丙酮，振摇30min后，加入氯化钠6g，充分摇匀，再加入30mL石油醚，振摇30min。静置分层后，将有机相全部转移至100mL具塞三角瓶中经无水硫酸钠干燥，并量取35mL于旋转蒸发瓶中，浓缩至约1mL，加2mL乙酸乙酯-环己烷（1+1）溶液再浓缩，如此重复3次，浓缩至约1mL，供凝胶色谱层析净化使用，或将浓缩液转移至全自动凝胶渗透色谱系统配套的进样试管中，用乙酸乙酯-环己烷（1+1）溶液洗涤旋转蒸发瓶数次，将洗涤液合并至试管中，定容至10mL。

（2）肉类 称取试样20g（精确到0.01g），加水6mL（视试样水分含量加水，使总含水量约为20g。通常鲜肉水分含量约70%，加水6mL即可），$^{13}C_6$-六氯苯（6mg/L）和 $^{13}C_{10}$-灭蚁灵（6mg/L）各5μL，再加入40mL丙酮，振摇30min。其余操作与从"加入氯化钠6g"开始的蛋类操作相同，按照执行。

（3）乳类 称取试样20g（精确到0.01g。鲜乳不需加水，直接加丙酮提取），加入 $^{13}C_6$-六氯苯（6mg/L）和 $^{13}C_{10}$-灭蚁灵（6mg/L）各5μL，再加入40mL丙酮，振摇30min。其余操作与从"加入氯化钠6g"开始的蛋类操作相同，按照执行。

（4）油脂 称取1g（精确到0.01g），加入 $^{13}C_6$-六氯苯（6mg/L）和 $^{13}C_{10}$-灭蚁灵（6mg/L）各5μL，加入30mL石油醚振摇30min后，将有机相全部转移至旋转蒸发瓶中，浓缩至约1mL，加入2mL乙酸乙酯-环己烷（1+1）溶液再浓缩，如此重复3次，浓缩至约1mL，供凝胶色谱层析净化使用，或将浓缩液转移至全自动凝胶渗透色谱系统配套的进样试管中，用乙酸乙酯-环己烷（1+1）溶液洗涤旋转蒸发瓶数次，将洗涤液合并至试管中，定容至10mL。

3. 净化

选择手动或全自动净化方法的任何一种进行。

（1）手动凝胶色谱柱净化 将试样浓缩液经凝胶柱以乙酸乙酯-环己烷（1+1）溶液洗脱，弃去0~35mL流分，收集35~70mL流分。将其旋转蒸发浓缩至约1mL，再重复上述步骤，收集35~70mL流分，蒸发浓缩，用氮气吹除溶剂，再用正己烷定容至1mL，留待GC-MS分析。

（2）全自动凝胶渗透色谱系统（GPC）净化 试样由5mL试样环注入GPC柱，泵流速5.0mL/min，用乙酸乙酯-环己烷（1+1）溶液洗脱，时间程序为：弃去 0~7.5min 流分，收集 7.5~15min 流分，15~20min 冲洗 GPC 柱。将收集的流分旋转蒸发浓缩至约 1mL，用氮气吹至近干，以正己烷定容至 1mL，留待 GC-MS 分析。

4. 气相色谱条件确定

（1）色谱柱　CP-sil 8 毛细管柱或等效柱，柱长 30m，膜厚 0.25μm，内径 0.25mm。

（2）进样口温度　230℃。

（3）柱温程序　初始温度 50℃，保持 1min，以 30℃/min 升至 150℃，再以 5℃/min 升至 185℃，然后以 10℃/min 升至 280℃，保持 10min。

（4）进样方式　不分流进样，不分流阀关闭时间 1min。

（5）载气　使用高纯氮气（纯度>99.999%），柱前压为 41.4kPa。

（6）进样量　1μL。

5. 质谱参数确定

（1）离子化方式　电子轰击源（EI），能量为 70eV。

（2）离子检测方式　选择离子监测（SIM）。

（3）离子源温度　250℃。

（4）接口温度　285℃。

（5）分析器电压　450V。

（6）扫描质量范围　50~450u。

（7）溶剂延迟　9min。

（8）扫描速度　每秒扫描 1 次。

6. 测定

吸取试样溶液 1μL 进样，记录色谱图及各目标化合物和内标的峰面积，计算目标化合物与相应内标的峰面积比。

（四）结果计算

试样中各农药组分的含量按式（3-4）进行计算。

$$X = \frac{A \times f}{m} \tag{3-4}$$

式中　X——试样中各农药组分的含量，μg/kg；

　　　A——试样色谱峰与内标色谱峰峰面积比值对应的目标化合物质量，ng；

　　　f——试样溶液的稀释因子；

　　　m——试样的质量，g。

（五）结果表示

按平行测定的算术平均值表示，计算结果保留三位有效数字。

（六）精密度

在重复条件下获得的两次测定结果的绝对偏差值不得超过算术平均值的 20%。

二、动物性食品中有机氯农药和拟除虫菊酯农药多组分残留量的测定——气相色谱-电子捕获检测器法（GC-ECD）

本方法为 GB/T 5009.162—2008 第二法，规定了动物性食品中六六六、滴滴涕、五氯硝基苯、七氯、环氧七氯、艾氏剂、狄氏剂、除螨酯、杀螨酯、胺菊酯、氯菊酯、氯氰菊酯、α-氰戊菊酯、溴氰菊酯的气相色谱-电子捕获器（GC-ECD）测定方法。本标准适用于肉类、蛋类及乳类动物性食品中 α-六六六、β-六六六、γ-六六六、δ-六六六、五氯硝基苯、七氯、环氧七氯、艾氏剂、狄氏剂、除螨酯、杀螨酯、p,p'-滴滴伊、p,p'-滴滴滴、o,p'-滴滴涕、p,p'-滴滴涕、胺菊酯、氯菊酯、氯氰菊酯、α-氰戊菊酯、溴氰菊酯 20 种常用有机氯农药和拟除虫菊酯农药残留量分析。本标准的各种农药检出限（μg/kg）为：α-六六六 0.25、β-六六六 0.50、γ-六六六 0.25、δ-六六六 0.25、五氯硝基苯 0.25、七氯 0.50、环氧七氯 0.50、艾氏剂 0.25、狄氏剂 0.50、除螨酯 1.25、杀螨酯 1.25、p,p'-滴滴伊 0.60、p,p'-滴滴滴 0.75、o,p'-滴滴涕 0.50、p,p'-滴滴涕 0.50、胺菊酯 12.50、氯菊酯 7.50、氯氰菊酯 2.00、α-氰戊菊酯 2.50、溴氰菊酯 2.50。

（一）原理

样品经提取、净化、浓缩、定容，用毛细管柱气相色谱分离，电子捕获检测器检测，以保留时间定性，外标法定量。出峰顺序：α-六六六、β-六六六、γ-六六六、五氯硝基苯、七氯、艾氏剂、除螨酯、环氧七氯、杀螨酯、狄氏剂、p,p'-滴滴伊、p,p'-滴滴滴、o,p'-滴滴涕、p,p'-滴滴涕、胺菊酯、氯菊酯、氯氰菊酯、α-氰戊菊酯、溴氰菊酯。

（二）仪器和试剂

除非另有说明，在分析中仅使用分析纯的试剂，色谱分析用水符合 GB/T 6682—2008《分析实验室用水规格和试验方法》中二级水的规定。

1. 仪器和设备

（1）气相色谱仪　具有电子捕获检测器，毛细管色谱柱。

（2）旋转蒸发仪。

（3）凝胶净化柱　长 30cm、内径 2.5cm 具活塞玻璃层析柱，柱底垫少许玻璃棉。用洗脱剂乙酸乙酯-环己烷（1+1）浸泡的凝胶以湿法装入柱中，柱高约 26cm，使凝胶始终保持在洗脱液中。

2. 试剂

（1）丙酮　重蒸。

（2）二氯甲烷　重蒸。

（3）乙酸乙酯　重蒸。

（4）环己烷　重蒸。

（5）正己烷　重蒸。

（6）石油醚　沸程30~60℃，分析纯，重蒸。
（7）氯化钠。
（8）无水硫酸钠。
（9）凝胶　Bio-Beads S-X3 200~400目。
（10）农药标准品　α-六六六、β-六六六、γ-六六六、δ-六六六、p,p'-滴滴伊、p,p'-滴滴滴、o,p'-滴滴涕、p,p'-滴滴涕、五氯硝基苯、七氯、环氧七氯、艾氏剂、狄氏剂、除螨酯、杀螨酯、胺菊酯、氯菊酯、氯氰菊酯、氰戊菊酯、溴氰菊酯，纯度均大于99%。
（11）标准溶液的配制　分别准确称取上述标准品，用少量苯溶解，再以正己烷稀释成一定浓度的储备液。根据各农药在仪器上的响应情况，以正己烷配制混合标准使用液。

（三）操作步骤

1. 样品制备

蛋品去壳，制成匀浆；肉品去筋后，切成小块，制成肉糜；乳品混匀待用。

2. 提取

称取蛋类样品20g（精确至0.01g），于100mL具塞三角瓶中，加水5mL（视样品水分含量加水，使总水量约20g。通常鲜蛋水分含量约75%，加水5mL即可），加40mL丙酮，振摇30min，加氯化钠6g，充分摇匀，再加30mL石油醚，振摇30min。取35mL上清液，经无水硫酸钠滤于旋转蒸发瓶中，浓缩至约1mL，加2mL乙酸乙酯-环己烷（1+1）溶液再浓缩，如此重复3次，浓缩至约1mL。

称取肉类样品20g（精确至0.01g），加水6mL（视样品水分含量加水，使总水量约20g。通常鲜肉水分含量约70%，加水6mL即可），以下按照蛋类样品的提取、分配步骤处理。

称取乳类样品20g（精确至0.01g。鲜乳不需加水，直接加丙酮提取），以下按照蛋类样品的提取、分配步骤处理。

3. 净化

将此浓缩液经凝胶柱以乙酸乙酯-环己烷（1+1）溶液洗脱，弃去0~35mL流分，收集35~70mL流分。将其旋转蒸发浓缩至约1mL，再经凝胶柱净化收集35~70mL流分，蒸发浓缩，用氮气吹除溶剂，以石油醚定容至1mL，留待GC分析。

4. 气相色谱参考条件确定

（1）色谱柱　涂以OV-101 0.25μm，30m×0.32mm（内径）石英弹性毛细管柱。

（2）柱温　程序升温。

$$60℃（1min）\xrightarrow{40℃/min}170℃\xrightarrow{2℃/min}235℃\xrightarrow{40℃/min}280℃（10min）$$

（3）进样口温度　270℃。

（4）检测器　电子捕获检测器（ECD），300℃。

（5）载气流速　氮气（N_2）1mL/min，尾吹 50mL/min。

5. 测定

分别量取 1μL 混合标准液使用及试样净化液注入气相色谱仪中，以保留时间定性，以试样和标准的峰高或峰面积比较定量。

（四）结果计算

试样中农药的含量按式（3-5）进行计算。

$$X = \frac{m_1 \times V_2 \times 1000}{m \times V_1 \times 1000} \qquad (3-5)$$

式中　X——样品中各农药的含量，mg/kg；

　　　m_1——被测样液中各农药的质量，ng；

　　　V_2——样液最后定容体积，mL；

　　　m——试样质量，g；

　　　V_1——样液进样体积，μL。

（五）结果表示

计算结果保留两位有效数字。

（六）精密度

在重复条件下获得的两次独立测定结果的绝对偏差值不得超过算术平均值的 15%。

（七）色谱图

20 种有机氯和拟除虫菊酯标准溶液色谱图如图 3-5 所示。

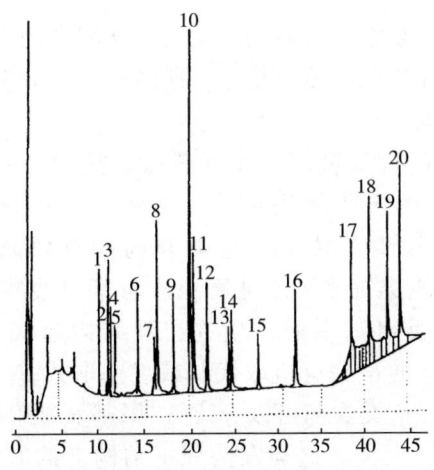

图 3-5　20 种有机氯和拟除虫菊酯标准溶液色谱图

1—α-六六六　2—β-六六六　3—γ-六六六　4—五氯硝基苯　5—δ-六六六　6—七氯　7—艾氏剂　8—除螨酯
9—环氧七氯　10—杀螨酯　11—狄氏剂　12—p,p'-滴滴伊　13—p,p'-滴滴滴　14—o,p'-滴滴涕
15—p,p'-滴滴涕　16—胺菊酯　17—氯菊酯　18—氯氰菊酯　19—α-氰戊菊酯　20—溴氰菊酯

任务三 食品中氨基甲酸酯类农药的检测

任务导入

2021年，市场监督管理总局通报食品安全监督抽检情况，此次抽检涉及21大类食品248批次样品，检出其中粮食加工品、食用农产品和糕点3大类食品5批次样品不合格。其中，天津滨海新区高新区某蔬菜店销售的长豆角（豇豆）其中克百威、灭蝇胺残留量不符合食品安全国家标准规定。检验机构为河南省产品质量监督检验院。（来源：中国消费者报）

任务要求

氨基甲酸酯类农药，是在有机磷酸酯之后发展起来的合成农药。虽然氨基甲酸酯类农药对人畜低毒、易分解和残毒少，但是它的添加必须按照国家规定的限量标准，若超量添加会对人体造成危害。本任务要求学生按照专业水平对送检样品进行制备、预处理、检测并提供有关氨基甲酸酯类农药的准确、可信的数据报告。

必备知识

一、氨基甲酸酯类农药简介

氨基甲酸酯类农药，是在有机磷酸酯之后发展起来的合成农药，一般无特殊气味，在酸性环境下稳定，遇碱分解，大多数品种毒性较有机磷酸酯类低。

氨基甲酸酯类农药简介

氨基甲酸酯类农药包含杀虫剂、除草剂和杀螨剂，广泛应用于蔬菜、水果和粮食等农作物病虫草害防治，具有选择性强、高效、广谱和残留较少等优点。这类农药能有效防治蚜虫、鳞翅目、同翅目和螨类等多种农业害虫。氨基甲酸酯类农药是基于天然毒扁豆碱结构发展起来的一类氨基甲酸衍生物，其结构通式如图3-6所示，其中X可以是氧或硫，R_1和R_2通常是有机取代基或烷基取代基，也可以是氢，而R_3主要是有机取代基或金属。这类农药可以分成N-甲基氨基甲酸酯、N,N-二甲基氨基甲酸酯和氨基甲酸肟酯三大类。这类农药分子结构上的取代基类别及位置对其杀虫活性影响很大。氨基甲酸酯类农药较为常见，主要包括甲萘威、速灭威、克百威以及呋喃丹等十余种，一般呈晶体状，无特殊气味，在水中不易溶解，在乙腈、丙酮等液体中易于溶解。由于具有低毒且高效的性质，可用作杀虫剂、除草剂等，在农业生产中应用非常广泛。

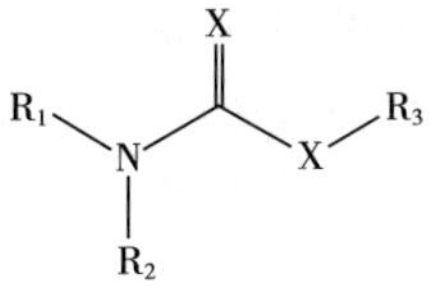

$$\begin{array}{c} X \\ \| \\ R_1\text{—}N\text{—}C\text{—}X\text{—}R_3 \\ | \\ R_2 \end{array}$$

图 3-6 氨基甲酸酯类农药的结构通式

二、氨基甲酸酯类农药的危害特性

氨基甲酸酯类农药毒性有以下特点：大多数品种速效性好，残效期短，选择性强；多数品种对高等动植物毒性低（涕灭威、呋喃丹为高毒性，甲萘威、速灭威和叶蝉散为中毒性，其余均为低毒性），在生物体内易降解。

氨基甲酸酯类农药主要通过抑制胆碱酯酶活性来达到杀死农业害虫的效果。农药在防治害虫的同时还会残留在蔬菜、水果、水源和土壤中。除此之外，这些化合物可以通过摄入，在人体内积聚，从而危害人体健康。据报道，氨基甲酸酯类农药可引起严重过敏反应及癌症，影响生殖和内分泌系统。因为毒性问题尤其是对哺乳动物毒性问题，很多氨基甲酸酯类农药品种现销量有所下降，甚至有些被迫退出农药市场。随着人们环保意识的加强，新型低毒氨基甲酸酯类农药的开发越来越受到重视。

三、氨基甲酸酯类农药的检测手段

气相色谱法用于氨基甲酸酯类农药检测时，常使用氮磷检测器（NPD）或电子捕获检测器（ECD）。部分氨基甲酸酯类农药热稳定性差，在高温条件下易分解，不能直接采用气相色谱法进行测定，可将其水解生成稳定的甲胺或酚或通过衍生化提高其热稳定性，从而实现气相色谱法对氨基甲酸酯类农药的测定。针对多数氨基甲酸酯类农药高沸点及热不稳定的特点，高效液相色谱法更适用于其分析检测。对于具有较强紫外吸收的氨基甲酸酯类农药可配备紫外检测器对其进行检测。色谱法用于氨基甲酸酯类农药检测时，常需要对其进行衍生化处理，操作较为烦琐，且仅通过保留时间定性不够准确。色谱—质谱联用法一般可直接用于氨基甲酸酯类农药检测，不需额外衍生化处理，且可对其结构进行准确的鉴定，具有灵敏度高、检出限低、分析速度快等特点。气相色谱法、高效液相色谱法、超高效液相色谱法均可与质谱进行联用。

四、检测原理

含氮有机化合物被色谱柱分离后在加热的碱金属片的表面产生热分解，形成氰自由基（CN·），并且从被加热的碱金属表面放出的原子状态的碱金属铷（Rb）接受电子变成 CN⁻，再与氢原子结合。放出电子的碱金属变成正离子，由收集极收集，并作为信号电流而被测定。电流信号的大小与含氮化合物的含量成正比，以峰面积或峰高比较定量。

GB/T 5009.104—2003《植物性食品中氨基甲酸酯类农药残留量的测定》

本任务依据 GB/T 5009.104—2003《植物性食品中氨基甲酸酯类农药残留量的测定》操作。

任务准备

除非另有说明，本方法所用试剂均为分析纯，水为 GB/T 6682—2008《分析实验室用水规格和试验方法》规定的一级水。

1. 仪器

（1）气相色谱仪　附有火焰热离子检测器（FTD）。

（2）电动振荡器。

（3）组织捣碎机。

（4）粮食粉碎机　带 20 目筛。

（5）恒温水浴锅。

（6）减压浓缩装置。

（7）分液漏斗　250mL，500mL。

（8）量筒　50mL，100mL。

（9）具塞三角烧瓶　50mL。

（10）抽滤瓶　250mL。

（11）布氏漏斗　直径 10cm。

2. 试剂

（1）无水硫酸钠　于 450℃焙烧 4h 后备用。

（2）丙酮　重蒸。

（3）无水甲醇　重蒸。

（4）二氯甲烷　重蒸。

（5）石油醚　沸程 30~60℃，重蒸。

（6）氨基甲酸酯类农药标准品

速灭威：纯度≥99%；

异丙威：纯度≥99%；

残杀威：纯度≥99%；

克百威：纯度≥99%；

抗蚜威：纯度≥99%；

甲萘威：纯度≥99%。

（7）50g/L氯化钠溶液　称取25g氯化钠，用水溶解并稀释至500mL。

（8）甲醇-氯化钠溶液　取无水甲醇及50g/L氯化钠溶液等体积混合。

（9）氨基甲酸酯杀虫剂标准溶液的配制　分别准确称取速灭威、异丙威、残杀威、克百威、抗蚜威及甲萘威各种标准品，用丙酮分别配制成1mg/mL的标准储备液。使用时用丙酮稀释配制成单一品种的标准使用液（5μg/mL）和混合标准系列溶液（每个品种浓度为2~10μg/mL）。

■ 任务实施

1. 试样制备

取粮食经粮食粉碎机粉碎，过20目筛制成粮食试样。取蔬菜去掉非食部分后剁碎或经组织捣碎机捣碎制成蔬菜试样。

2. 试样提取

（1）粮食试样　称取约40g粮食试样，精确至0.001g，置于250mL具塞锥形瓶中，加入20~40g无水硫酸钠（视试样的水分而定）、100mL无水甲醇。塞紧，摇匀，于电动振荡器上振荡30min。然后经快速滤纸过滤于量筒中，收集50mL滤液，转入250mL分液漏斗中，用50mL 50g/L氯化钠溶液洗涤量筒，洗液并入分液漏斗中。

（2）蔬菜试样　称取20g蔬菜试样，精确至0.001g，置于250mL具塞锥形瓶中，加入80mL无水甲醇，塞紧，于电动振荡器上振荡30min。然后经铺有快速滤纸的布氏漏斗抽滤于250mL抽滤瓶中，用50mL无水甲醇分次洗涤提取瓶及滤器。将滤液转入500mL分液漏斗中，用100mL 50g/L氯化钠水溶液分次洗涤滤器，洗液并入分液漏斗中。

3. 净化

（1）粮食试样　于盛有试样提取液的250mL分液漏斗中加入50mL石油醚，振荡1min，静置分层后将下层（甲醇-氯化钠溶液）放入第二个250mL分液漏斗中，加25mL甲醇-氯化钠溶液于石油醚层中，振摇30s，静置分层后，将下层并入甲醇-氯化钠溶液中。

（2）蔬菜试样　于盛有试样提取液的500mL分液漏斗中加入50mL石油醚，振荡1min，静置分层后将下层放入第二个500mL分液漏斗中，并加入50mL石油醚，振摇1min，静置分层后将下层放入第三个500mL分液漏斗中。然后用25mL甲醇-氯化钠溶液依次反复洗第一、二分液漏斗中的石油醚层，每次振摇30s，最后把甲醇-氯化钠溶液并入第三个分液漏斗中。

4. 浓缩

于盛有试样净化液的分液漏斗中，用二氯甲烷（50、25、25mL）依次提取三次，每次振摇1min，静置分层后将二氯甲烷层经铺有无水硫酸钠（玻璃棉支撑）的漏斗（用二氯甲烷预洗过）过滤于250mL蒸馏瓶中，用少量二氯甲烷洗涤漏斗，并入蒸馏瓶中。将蒸馏瓶接上减压浓缩装置，于50℃水浴上减压浓缩至1mL左右，取下蒸馏瓶，将残余物转入10mL刻度离心管中，用二氯甲烷反复洗涤蒸馏瓶，洗液并入离心管中。然后吹氮气除尽二氯甲烷溶剂，用丙酮溶解残渣并定容至2.0mL，供气相色谱分析用。

5. 确定仪器参考条件

（1）色谱柱

色谱柱1：玻璃柱，2.1m×3.2mm（内径），内装涂有2%OV-101+6%OV-210混合固定液的Chromosorb WHP 80~100目担体。

色谱柱2：玻璃柱，1.5m×3.2mm（内径），内装涂有1.5%OV-17+L95%OV-210混合固定液的Chromosorb WAW DMCS 80~100目担体。

（2）气体条件　氮气65mL/min；空气150mL/min；氢气3.2mL/min。

（3）温度条件　柱温190℃，进样口或检测室温度240℃。

6. 制作标准曲线

将混合标准系列溶液分别注入气相色谱仪中，测定相应的峰面积，以混合标准系列溶液的质量浓度为横坐标，以峰面积为纵坐标，绘制标准曲线。

7. 测定试样溶液

取试样溶液及标准溶液各1μL注入气相色谱仪中，做色谱分析。根据组分在两根色谱柱上的出峰时间与标准组分比较定性分析，用外标法与标准组分比较定量分析。

8. 结果计算

试样中农药残留的含量按式（3-6）计算。

$$X_i = \frac{E_i \times \frac{A_i}{A_E} \times 2000}{m \times 1000} \tag{3-6}$$

式中　X_i——试样中组分i的含量，mg/kg；

E_i——标准试样中组分i的含量，ng；

A_i——试样中组分i的峰面积或峰高，积分单位；

A_E——标准试样中组分i的峰面积或峰高，积分单位；

m——样品质量，g；

2000——进样液的定容体积（2.0mL）；

1000——换算单位。

在重复条件下获得的两次独立测定结果的绝对差值不得超过算术平均值的15%。

9. 其他

本标准规定了粮食、蔬菜中6种氨基甲酸酯杀虫剂残留量的测定方法。本标准适用于粮食、蔬菜中速灭威、异丙威、残杀威、克百威、抗蚜威和甲萘威的残留分析。本标准检出限分别为：0.02，0.02，0.03，0.05，0.02，0.10mg/kg。6种氨基甲酸酯杀虫剂的气相色谱图如图 3-7 所示。

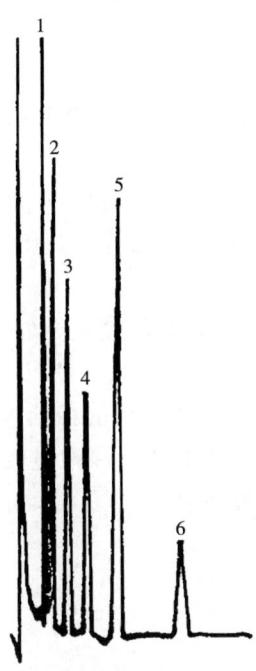

图 3-7　6 种氨基甲酸酯杀虫剂的气相色谱图
1—速灭威　2—异丙威　3—残杀威　4—克百威　5—抗蚜威　6—甲萘威

■ 在线测试

项目三　任务三　在线测试

■ 知识拓展

一、动物性食品中氨基甲酸酯类农药多组分残留量高效液相色谱测定

GB/T 5009.163—2003《动物性食品中氨基甲酸酯类农药多组分残留高效液相色谱测定》规定了用高效液相色谱法测定动物性食品中涕灭威、速灭威、呋喃丹、甲萘威、异丙威残留量。该法适用于肉类、蛋类及乳类食品中涕灭威、速灭威、

呋喃丹、甲萘威、异丙威残留量测定。本方法检出限分别为涕灭威 9.8μg/kg，速灭威 7.8μg/kg，呋喃丹 7.3μg/kg，甲萘威 3.2μg/kg，异丙威 13.3μg/kg。

（一）原理

试样经提取、净化、浓缩、定容，微孔滤膜过滤后进样，用反相高效液相色谱分离，紫外检测器检测，根据色谱峰的保留时间定性，外标法定量。

（二）仪器和试剂

除非另有说明，在分析中仅使用分析纯的试剂，色谱分析用水符合 GB/T 6682—2008《分析实验室用水规格和试验方法》中二级水的规定。

1. 仪器和设备

（1）高效液相色谱仪　附紫外检测器及数据处理器。

（2）旋转蒸发仪。

（3）凝胶净化柱　长 50cm，内径 2.5cm 带活塞玻璃层析柱，柱底垫少量玻璃棉，用洗脱剂（乙酸乙酯-环己烷：1+1）浸泡过夜的凝胶以湿法装入柱中，柱床高约 40cm，柱床始终保持在洗脱剂中。

2. 试剂

（1）甲醇　重蒸。

（2）丙酮　重蒸。

（3）乙酸乙酯　重蒸。

（4）环己烷　重蒸。

（5）氯化钠。

（6）无水硫酸钠。

（7）蒸馏水　重蒸。

（8）凝胶　Bio-Beads S-X 200~400 目。

（9）氨基甲酸酯类农药标准　涕灭威、甲萘威、呋喃丹、速灭威、异丙威纯度均大于 99%。

（10）标准溶液配制　将五种农药标准品分别以甲醇配成一定浓度的标准储备液，置于冰箱保存。使用前取一定量标准储备液，用甲醇稀释配成混合标准使用液。5 种农药的浓度分别为涕灭威 6.0mg/L、甲萘威 5.0mg/L、呋喃丹 5.0mg/L、速灭威 10.0mg/L、异丙威 10.0mg/L。

（三）操作步骤

1. 样品制备

蛋品去壳，制成匀浆；肉品切块后，制成肉糜；乳品混匀后待用。

2. 提取

（1）称取蛋类试样 20g（精确到 0.01g），于 100mL 具塞锥形瓶中，加水 5mL（视试样水分含量加水，使总水至约 20g。通常鲜蛋水分含量约 75%，加水 5mL 即可），加 40mL 丙酮，振摇 30min，加氯化钠 6g，充分摇匀，再加 30mL 二氯甲烷，振摇30min。取35mL上清液，经无水硫酸钠滤于旋转蒸发瓶中，浓缩至约1mL，加2mL乙酸乙酯-环己烷（1+1）溶液再浓缩，如此重复3次，浓缩至约1mL。

（2）称取肉类试样20g（精确到0.01g），加水6mL（视试样水分含量加水，使总水量约20g。通常鲜肉水分含量约70%，加水6mL即可），以下按照蛋类试样的提取、分配步骤处理。

（3）称取乳类试样20g（精确到0.01g。鲜乳不需加水，直接加丙酮提取），以下按照蛋类试样的提取、分配步骤处理。

3. 净化

将此浓缩液经凝胶柱以乙酸乙酯-环己烷（1+1）溶液洗脱，弃去0~35mL流分，收集35~70mL流分。将其旋转蒸发浓缩至约1mL，再经凝胶柱净化收集35~70mL流分，旋转蒸发浓缩，用氮气吹至约1mL，以乙酸乙酯定容至1mL，留待高效液相色谱（HPLC）分析。

4. 高效液相色谱条件确定

（1）色谱柱　Alnma C_{18} 4.6mm×25cm。

（2）流动相　甲醇-水（60+40）；流速0.5mL/min。

（3）柱温　30℃。

（4）紫外检测波长　210nm。

5. 测定

将仪器调至最佳状态后，分别将5μL混合标准溶液及试样净化液注入色谱仪中，以保留时间定性，以试样峰高或峰面积与标准比较定量。

（四）结果计算

试样中农药残留的含量按式（3-7）进行计算。

$$X = \frac{m_1 \times V_2 \times 1000}{m \times V_1 \times 1000} \tag{3-7}$$

式中　X——样品中各农药的含量，mg/kg；

m_1——被测样液中各农药的质量，ng；

m——试样质量，g；

V_1——试样进样体积，μL；

V_2——试样最后定容体积，mL。

（五）结果表示

计算结果保留两位有效数字。

（六）精密度

在重复条件下获得的两次测定结果的绝对偏差值不得超过算术平均值的15%。

（七）色谱图

5种氨基甲酸酯类农药标准色谱图如图3-8所示。

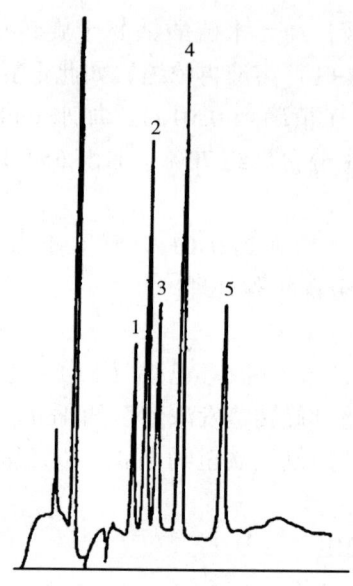

图 3-8 氨基甲酸酯农药标准色谱图
1—涕灭威 2—速灭威 3—呋喃丹 4—甲萘威 5—异丙威

二、植物源性食品中 9 种氨基甲酸酯类农药及其代谢物残留量的测定——液相色谱-柱后衍生法

GB 23200.112—2018《食品安全国家标准 植物源性食品中 9 种氨基甲酸酯类农药及其代谢物残留量的测定》规定了植物源性食品中 9 种氨基甲酸酯类农药及其代谢物残留量的液相色谱柱-柱后衍生测定方法。本标准适用于植物源性食品中 9 种氨基甲酸酯类农药及其代谢物残留量的测定。

（一）原理

试样用乙腈提取，提取液经固相萃取或分散固相萃取净化，使用带荧光检测器和柱后衍生系统的高效液相色谱仪检测，外标法定量。

（二）仪器和试剂

除非另有说明，在分析中仅使用分析纯的试剂，水为 GB/T 6682—2008《分析实验室用水规格和试验方法》中规定的一级水。

1. 仪器和设备

（1）液相色谱仪 配有柱后衍生反应装置和荧光检测器（FLD）。

（2）分析天平 感量 0.1mg 和 0.01g。

（3）高速匀浆机 转速不低于 15000r/min。

（4）高速离心机 转速不低于 4200r/min。

（5）组织捣碎机。

（6）旋转蒸发仪。

（7）氮吹仪　可控温。

（8）涡旋振荡器。

2. 试剂

（1）乙腈。

（2）甲醇。

（3）二氯甲烷。

（4）甲苯。

（5）氯化钠。

（6）邻苯二甲醛。

（7）2-二甲胺基乙硫醇盐酸盐，或相当者。

（8）无水硫酸镁。

（9）乙酸钠。

（10）氢氧化钠。

（11）十水四硼酸钠。

（12）甲醇-二氯甲烷溶液（1+99，体积比）　量取10mL甲醇加入990mL二氯甲烷中，混匀。

（13）乙腈-甲苯溶液（3+1，体积比）　量取100mL甲苯加入300mL乙腈中，混匀。

（14）氢氧化钠溶液（0.05mol/L）　称取2.0g氢氧化钠，用水溶解并定容至1000mL，混匀。

（15）十水四硼酸钠溶液（4g/L）　称取4.0g十水四硼酸钠，用水溶解并定容至1000mL，混匀。

（16）邻苯二甲醛试剂（OPA）　称取50.0mg邻苯二甲醛，溶于5mL甲醇中，混匀；再称取1.0g 2-二甲胺基乙硫醇盐酸盐，溶于5mL十水四硼酸钠溶液，混匀；将上述2种溶液倒入490mL十水四硼酸钠溶液，混匀。

（17）农药标准品　涕灭威、涕灭威砜、涕灭威亚砜、甲萘威、克百威、三羟基克百威、仲丁威、异丙威、灭多威、速灭威、残杀威、混杀威，纯度≥95%。

（18）标准储备溶液（1000mg/L）：准确称取10mg（精确至0.1mg）各农药标准品，用甲醇溶解并分别定容到10mL。标准储备溶液避光-18℃保存，有效期1年。混合标准溶液：准确吸取一定量的单个农药储备溶液于10mL容量瓶中，用甲醇定容至刻度。混合标准溶液，避光0~4℃保存，有效期1个月。

3. 材料

（1）固相萃取柱1　氨基填料（NH$_2$）500mg，6mL。

（2）固相萃取柱2　石墨化炭黑填料（GCB）500mg，氨基填料（NH$_2$）500mg，6mL。

（3）乙二胺-N-丙基硅烷硅胶（PSA） 40~60μm。

（4）十八烷基甲硅烷改性硅胶（C_{18}） 40~60μm。

（5）陶瓷均质子 2cm（长）×1cm（外径）。

（6）微孔滤膜（有机相） 0.22μm×25mm。

(三) 操作步骤

1. 样品制备

蔬菜和水果的取样量按照相关标准的规定执行，食用菌样品随机取样1kg。样品取样部位按照GB 2763—2021《食品安全国家标准 食品中农药最大残留限量》的规定执行。对于个体较小的样品，取样后全部处理；对于个体较大的基本均匀样品，可在对称轴或对称面上分割或切成小块后处理；对于细长、扁平或组分含量在各部分有差异的样品，可在不同部位切取小片或截成小段后处理；取后的样品将其切碎，充分混匀，用四分法取样或直接放入组织捣碎机中捣碎成匀浆，放入聚乙烯瓶中。

取谷类样品500g，粉碎后使其全部可通过425μm的标准网筛，放入聚乙烯瓶或袋中。取油料作物、茶叶、坚果和香辛料各500g，粉碎后充分混匀，放入聚乙烯瓶或袋中。

植物油类搅拌均匀，放入聚乙烯瓶中。

2. 试样提取和净化

（1）蔬菜、水果和食用菌 称取20g试样（精确至0.01g）于150mL烧杯中，加入40mL乙腈，用高速匀浆机15000r/min匀浆提取2min，提取液过滤至装有5~7g氯化钠的100mL具塞量筒中，盖上塞子，剧烈振荡1min，在室温下静置30min。准确吸取10mL上清液，80℃水浴中氮吹蒸发近干，加入2mL甲醇溶解残余物，待净化。

将固相萃取柱1用4mL甲醇-二氯甲烷溶液预淋洗，当液面到达柱筛板顶部时，立即加入上述待净化溶液，用10mL离心管收集洗脱液，用2mL甲醇-二氯甲烷溶液涮洗烧杯后过柱，并重复一次，收集的洗脱液于50℃水浴中氮吹蒸发近干，准确加入2.50mL甲醇，涡旋混匀，用微孔滤膜过滤，待测。

（2）谷物 称取10g试样（精确至0.01g）于250mL具塞锥形瓶中，加入20mL水，混匀后，静置30min，再加入20mL乙腈，用振荡器200r/min振荡提取30min，提取液过滤至装有5~7g氯化钠的100mL具塞量筒中，盖上塞子，剧烈振荡1min，在室温下静置30min。准确吸取10mL上清液，80℃水浴中氮吹蒸发近干，加入2mL甲醇溶解残余物，待净化。

将固相萃取柱1用4mL甲醇-二氯甲烷溶液预淋洗，当液面到达柱筛板顶部时，立即加入上述待净化溶液，用10mL离心管收集洗脱液，用2mL甲醇-二氯甲烷溶液涮洗烧杯后过柱，并重复一次，收集的洗脱液于50℃水浴中氮吹蒸发近干，准确加入2.50mL甲醇，涡旋混匀，用微孔滤膜过滤，待测。

(3) 茶叶和香辛料 称取 5g 试样（精确至 0.01g）于 150mL 烧杯中，加入 20mL 水，混匀后，静置 30min，再加入 20mL 乙腈，用高速匀浆机 15000r/min 匀浆提取 2min，提取液过滤至装有 5~7g 氯化钠的 100mL 具塞量筒中，盖上塞子，剧烈振荡 1min，在室温下静置 30min。准确吸取 10mL 上清液，80℃水浴中氮吹蒸发近干，加入 2mL 乙腈-甲苯溶液溶解残余物，待净化。

将固相萃取柱 2 用 5mL 乙腈-甲苯溶液预淋洗，当液面到达柱筛板顶部时，立即加入上述待净化溶液，用 100mL 旋转蒸发瓶收集洗脱液，用 2mL 乙腈-甲苯溶液涮洗烧杯后过柱，并重复一次，再用 25mL 乙腈-甲苯溶液洗脱柱子，收集的洗脱液于 40℃水浴中旋转蒸发近干，用 5mL 甲醇冲洗旋转蒸发瓶并转移到 10mL 离心管中，50℃水浴中氮吹蒸发近干，准确加入 1.00mL 甲醇，涡旋混匀，用微孔滤膜过滤，待测。

(4) 油料和坚果 称取 10g 试样（精确至 0.01g）于 150mL 烧杯中，加入 20mL 水，混匀后，静置 30min，再加入 50mL 乙腈，用高速匀浆机 15000r/min 匀浆提取 2min，提取液过滤至装有 5~7g 氯化钠的 100mL 具塞量筒中，盖上塞子，剧烈振荡 1min，在室温下静置 30min。

准确吸取 8mL 上清液于内含 1200mg 无水硫酸镁、400mg PSA 和 400mg C_{18} 的 15mL 塑料离心管中，涡旋混匀 1min，然后 4200r/min 离心 5min，吸取 5mL 上清液于 10mL 离心管中，在 50℃水浴中氮吹蒸发近干，准确加入 2.00mL 甲醇，涡旋混匀，用微孔滤膜过滤，待测。

(5) 植物油 称取 3g 试样（精确至 0.01g）于 50mL 塑料离心管中，加入 5mL 水、15mL 乙腈，并加入 6g 无水硫酸镁、1.5g 乙酸钠及 1 颗陶瓷均质子，剧烈振荡 1min，4200r/min 离心 5min。

准确吸取 8mL 上清液于内含 1200mg 无水硫酸镁、400mg PSA 和 400mg C_{18} 的 15mL 塑料离心管中，涡旋混匀 1min，然后 4200r/min 离心 5min，吸取 5mL 上清液于 10mL 离心管中，在 50℃水浴中氮吹蒸发近干，准确加入 1.00mL 甲醇，涡旋混匀，用微孔滤膜过滤，待测。

3. 高效液相色谱条件确定

(1) 色谱柱 C_8 柱，250mm×4.6mm（内径），5μm（粒径）；
(2) 柱温 42℃；
(3) 荧光检测器 $\lambda_{ex}=330nm$，$\lambda_{em}=465nm$；
(4) 流动相及梯度洗脱条件 如表 3-2 所示。

表 3-2 流动相及梯度洗脱条件

时间/min	流速/(mL/min)	流动相（水）V_a/%	流动相（甲醇）V_b/%
0	1.0	85	15
2.00	1.0	75	25

续表

时间/min	流速/(mL/min)	流动相（水）V_a/%	流动相（甲醇）V_b/%
6.50	1.0	75	25
10.50	1.0	60	40
28.00	1.0	60	40
33.00	1.0	20	80
35.00	1.0	20	80
35.10	1.0	0	100
37.00	1.0	0	100
37.10	1.0	85	15

（5）柱后衍生　0.05mol/L 氢氧化钠溶液，流速 0.3mL/min；OPA 试剂，流速 0.3mL/min；水解温度，100℃；衍生温度，室温；

（6）进样体积　10μL。

4. 测定

将混合标准工作溶液和试样溶液依次注入液相色谱仪中，保留时间定性，测得目标农药色谱峰面积，计算得到各农药组分含量。待测样液中农药的响应值应在仪器检测的定量测定线性范围之内，超过线性范围时，应根据测定浓度进行适当倍数稀释后再分析。

（四）结果计算

试样中各农药残留量以质量分数 ω 计，单位以毫克每千克（mg/kg）表示，按式（3-8）计算。

$$\omega = \frac{V_1 \times A \times V_3}{V_2 \times A_S \times m} \times \rho \qquad (3\text{-}8)$$

式中　ω——样品中被测组分含量，mg/kg；

ρ——标准溶液中被测组分质量浓度，mg/L；

V_1——提取溶剂总体积，mL；

V_2——提取液分取体积，mL；

V_3——待测溶液定容体积，mL；

A——待测溶液中被测组分峰面积；

A_S——标准溶液中被测组分峰面积；

m——试样质量，g。

（五）结果表示

计算结果应扣除空白值，计算结果以重复性条件下获得的 2 次独立测定结果的算术平均值表示，保留 2 位有效数字。含量超过 1mg/kg 时，保留 3 位有效数字。

(六) 精密度

在重复性条件下,获得的 2 次独立测试结果的绝对差值不得超过重复性限(r)。在再现性条件下,获得的 2 次独立测试结果的绝对差值不得超过再现性限(R)。

(七) 色谱图

0.1mg/L 9 种氨基甲酸酯类农药及其代谢物标准溶液色谱图如图 3-9 所示。

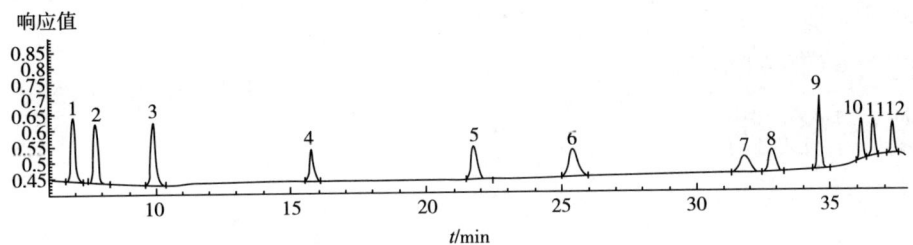

图 3-9　0.1mg/L 9 种氨基甲酸酯类农药及其代谢物标准溶液色谱图
1—涕灭威亚砜　2—涕灭威砜　3—灭多威　4—三羟基克百威　5—涕灭威　6—速灭威　7—残杀威
8—克百威　9—甲萘威　10—异丙威　11—混杀威　12—仲丁威

项目四

食品中兽药残留检测

知识目标

1. 了解食品中兽药种类、危害特性及检测方法；
2. 理解食品中兽药（磺胺类、硝基呋喃类、四环素类、氟喹诺酮类）检测的原理。

能力目标

1. 掌握标准溶液配制方法；
2. 熟练进行过滤和层析操作，熟练使用快速检测卡、高效液相色谱等前处理设备及大型分析仪器；
3. 能独立完成食品中兽药（磺胺类、硝基呋喃类、四环素类、氟喹诺酮类）的项目检测；
4. 能够规范填写原始数据记录单。

素质目标

1. 具有质量意识、环保意识、安全意识、集体意识和团队合作精神；
2. 具备严格执行相关法律法规、吃苦耐劳、敬业奉献的职业素质；
3. 具有食品安全检测要求的科学求实、公平公正、程序规范、严守秘密、依法检测的品质；
4. 树立职业理想信念，坚定职业操守。

我国是世界上最大的肉类生产国，随着现代食品工业的发展，动物养殖集约化、规模化已经成为一种养殖主流。在养殖生产的各个环节，需要使用各种兽药，特别是西医化学制剂，如抗生素类、驱肠虫药、生长促进剂类、抗原虫药、抗球虫药类如磺胺药、灭锥虫药类、镇静剂类和 β-肾上腺素能受体阻断剂等。合理使用兽药，可以预防、诊断和治疗动物疾病；调节动物生理机能、促进动物生长和繁殖、改善动物性食品的品质，满足人们的需求。但是，如果滥用或超标超量使用兽药制剂，则会造成动物性食品中兽药残留，对人体产生危害。

一、兽药的概念和残留分析

兽药是指用于预防、诊断和治疗动物疾病或者调节动物生理机能并规定作用、用途、用法、用量的物质，主要包括：血清制品、疫苗、诊断制品、微生态制品、中药材、中成药、化学药品、抗生素、生化药品、放射性药品及外用杀虫剂、消毒剂等。中兽药就是将中医药理论应用于动物身上，是近年来的新兴产业。兽药残留已成为影响畜牧业发展的重要障碍。有关专家认为，中兽药由于不会对食品安全构成威胁，将在很大程度上逐步取代化学药品。

兽药残留是指食用动物用药后，动物性食品中含有的某种兽药的原形或其代谢物以及与兽药有关的杂质的残留，其中主要残留的兽药有抗生素类、合成抗菌素类、激素药类和驱虫药类、镇静剂类、呋喃药类。不过常规的临时治疗（一般不超过一周）导致的残留相当有限。动物性食品中兽药残留的主要原因为以下几个方面。

首先，防治畜禽疾病用药。在养殖过程中，往往需要通过口服、注射、局部用药等方法给食用动物用药。如果用药不当或不遵守休药期甚至使用违禁药品，极易造成兽药在动物体内残留。

其次，饲料中违法加入兽药。将低于治疗剂量的抗生素和其他化学药物加入饲料中。长时间使用这种饲料会造成兽药残留超标。

另外，动物性食品保鲜。在动物性食品运输和保存的过程中，为了抑制微生物的生长、繁殖，违法加入某种抗生素从而引起药物污染和残留。

二、食品中兽药残留的危害

动物性食品中兽药残留引起的危害主要有以下几个方面。

（一）毒性作用

当一次摄入大量含有残留兽药的食品，会出现急性中毒反应。例如摄入含瘦肉精残留的猪肉或其肝、肺等内脏后，会产生心悸、恶心、头晕、肌肉震颤等急性中毒反应。

长期食用含有残留兽药的动物性食品，兽药可在人体内不断蓄积，至一定程度后，就会对人体产生毒性作用。如磺胺类药物可引起肾损害，特别是乙酰化磺胺在尿中溶解度低，对肾脏损害大。

"三致"作用即致癌、致畸、致突变作用。如苯丙咪唑类抗蠕虫药能引起细胞染色体突变和致畸胎作用，妊娠妇女在特定的妊娠阶段，摄入含过量苯丙咪唑类药物残留的动物性食品，可能发生胎儿畸形。

（二）耐药性

动物反复接触某种抗菌药物后，体内耐药菌株大量繁殖。在某些情况下，动物体内耐药菌株可通过动物性食品传递给人，可能会给治疗带来困难。已发现长期食用低剂量的抗生素能导致金黄色葡萄球菌和大肠杆菌耐药菌株的产生。某些残留兽药可能对人的胃肠道菌群造成影响，杀灭有益菌，导致致病菌大量繁殖，使机体易感染疾病。

（三）过敏反应

某些抗菌药物如青霉素、磺胺类药物、四环素及某些氨基糖苷类抗生素能使部分人群发生过敏反应。当摄入含这些抗菌药物残留的动物性食品时，会使这部分人致敏，产生抗体。当这些被致敏的个体再次接触到这些抗菌药物或用这些药物进行治疗时，这些抗生素就会与抗体结合形成抗原抗体复合物，可能再次发生过敏反应。

（四）激素（样）作用

具有性激素样活性的同化剂的法定埋植部位是在屠宰时废弃的动物组织（如耳根部），而深部肌肉注射同化剂属非法用药。若埋植或注射同化激素后不久就将动物宰杀，则在肝、肾和埋植或注射部位有大量同化激素残留，一旦被人食用后可产生一系列激素（样）作用。如潜在致癌性、发育毒性（儿童性早熟）等现象。

（五）污染环境影响生态

许多研究表明，绝大多数兽药排入环境后，仍然具有活性，会对土壤微生物、水生生物及昆虫等造成影响。如广谱抗寄生虫药伊维菌素主要通过粪便和乳汁排泄，其排泄物对低等水生动物和土壤中的线虫等仍有较高的毒性作用。

三、兽药残留限量标准和检验

（一）兽药最高残留限量标准

为了加强兽药管理，保证兽药质量，防治动物疾病，促进养殖业的发展，维护人体健康，我国和许多发达国家已建立了动物性食品中兽药残留限量标准和检测方法。我国自20世纪90年代开始进行食品中兽药残留的监控工作，2019年出台 GB 31650—2019《食品安全国家标准 食品中兽药最大残留限量》。部分限量具体如表4-1如示。

表4-1 《动物性食品中兽药最高残留限量》部分限量

药物	食品	最高残留限量/(μg/kg)	标准
红霉素	鸡、火鸡（肌肉） 其他动物（肌肉）	≤100 ≤200	动物性食品中兽药最高残留限量

续表

药物	食品	最高残留限量/(μg/kg)	标准
红霉素	鸡、火鸡（肝）	≤100	动物性食品中兽药最高残留限量
	其他动物（肝）	≤200	
	肾	≤50	
阿莫西林	脂肪	≤50	
	乳	≤14	
	肌肉	≤50	
氯霉素	禁用	不得检出	

（二）食品中兽药残留的检验方法

1998年，农业部发布了39种兽药及其他化学物质在动物性农产品中残留的检测方法；后来不断修订，到目前为止，我国已建立了大部分已有动物性农产品中兽药残留标准检验方法，其中包括了国家标准和农业部标准。目前，动物性食品中兽药残留检验的分析方法主要有气相色谱法（GC）、高效液相色谱法（HPLC）、酶联免疫法（ELISA）和仪器联用技术等。

ELISA法具有选择性强、灵敏、分析过程简单、分析速度快等特点，常常作为兽药残留检验的筛选方法，目前几乎所有重要的兽药残留都逐步建立起了酶联免疫分析法，如氯霉素、四环素、链霉素、己烯雌酚、盐酸克伦特罗等。ELISA法的缺点在于影响因素较多，易出现假阳性结果。

GC法和HPLC法准确度高，灵敏度能满足大多数残留检测的要求，是兽药残留的常规分析法。GC法检测限一般为μg/kg级，但是大多数兽药极性或沸点偏高，需烦琐的衍生化步骤，因而限制了GC法的应用。目前大多数动物性食品中兽药残留分析采用HPLC法。但是对于某些兽药残留，HPLC法的检出限达不到要求。

仪器联用技术兼分离、定性和定量于一体，灵敏度、准确度、选择性都高，是国际上公认的确认方法。常用的联用技术有气相色谱-质谱联用技术（GC-MS）、液相色谱-质谱联用技术（LC-MS）、液相二级质谱技术（LC-MS/MS）、薄层-质谱技术（TLC-MS）、毛细管电泳-质谱技术（CE-MS）等。

对兽药残留实施监控检测是一项复杂的系统工程，包括从药物研制、注册登记、生产、使用及食品和环境监测等诸多环节。从理论和技术角度，建立残留分析方法和制定最高残留限量、休药期管理是最基本的方面。

任务一　磺胺类兽药残留的检测

任务导入

福建省市场监督管理局2019年食品安全监督抽检信息公告（第24期）食用农产品不合格1批次：网上商城某旗舰店销售的来自江苏泰州的新鲜乌鸡（购进日期为2018年11月28日），氧氟沙星不合格、磺胺类（总量）不合格，检验机构为福建省产品质量检验研究院。福建省市场监督管理局已要求所在地市场监管部门对不合格食品生产经营者进行调查处置，依法查处违法违规行为，督促生产经营者履行法定义务，防控食品安全风险。（来源：国家市场监督管理总局—中国食品安全网）

任务要求

磺胺类药物是一类抗菌谱较广、性质稳定、使用简便的人工合成的抗菌药。GB 31650—2019《食品安全国家标准　食品中兽药最大残留限量》中规定，磺胺类（总量）在所有食品动物的肌肉及脂肪中的最高残留限量为100g/kg。本任务要求学生按照专业水平对送检样品进行制备、预处理、检测并提供有关磺胺类药物的精密、准确、可信的数据报告。

必备知识

一、磺胺类药物简介

磺胺类药物是具有对氨基苯磺酰胺结构的一类药物的总称。磺胺类药物一般为白色或微黄色结晶性粉末，无臭，味微苦，遇光易变质，颜色变深。大多数本类药物在水中溶解度极低，较易溶于稀碱，但形成钠盐后则易溶于水，其水溶液呈强碱性，易溶于沸水、甘油、盐酸、氢氧化钾及氢氧化钠溶液，不溶于氯仿、乙醚、苯、石油醚。临床常用的磺胺类药物都是以对位氨基苯磺酰胺（简称磺胺）为基本结构的衍生物。磺酰胺基上的氢，可被不同杂环取代，形成不同种类的磺胺药。它们与母体磺胺相比，具有效价高、毒性小、抗菌谱广、口服易吸收等优点。对位上的游离氨基是抗菌活性部分，若被取代，则失去抗菌作用，必须在体内分解后重新释放出氨基，才能恢复活性。结构式（图4-1）中R和R_1被不同的基团取代则得到各种不同的磺胺类药物。常用的磺胺类药物有：磺胺嘧啶（Sulfadiazine，SD）、磺胺甲噁唑（Sulfamethoxazole，SMZ）、磺胺甲氧嘧啶（Sulfamethoxydiazine，SMM）、磺胺二甲嘧啶（Sulfamethazine，SMA）等。

图 4-1 磺胺类药物结构通式

中国和欧美大多数国家规定动物性食品和饲料中的磺胺类药物总量及磺胺二甲嘧啶等单个磺胺类药物的残留量≤100μg/kg；日本规定动物性食品中不得检出磺胺类药物。磺胺类药物残留检验方法有高效液相色谱法、气相色谱法、气相色谱-质谱联用法、酶联免疫法、薄层色谱法和分光光度法等，其中高效液相色谱法是最常用方法。

二、磺胺类药物的危害特性

磺胺类药物对过敏反应者有致敏作用，轻者引起皮肤瘙痒和荨麻疹，重者引起血管性水肿，严重的甚至出现死亡。磺胺类药物在人体内蓄积达到一定浓度，对肝、肾副作用大；还可影响人的造血系统，造成溶血性贫血症、粒细胞缺乏症、血小板减少症等。磺胺类药物在控制各种细菌性感染的疾病中，特别是在处理急性泌尿系统感染中有其重要价值。磺胺类药物易产生耐药性，在肝内的代谢产物——乙酰化磺胺的溶解度低，易在尿中析出结晶，引起肾的毒性，因此在给动物用药时应该严格掌握剂量、时间，同服碳酸氢钠并多饮水。

三、检测原理

试料中残留的磺胺类药物，用乙酸乙酯提取，0.1mol/L盐酸溶液转换溶剂，正己烷除脂，MCX柱净化，高效液相色谱-紫外检测法测定，外标法定量。

本任务依据 GB 29694—2013《食品安全国家标准 动物性食品中13种磺胺类药物多残留的测定 高效液相色谱法》为参考讲解其高效液相色谱检测法。

GB 29694—2013
《食品安全国家标准
动物性食品中 13 种
磺胺类药物多残留的测定
高效液相色谱法》

■ 任务准备

除非另有说明，本方法所用试剂均为分析纯，水为 GB/T 6682—2008《分析实验室用水规格和试验方法》规定的一级水。

1. 仪器

(1) 高效液相色谱仪　配紫外检测器或二极管阵列检测器。

(2) 分析天平　感量0.00001g。

(3) 天平　感量为0.01g。

(4) 涡动仪。

(5) 离心机。

(6) 匀质机。

(7) 旋转蒸发仪。

(8) 氮吹仪。

(9) 固相萃取装置。

(10) 鸡心瓶 100mL。

(11) 聚四氟乙烯离心管 50mL。

(12) 滤膜 有机相，0.22μm。

2. 试剂

(1) 磺胺醋酰、磺胺吡啶、磺胺甲氧哒嗪、苯酰磺胺、磺胺间甲氧嘧啶、磺胺氯哒嗪、磺胺甲噁唑、磺胺异噁唑、磺胺二甲氧哒嗪、磺胺吡唑对照品：含量≥99%；磺胺噻唑、磺胺甲基嘧啶、磺胺二甲基嘧啶：含量≥98%。

(2) 乙酸乙酯 色谱纯。

(3) 乙腈 色谱纯。

(4) 甲醇 色谱纯。

(5) 盐酸。

(6) 正己烷。

(7) 甲酸 色谱纯。

(8) 氨水。

(9) MCX柱 60mg/3mL，或相当者。

(10) 0.1%甲酸溶液 取甲酸1mL，用水溶解并稀释至1000mL。

(11) 0.1%甲酸乙腈溶液 取0.1%甲酸830mL，用乙腈溶解并稀释至1000mL。

(12) 洗脱液 取氨水5mL，用甲醇溶解并稀释至100mL。

(13) 0.1mol/L盐酸溶液 取盐酸0.83mL，用水溶解并稀释至100mL。

(14) 50%甲醇乙腈溶液 取甲醇50mL，用乙腈溶解并稀释至100mL。

(15) 100μg/mL磺胺类药物混合标准储备液 精密称取磺胺类药物标准品各10mg，于100mL量瓶中，用乙腈溶解并稀释至刻度，配制成浓度为100μg/mL磺胺类药物混合标准储备液。-20℃以下保存，有效期6个月。

(16) 10μg/mL磺胺类药物混合标准工作液 精密量取100μg/mL磺胺类药物混合标准储备液5.0mL，于50mL量瓶中，用乙腈稀释至刻度，配制成浓度为10μg/mL磺胺类药物混合标准工作液。-20℃以下保存，有效期6个月。

任务实施

1. 试样制备

取适量新鲜或解冻的空白或供试组织，绞碎，并使均质。

（1）取均质后的供试样品，作为供试试料。
（2）取均质后的空白样品，作为空白试料。
（3）取均质后的空白样品，添加适宜浓度的标准工作液，作为空白添加试料。

2. 试样提取

（1）提取 称取试样（5±0.05）g，于50mL聚四氟乙烯离心管中，加乙酸乙酯20mL，涡旋2min，4000r/min离心5min，取上清液于100mL鸡心瓶中，残渣中加乙酸乙酯20mL，重复提取一次，合并两次提取液。

（2）净化 鸡心瓶中加0.1mol/L盐酸溶液4mL，于40℃下旋转蒸发浓缩至于3mL，转至10mL离心管中。用0.1mol/L盐酸溶液2mL洗鸡心瓶，转至同一离心管中。再用正己烷3mL洗鸡心瓶，转至同一离心管中，涡旋混合30s，3000r/min离心5min，弃正己烷，取下层备用。

磺胺类兽药残留检测——提取

磺胺类兽药残留检测——净化

MCX柱依次用甲醇2mL和0.1mol/L盐酸溶液2mL活化，取备用液过柱，控制流速1mL/min。依次用0.1mol/L盐酸溶液1mL和50%甲醇-乙腈溶液2mL淋洗，用洗脱4mL洗脱，收集洗脱液于40℃氮气吹干，加0.1%甲酸-乙腈溶液1.0mL溶解残余物，滤膜过滤，供高效液相色谱测定。

3. 仪器参考条件确定

色谱柱：ODS-3 C_{18}（250mm×4.5mm，粒径5μm），或相当者。

流动相：0.1%甲酸+乙腈，梯度洗脱见表4-2。

流速：1mL/min。

柱温：30℃。

检测波长：270nm。

进样体积：100μL。

表4-2 流动相梯度洗脱条件

时间/min	0.1%甲酸/%	乙腈/%
0.0	83	17
5.0	83	17
10.0	80	20
22.3	60	40

续表

时间/min	0.1%甲酸/%	乙腈/%
22.4	10	90
30.0	10	90
31.0	83	17
48.0	83	17

4. 制作标准曲线

精密量取 10μg/mL 磺胺类药物混合标准工作液适量，用 0.1%甲酸-乙腈溶液稀释，配制成浓度为 10、50、100、250、500、2500、5000μg/mL 的混合标准系列溶液供高效液相色谱测定。以测得峰面积为纵坐标，对应的标准溶液浓度为横坐标，绘制标准曲线。求回归方程和相关系数。

5. 测定试样溶液

取试样溶液和相应的对照溶液，作单点或多点校准，按外标法，以峰面积计算。对照溶液及试样溶液中磺胺类药物响应值应在仪器检测的线性范围之内。

6. 结果计算

试样中相应的磺胺类药物的残留量按式（4-1）计算。

$$X = \frac{c \times V}{m} \tag{4-1}$$

式中　X——供试试样中相应的磺胺药物的残留量，μg/kg；
　　　c——测定样液中磺胺类药物含量，μg/mL；
　　　V——溶解残余物所用 0.1%甲酸-乙腈溶液体积，mL；
　　　m——供试试料质量，g。

计算结果需扣除空白值，测定结果用平行测定后的算术平均值表示，结果保留三位有效数字。

在线测试

项目四　任务一　在线测试

> 知识拓展

磺胺二甲嘧啶快速检测卡

一、原理

磺胺二甲嘧啶快速检测卡应用了竞争抑制免疫层析的原理，样本中的磺胺二甲嘧啶在流动的过程中与胶体金标记的特异性单克隆抗体结合，抑制了抗体和NC膜测试区（T）上磺胺二甲嘧啶-蛋白偶联物的结合。如果样本渗出液中磺胺二甲嘧啶含量大于检测限时，测试区不显颜色，结果为阳性。反之，测试区（T）显红色，结果为阴性。

二、仪器和试剂

除非另有说明，在分析中仅使用分析纯的试剂，色谱分析用水符合 GB/T 6682—2008《分析实验室用水规格和试验方法》中二级水。

实验用样品粉碎机；天平。

三、操作步骤

（1）用天平称取 2g 固体样到锥形瓶中，再加入 50℃左右去离子水到 10mL。
（2）用力振荡 3min，使充分溶解。
（3）取 2mL 样品浸提液，用冷冻离心机（4000r/min，10℃）离心 10min 去除脂肪（如没有冷冻离心机，可将样品先冷却到 10℃，再离心）。
（4）离心后用移液器彻底去除上层油。
（5）取下层脱脂液与纯净水 1∶5 稀释用于检测。

四、结果分析

（1）阴性（-）　两条紫红色条带出现。一条位于检测线（T）内，另一条位于对照线（C）内。阴性结果表明：磺胺二甲嘧啶含量在阈值（20ng/mL）以下。
（2）阳性（+）　仅对照线（C）出现一条紫红色条带，在检测线（T）内无紫红色条带出现。阳性结果表明：磺胺二甲嘧啶含量在阈值（20ng/mL）以上。
（3）无效　对照线（C）未出现紫红色条带，表明不正确的操作过程或检测卡已变质损坏。在此情况下，应再次仔细阅读说明书，并用新的检测卡重新测试。如果问题仍然存在，应立即停止使用此批号产品，并与当地供应商联系。分析结果如图 4-2 所示。

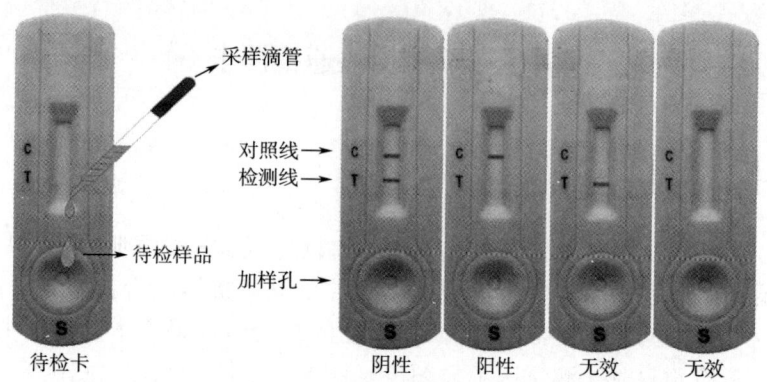

图 4-2　磺胺二甲嘧啶快速检测卡分析结果

五、结果表示

磺胺二甲嘧啶快速检测试纸卡技术指标为：尿样 20ng/mL，蜂蜜 5ng/mL，牛乳 5ng/mL，组织 5ng/mL。

注意事项：

（1）打开小包装后，请在 1h 内尽快使用，使用前注意恢复至室温。
（2）检测卡避免阳光直射。
（3）尽量不要触摸试纸片中央白色膜面。
（4）较为浑浊的尿液样本建议离心或过滤以后用于检测。
（5）滴加样品的过程在一定程度上影响产品的有效判断，因此，请务必严谨操作。
（6）滴加检测样本后，检测结果应在 3~5min 时判读，30min 后检测结果无效。

任务二　硝基呋喃类兽药残留的检测

任务导入

2019 年 2 月经国家食品药品监督管理局组织评价，认为含呋喃唑酮的复方制剂存在严重不良反应，在我国使用风险大于获益，决定自即日起停止含呋喃唑酮复方制剂在我国的生产、销售和使用，撤销药品批准证明文件。（来源：健康一线资讯）

任务要求

硝基呋喃类药物具有严重的致癌、致畸胎等毒副作用,添加会给人体造成危害。本任务要求学生按照专业水平对送检样品进行制备、预处理、检测并提供有关硝基呋喃类药物的准确、可信的数据报告。

必备知识

一、硝基呋喃类药物简介

硝基呋喃类(NFs)药物包括呋喃唑酮、呋喃西林、呋喃妥因等。硝基呋喃类药物为黄色粉末或结晶性粉末,无臭,味苦,能溶于二甲基甲酰胺,在水、乙醇或三氯甲烷中微溶,熔点253~257℃(分解)。

硝基呋喃类药物简介

硝基呋喃类药物常见的有以下 4 种:呋喃唑酮(AOZ)、呋喃它酮(AMOZ)、呋喃妥因(AHD)、呋喃西林(SEM),硝基呋喃类物质均为性质稳定的黄色粉末,无味或味微苦。呋喃唑酮几乎不溶于水和乙醇;呋喃西林难溶于水,微溶于乙醇;呋喃妥因几乎不溶于水,微溶于乙醇。硝基呋喃类原型药在生物体内代谢迅速,其代谢产物分别为 AOZ、AMOZ、AHD、SEM,和蛋白质结合而相当稳定,故常利用代谢物的检测来反应硝基呋喃类药物的残留状况。

硝基呋喃类药物因为价格较低且效果好,而广泛应用于畜禽及水产养殖业,以治疗由大肠杆菌或沙门氏菌引起的肠炎、疥疮、赤鳍病、溃疡病等。由于硝基呋喃类药物及其代谢物对人体有致癌、致畸胎副作用,个别国家已经禁止硝基呋喃类药物在畜禽及水产动物食品中使用,并严格执行对水产品中硝基呋喃的残留检测。国际食品法典委员会(CAC)、中国和欧美大多数国家规定禁止使用此类兽药,在动物性食品和饲料中不得检出。中华人民共和国农业部于 2002 年 12 月 24 日发布的公告第 235 号及于 2005 年 10 月 28 日发布的公告第 560 号,硝基呋喃类药物为饲养过程中禁止使用的药物,在动物性食品中不得检出。2010 年 3 月 22 日卫生部发布的《食品中可能违法添加的非食用物质名单(第四批)》中,明确将硝基呋喃类药物呋喃唑酮、呋喃它酮、呋喃西林、呋喃妥因列为可能违法添加的非食用物质。自此,乱使用硝基呋喃类药物成为非法行为。

硝基呋喃类原型药在生物体内代谢迅速,无法检测,但其代谢产物因和蛋白质结合而长时间稳定存在。所以一般以硝基呋喃类药物代谢物为目标分析物,来达到检测硝基呋喃类药物残留量的目的。硝基呋喃类药物残留检验方法有高效液相色谱法、液质联用法、酶联免疫法等。酶联免疫法可检测多种硝基呋喃类药物,常用于硝基呋喃类药物残留快速筛选检验。

二、检测原理

酶联免疫法的测定基础是竞争性酶联免疫反应，整个方法包括 4 种硝基呋喃代谢物残留量的检测。在酶标板微孔条上预包被偶联抗原，样品中的硝基呋喃代谢物残留经衍生化后和微孔条上预包被的偶联抗原竞争相应的抗硝基呋喃代谢物的衍生物抗体，加入酶标二抗后，用 TMB 底物显色，样本吸光值与其所含哨基呋喃代谢物残留物的含量成负相关，与标准曲线比较再乘以其对应稀释倍数，即可得出样本中硝基呋喃代谢物残留物的残留量。

SN/T 3380—2012
《出口动物源食品中硝基呋喃代谢物残留量的测定 酶联免疫吸附法》

本任务依据 SN/T 3380—2012《出口动物源食品中硝基呋喃代谢物残留量的测定 酶联免疫吸附法》操作。

任务准备

除非另有说明，本方法所用试剂均为分析纯，水为 GB/T 6682—2008《分析实验室用水规格和试验方法》规定的一级水。

1. 仪器

（1）微孔板酶标仪 波长 450nm/630nm。

（2）均质器。

（3）氮气吹干装置。

（4）振荡器。

（5）离心机 转速 4000r/min 以上。

（6）刻度移液管。

（7）天平 感量 0.01g。

（8）微量移液器 单道 20~200μL，100~1000μL，多道 250μL。

（9）洗板机。

（10）鸡心瓶 100mL。

（11）聚四氟乙烯离心管 50mL。

（12）滤膜 有机相，0.22μm。

2. 试剂

（1）甲醇。

（2）乙酸乙酯。

（3）正己烷。

（4）乙腈。

(5) 浓盐酸。

(6) 氢氧化钠。

(7) 磷酸氢二钾。

(8) 亚硝基铁氰化钾。

(9) 硫酸锌。

(10) 1mol/L 盐酸　取 8.6mL 浓 HCl 加水定容至 100mL。

(11) 0.1mol/磷酸氢二钾（K_2HPO_4）　称 22.8g $K_2HPO_4 \cdot 3H_2O$ 加去离子水溶解定容至 1L。

(12) 亚硝基铁氰化钾溶液　称 12.5g 亚硝基铁氰化钾用去离子水定容至 100mL。

(13) 硫酸锌（$ZnSO_4 \cdot 7H_2O$）溶液　称 29.8g $ZnSO_4 \cdot 7H_2O$ 用去离子水溶解定容至 100mL。

(14) 衍生化试剂（0.01mol/L 对羟基苯甲醛溶液）　15.013mg 对羟基苯甲醛用甲醇溶解并定容至 10mL。

(15) 标准品　包括 AOZ、AMOZ、SEM 和 AHD 四种标准品，纯度≥99%。

(16) 标准溶液的配制　分别准确称取适量的 AOZ、AMOZ、SEM 和 AHD 4 种标准品，用乙腈配成 1mg/mL 标准储备液，于 4~8℃ 条件下保存。

(17) 呋喃唑酮代谢物（AOZ）、呋喃它酮代谢物（AMOZ）、呋喃西林代谢物（SEM）和呋喃妥因代谢物（AHD）残留量检测试剂盒。

任务实施

1. 试样预处理

从所取全部样品中选出有代表性样品约 1kg，充分搅碎、混匀，采用四分法，将样品分成两等份，装入洁净容器，加封并做标识。

2. 试料的保存

鸡肉、猪肉、小龙虾、鱼等肉类样品放置于 -20~-18℃ 以下保存，蜂蜜和牛乳样品放置于 4~8℃ 以下保存。

3. 测定前处理

(1) 提取　肉类样品切碎，用均质器匀质样本，取（1±0.05）g 均质样本，加入 4mL 去离子水、0.5mL 1mol/L 的 HCl 和 100μL 衍生化试剂，充分振荡，置于 56℃ 环境中孵育 2h 或 37℃ 过夜孵育（约 16h）。加入 5mL 0.1mol/L 的 K_2HPO_4、0.4mL 1mol/L 的 NaOH 和 5mL 乙酸乙酯，充分振荡 5min。

蜂蜜直接取（1±0.05）g 样本到聚四氟乙烯离心管。

取 5mL 牛乳样品到玻璃离心管中，分别加入配制好的亚硝基铁氰化钾溶液和硫酸锌溶液各 250μL。用振荡器充分混合样本，用恒温离心机 4000r/min 以上离心 10min（4~12℃），取上清液备用。

(2) 净化　取 2.5mL 的乙酸乙酯到另一洁净容器中于 50℃ 氮气吹干。用 1mL 正己烷溶解干燥物，用 1mL 已稀释好的上清液充分混合，在室温下离心 10min，取 50μL 下层相用于分析。

硝基呋喃类兽药残留检测——提取　　　　　硝基呋喃类兽药残留检测——净化

4. 测定

（1）操作条件　测定温度：室温。

（2）操作步骤　将测定需要的微孔条插入框架（标准液、样液和空白分别做平行试验测定），记录标准液和样液的位置。加标准品/样本 50μL/孔到各自的微孔中，然后加酶标记物 50μL/孔，再加入 50μL/孔的抗体，用盖板膜封板，轻轻振荡混匀，25℃ 环境中反应 1h。倒出孔中液体，将酶标板倒置在吸水纸上拍打，去除孔中液体。加入 250μL/孔洗涤液，15s 后倒出孔中液体，用吸水纸拍干，如此重复操作洗板 5 次。每孔加入底物 A 液 50μL，再加入底物 B 液 50μL，轻轻振荡混匀，25℃ 环境避光显色 15min。每孔加入终止液 50μL，轻轻振荡混匀，设定酶标仪于 450nm 处（建议用双波长 450nm/630nm 检测），测定每孔吸光度。

5. 结果计算

标准品或样本的百分吸光率的含量按式（4-2）计算。

$$A = \frac{B}{B_0} \times 100\% \tag{4-2}$$

式中　A——标准品或样本的百分吸光率,%；

　　　B——标准溶液或样本溶液的平均吸光度,%；

　　　B_0——0μg/kg 标准溶液的平均吸光度,%。

计算结果保留三位有效数字。

本方法的变异系数 ≤10%。

6. 标准曲线的绘制与计算

以标准品百分吸光率为纵坐标，以硝基呋喃代谢物标准品浓度（μg/kg）的半对数为横坐标，绘制标准曲线图。将样本的百分吸光率代入标准曲线中，从标准曲线上读出样本所对应的浓度，乘以其对应的稀释倍数即为样本中硝基呋喃代谢物的实际浓度。

在线测试

项目四　任务二　在线测试

知识拓展

本方法根据 GB/T 21311—2007《动物源性食品中硝基呋喃类药物代谢物残留量检测方法高效液相色谱/串联质谱法》制定，适用于动物源性食品中硝基呋喃类的检测。

一、原理

样品经盐酸水解，邻硝基苯甲醛过夜衍生，调 pH 为 7.4，后用乙酸乙酯提取，正己烷净化。分析物采用高效液相色谱定性检测，采用内标法进行定量测定。

二、仪器和试剂

除非另有说明，在分析中仅使用分析纯的试剂，色谱分析用水符合 GB/T 6682—2008《分析实验室用水规格和试验方法》中二级水的规定。

1. 仪器和设备

（1）液相色谱串联质谱仪　配备电喷雾离子源（ESI）。

（2）组织捣碎机。

（3）分析天平　感量 0.0001g，0.01g。

（4）均质器　10000r/min。

（5）振荡器。

（6）恒温箱。

（7）pH 计　测量精度±0.02。

（8）离心机　10000r/min。

（9）氮吹仪。

（10）涡旋混合器。

（11）容量瓶　1L，100mL，10mL。

(12) 具塞塑料离心管　50mL。

(13) 刻度试管　10mL。

(14) 移液枪　5mL，1mL，100μL。

2. 试剂

(1) 甲醇　高效液相色谱级。

(2) 乙腈　高效液相色谱级。

(3) 乙酸乙酯　高效液相色谱级。

(4) 正己烷　高效液相色谱级。

(5) 浓盐酸。

(6) 氢氧化钠。

(7) 甲酸　高效液相色谱级。

(8) 邻硝基苯甲醛。

(9) 三水磷酸钾。

(10) 乙酸铵。

(11) 0.2mol/L 盐酸溶液　准确量取 17mL 浓盐酸（5），用水定容至 1L。

(12) 2.0mol/L 氢氧化钠溶液　准确称取 80g 氢氧化钠（6），用水溶解并定容至 1L。

(13) 0.1mol/L 邻硝基苯甲醛溶液　准确称取 1.5g 邻硝基苯甲醛（8），用甲醇溶解并定容至 100mL。

(14) 0.3mol/L 磷酸钾溶液　准确称取 79.893g 三水磷酸钾（9），用水溶解并定容至 1L。

(15) 乙腈饱和的正己烷　量取正己烷 80mL 于 100mL 分液漏斗中，加入适量乙腈后，剧烈振荡，待分配平衡后，弃去乙腈层即得。

(16) 0.1%甲酸水溶液（含 0.0005mol/L 乙酸铵）　准确量取 1mL 甲酸（7）和称取 0.0386g 乙酸铵（10）于 1L 容量瓶中，用水定容至 1L。

(17) 标准物质　3-氨基-2-噁唑酮、5-吗啉甲基-3-氨基-2-噁唑烷基酮、1-氨基乙内酰脲、氨基脲，纯度≥99%。

(18) 内标物质　3-氨基-2-噁唑酮的内标物，D_4-AOZ；5-吗啉甲基-3-氨基-2-噁唑烷基酮的内标物，D_3-AMOZ；1-氨基-乙内酰脲的内标物，^{13}C-AHD；氨基脲的内标物，$^{13}C^{15}N$-SEM，纯度≥99%。

(19) 标准储备液　分别准确称取适量标准品（精确至 0.0001g），用乙腈溶解，配制成浓度为 100mg/L 的标准储备溶液，-18℃ 冷冻避光保存，有效期 3 个月。

(20) 混合中间标准溶液　准确移取标准储备液（19）各 1mL 于 100mL 容量瓶中，用乙腈定容至刻度，配制成浓度为 1mg/L 的混合中间标准溶液，4℃冷藏避光保存，有效期 1 个月。

（21）混合标准工作溶液 准确移取 0.1mL 混合中间标准溶液（20）于 10mL 容量瓶中，用乙腈定容至刻度，配制成浓度为 0.01mg/L 的混合标准工作溶液，4℃冷藏避光保存，有效期 1 周。

（22）内标储备液 准确称取适量内标物质（精确至 0.0001g），用乙腈溶解，配制成浓度为 100mg/L 的内标储备液，-18℃冷冻避光保存，有效期 3 个月。

（23）中间内标标准溶液 准确移取 1mL 内标储备液（22）于 100mL 容量瓶中，用乙腈定容至刻度，配制成浓度为 1mg/L 的中间内标标准溶液，4℃冷藏避光保存，有效期 1 个月。

（24）混合内标标准溶液 准确移取中间内标标准溶液（23）各 0.1mL 于 10mL 容量瓶中，用乙腈定容至刻度，配制成浓度为 0.01mg/L 的混合内标标准溶液，4℃冷藏避光保存，有效期 1 周。

（25）微孔滤膜 0.20μm，有机相。

（26）氮气 纯度≥99.999%。

（27）氩气 纯度≥99.999%。

三、操作步骤

1. 样品制备

（1）肌肉、内脏、鱼和虾 从原始样品取出有代表性样品约 500g，用组织捣碎机混匀，均分成两份，分别装入洁净容器作为试样，密封，并标明标记。将试样置于-18℃冷冻保存。

（2）肠衣 从原始样品取出有代表性样品约 100g，用剪刀剪成边长小于 5mm 的方块，混匀均分成两份，分别装入洁净容器作为试样，密封，并标明标记。将试样置于-18℃冷冻保存。

（3）蛋 从原始样品取出有代表性样品约 500g，去壳后用组织捣碎机搅拌充分混匀，均分成两份，分别装入洁净容器作为试样，密封，并标明标记。将试样置于 4℃冷藏保存。

（4）乳和蜂蜜 从原始样品取出有代表性样品约 500g，用组织捣碎机搅拌充分混匀，均分成两份，分别装入洁净容器作为试样，密封，并标明标记。将试样置于 4℃冷藏保存。

2. 样品处理

（1）水解和衍生化

①肌肉、内脏、鱼、虾和肠衣样品，称取约 2g 试样（精确至 0.01g）于 50mL 塑料离心管中，加入 10mL 甲醇+水（1+1）振荡 10min 后，以 4000r/min 离心 5min，弃去离心液体。残留物加入 10mL 0.2mol/L 盐酸，用均质器以 10000r/min 均质 1min 后，再依次加入混合标准溶液 100μL，邻硝基苯甲醛溶液 100μL，涡动

混合30s后,再振荡30min,置37℃恒温箱过夜16h反应。

②蛋、乳和蜂蜜样品,称取约2g试样(精确至0.01g)于50mL塑料离心管中,加入10mL盐酸浸润样品,以10000r/min离心1min,再依次加入混合标准溶液100μL,邻硝基苯甲醛溶液100μL,涡动混合30s后,再振荡30min,置37℃恒温箱过夜16h反应。

(2)提取和净化 取出样品,冷却至室温,加入1mL 0.3mol/L磷酸钾,用2.0mol/L氢氧化钠调pH 7.4,再加入10mL乙酸乙酯,振荡10min后,以10000r/min离心10min,收集乙酸乙酯层。残留物用10mL乙酸乙酯再提取一次,合并乙酸乙酯层。收集液在40℃下用氮气吹干,残渣用1mL水相过0.20μm微孔滤膜后,取10μL供仪器测定。

3. 高效液相色谱条件确定

色谱柱:XTerra MS C_{18}柱,150mm×2.1mm,3.5μm,或者相当;柱温:30℃;流速:0.2mL/min;进样量:10μL;流动相及洗脱条件见表4-3。

表4-3 流动相及洗脱条件

时间/min	流动相A(乙腈)/%	流动相B(0.1%甲酸水溶液)/%
0	10	90
7.00	90	10
10.00	90	10
10.01	10	90
20.00	10	90

4. 串联质谱条件确定

毛细管电压:3,5 kV;离子源温度:120℃;去溶剂温度:350℃;锥孔气流:氮气,流速100 L/h;去溶剂气流:氮气,流速600 L/h;碰撞气:氢气,碰撞气压$2.60×10^{-4}$Pa;扫描方式:正离子扫描;检测方式:多反应监测(MRM),监测条件见表4-4。

表4-4 多反应监测(MRM)监测条件

化合物	母离子(m/z)	子离子(m/z)	驻留时间/s	锥孔电压/V	碰撞能量/eV
AMOZ	335	262	0.1	60	13
		291	0.1	60	9
D_3-AMOZ	340	296	0.1	60	9
SEM	209	166	0.1	50	8
		192	0.1	50	8

续表

化合物	母离子（m/z）	子离子（m/z）	驻留时间/s	锥孔电压/V	碰撞能量/eV
$^{13}C^{15}N$-SEM	212	168	0.1	50	8
AHD	240	104	0.1	80	15
		134[a]	0.1	80	10
^{13}C-AHD	252	134	0.1	80	10
AOZ	236	104	0.1	77	14
		134[a]	0.1	77	10
D_4-AOZ	240	134	0.1	77	10

[a] 用于定量。

5. 测定

按内标法进行定量测定。

四、结果计算

试样中硝基呋喃类药物的含量按式（4-3）进行计算。

$$X = \frac{R \times C \times V}{R_s \times m} \tag{4-3}$$

式中　X——试样中分析物的含量，$\mu g/kg$；
　　　R——样液中的分析物与内标物峰面积比值；
　　　R_s——混合基质标准溶液中的分析物与内标物峰面积比值；
　　　C——混合基质标准溶液中分析物的浓度，ng/mL。
　　　m——样品质量，g；
　　　V——样液最终定容体积，mL。
注意：计算结果需将空白值扣除。

五、结果表示

按平行测定的算术平均值表示，计算结果保留三位有效数字。

六、精密度

在重复条件下获得的两次测定结果的绝对偏差值不得超过算术平均值的10%。

任务三　四环素类兽药残留的检测

任务导入

2020 年 11 月 19 日，中华人民共和国农业农村部公告第 361 号（《兽药中非法添加四环素类药物的检查方法》等 2 项标准）中介绍了 1. 兽药中非法添加四环素类药物的检查方法；2. 兽药固体制剂中非法添加酰胺醇类药物的检查方法。（来源：中华人民共和国农业农村部公告　第361号）

任务要求

四环素类抗生素（Tetracyclines）是由放线菌产生的一类广谱抗生素，包括金霉素（Chlortetracycline）、土霉素（Oxytetracycline）、四环素（Tetracycline）及半合成衍生物甲烯土霉素、强力霉素、二甲胺基四环素等，其结构均含并四苯基本骨架。若超量添加会对人体造成不良反应。本任务要求学生按照专业水平对送检样品进行制备、预处理、检测并提供有关四环素类抗生素的准确、可信的数据报告。

必备知识

一、四环素类兽药简介

四环素类抗生素是使用最广泛、用量最大的抗生素种类之一，四环素类药物是一类经过半合成制取或者是由放线菌产生的广谱抗生素。四环素类药物可分为天然四环素和半合成四环素类，天然四环素包括四环素、土霉素、金霉素、去甲金霉素，而半合成四环素包括米诺环素、多西环素和美他环素等。四环素类抗生素在化学结构上都属于多环并四苯羧基酰胺母核的衍生物，一般能与核蛋白体结合，阻止氨酰基同核蛋白体的结合，从而起到抑菌、杀菌作用。四环素类抗生素在畜禽生产中常以高剂量使用治疗各种疾病，以低剂量使用促进畜禽生长和增产，而且大部分以粪便形式流入环境中。2003 年我国仅土霉素产量就达到 10000t，占世界土霉素生产总量的 65%。在我国，四环素、土霉素、金霉素是允许使用的，但有最高残留限量规定。如果滥用，特别是在动物宰杀前休药期不够，容易在动物体内残留，对人体健康带来危害。四环素类药物的不良反应主要是局部刺激、二重感染和对肝脏的损害等。局部刺激主要表现为胃肠道刺激症；二重感染即菌群交替症，一旦发生时必须立即停药并接受治疗；对肝脏的损害主要表现为长期大量静脉滴注或口服引起的肝损伤。另外药物贮存不当也会造成药物作用改变，如四环素在温暖条件下贮存可形成棕色黏性物，引起范可尼氏综合征。滥用四环素类抗生素，会使得病菌耐药性极大地增强以及导致人们对于抗菌药物的过度依赖。

四环素类残留检验方法主要有高效液相色谱法、质谱法及酶联免疫法。现以GB/T 21317—2007《动物源性食品中四环素类兽药残留量检测方法　液相色谱-质谱/质谱法与高效液相色谱法》为例介绍四环素的检测。

二、检测原理

试样中四环素残留用 0.1mol/L Na_2EDTA-Mcllvaine 缓冲液（pH4.0）提取，经过滤和离心后，上清液用 HLB 固相萃取柱净化，高效液相色谱仪测定，外标峰面积法定量。

GB/T 21317—2007
《动物源性食品中四环素类
兽药残留量检测方法
液相色谱-质谱/质谱法
与高效液相色谱法》

依据 GB/T 21317—2007《动物源性食品中四环素类兽药残留量检测方法　液相色谱-质谱/质谱法与高效液相色谱法》操作。本任务采用高效液相色谱法测定。

■ 任务准备

除非另有说明，本方法所用试剂均为分析纯，水为 GB/T 6682—2008《分析实验室用水规格和试验方法》规定的一级水。

1. 仪器

（1）高效液相色谱仪　配二极管阵列检测器或紫外检测器。

（2）分析天平　感量 0.1mg，0.01g。

（3）涡旋混合器。

（4）低温离心机　最高转速 5000r/min，控温范围为-40℃至室温。

（5）氮吹浓缩仪。

（6）固相萃取真空装置。

（7）pH 计，测量精度±0.002。

（8）组织捣碎仪。

（9）超声提取仪。

2. 试剂

除另有规定，本方法所使用试剂均为分析纯，水为去离子水。

（1）甲醇　色谱纯。

（2）乙腈　色谱纯。

（3）乙酸乙酯。

（4）乙二胺四乙酸二钠（Na_2EDTA·$2H_2O$）。

（5）三氟乙酸。

（6）柠檬酸。

（7）磷酸氢二钠。

（8）0.1mol/L 柠檬酸溶液　称取 21.01g 柠檬酸用水溶解，定容至 1000mL。

（9）0.2mol/L 磷酸氢二钠溶液　称取 28.41g 磷酸氢二钠，用水溶解，定容至 1000mL。

（10）Mcllvaine 缓冲溶液　将 1000mL 0.1mol/L 柠檬酸溶液与 625mL 0.2mol/L 磷酸氢二钠溶液混合，必要时用氢氧化钠或盐酸调节 pH 至 4.0。

（11）0.1mol/L Na_2EDTA-Mcllvaine 缓冲溶液　称取 60.5g 乙二胺四乙酸二钠放入 1625mL Mcllvaine 缓冲溶液中，溶解，摇匀。

（12）甲醇+水（1+19）　量取 5mL 甲醇与 95mL 水混合。

（13）甲醇+乙酸乙酯（1+9）。

（14）Oasis HLB 固相萃取柱　60mg，3mL 或相当者。使用前分别用 5mL 甲醇和 5mL 水预处理，保持柱体湿润。

（15）10mmol/L 三氟乙酸水溶液　准确吸取 0.765mL 三氟乙酸于 1000mL 容量瓶中，用水溶解并定容至刻度。

（16）甲醇+三氟乙酸水溶液（1+19）　量取 50mL 甲醇与 950mL 三氟乙酸水溶液混合。

（17）标准物质：二甲胺四环素（CAS：10118-90-8），土霉素（CAS：6153-64-6），四环素（CAS：60-54-8），去甲基金霉素（CAS：127-33-3），金霉素（CAS：57-62-5），甲烯土霉素（CAS：914-00-1），强力霉素（CAS：564-25-0），差向四环素（CAS：64-75-5），差向土霉素（CAS：35259-39-3），差向金霉素（CAS：14297-93-9），纯度均≥95%。

（18）标准储备液：准确称取按其纯度折算为 100% 质量的二甲基四环素、土霉素、四环素、去甲基金霉素、金霉素、甲烯土霉素、强力霉素、差向四环素、差向土霉素和差向金霉素各 10.0mg，分别用甲醇溶解并定容至 100 mL，浓度相当于 100 mg/L，储备液在-18℃以下贮存于棕色瓶中，可稳定 12 个月以上。

（19）混合标准工作溶液：根据需要，用甲醇+三氟乙酸水溶液（16）将标准储备液（18）配制为适当浓度的混合标准工作溶液。混合标准工作溶液应使用前配制。

任务实施

1. 试样制备

制样操作过程中应防止样品受到污染或残留物含量发生变化。

动物肌肉、肝脏、肾脏和水产品从所取全部样品中取出约 500g，用组织捣碎机充分捣碎均匀，装入清净容器中，密封，并标明标记，于-18℃以下冷冻存放。

牛乳样品从所取全部样品中取出约 500g，充分混匀，装入洁净容器中，密封，并标明标记，于-18℃以下冷冻存放。

2. 测定前处理

（1）提取　肉类样品切碎，用均质器匀质样本，取（5±0.01）g 均质样本置于聚丙烯离心管中，分别用约 20mL、20mL、10mL 0.1mol/L Na_2EDTA-Mcllvaine 缓冲溶液冰水浴超声提取三次，每次涡旋混合 1min，超声提取 10min，3000r/min 离心 5min（温度低于 15℃），合并上清液（注意控制总提取液的体积不超过 50mL），并定容至 50mL，混匀，3000r/min 离心 10min（温度低于 15℃），用快速滤纸过滤，待净化。

牛乳样品取（5±0.01）g 均质样本置于 50mL 比色管中，用 0.1mol/L Na_2EDTA-Mcllvaine 缓冲溶液溶解并定容至 50mL，涡旋混合 1min，冰水浴超声 10min，转移至 50mL 聚丙烯离心管中，冷却至 0~4℃，5000r/min 离心 10min（温度低于 15℃），用快速滤纸过滤，待净化。

（2）净化　准确吸取 10mL 提取液（相当于 1g 样品）以 1 滴/秒的速度过 HLB 固相萃取柱，待样液完全流出后，依次用 5mL 水和 5mL 甲醇+水淋洗，弃去全部流出液。2.0kPa 以下减压抽 5min，最后用 10mL 甲醇+乙酸（1+9）乙酯洗脱。将洗脱液氮吹浓缩至干（温度低于 40℃），用 0.5mL 甲醇+三氟乙酸水溶液（1+19）溶解残渣，过 0.45μm 滤膜，待测定。

3. 测定

色谱柱：InertsilC8-3，250mm×4.6mm（内径），5μm，或相当者；

流动相：甲醇+乙腈+10mmol/L 三氟乙酸，柱平衡时间 5min，洗脱梯度如表 4-5 所示。

表 4-5　分离 7 种四环素类药物的液相色谱流动相洗脱梯度

时间/min	甲醇/%	乙腈/%	10mmol/L 三氟乙酸/%
0	1	4	95
5	6	24	70
9	7	28	65
12	0	35	65
15	0	35	65

流速：1.5mL/min；

柱温：30℃；

进样量：100μL；

检测波长：350nm。

4. 计算

采用外标法定量，按式（4-4）计算四环素类兽药残留量：

$$X = \frac{A_X \times C_S \times V}{A_S \times m} \quad (4-4)$$

式中 X——样品中待测组分的含量，μg/kg；

A_X——测定液中待测组分的峰面积；

C_S——标准液中待测组分的含量，μg/L；

V——定容体积，mL；

A_S——标准液中待测组分的峰面积；

m——最终样液所代表的样品质量，g。

本方法的最低限均为 50μg/kg。

在线测试

项目四 任务三 在线测试

知识拓展

蜂王浆中四环素类抗生素残留量测定方法

一、原理

放射受体方法的基础是药物功能团与微生物受体位点的结合反应，这些位点与某一类种抗生素的共有功能团相关。应用受体的这种特异性可以实现对某一类抗生素的多残留分析。本方法，样品中残留的四环素类药物经提取、稀释后与^{3}H标记的金霉素共同竞争结合特异的受体位点。在一定温度反应后，离心分离，清除未结合的四环素类药物，最后加入闪烁液，测定^{3}H衰变发出的β粒子放射量值，每分钟计数（cpm），测得的cpm与样品中的四环素类抗生素残留量成反比。

二、仪器和试剂

除非另有说明，在分析中仅使用分析纯的试剂，色谱分析用水符合 GB/T

6682—2008《分析实验室用水规格和试验方法》中二级水的规定。

1. 仪器和设备

(1) CharmⅡ7600分析仪或相当者。

(2) 孵育器。

(3) 离心机。

(4) 均质器。

(5) 移液器 10~100μL，100~1000μL和2~10mL。

(6) 涡旋混合器。

(7) 电子天平 0.01~100g。

2. 试剂

(1) 四环素类检测试剂盒。

(2) 组织阴性对照溶液 使用时取组织阴性对照浓缩干粉，按试剂盒说明书配制成阴性对照溶液。

(3) MSU多抗标准溶液 使用时取浓缩干粉按试剂盒说明书配制成多抗生素标准溶液。

(4) 组织萃取缓冲溶液 使用时取浓缩干粉按试剂盒说明书配制成组织萃取缓冲溶液。可在2~6℃下保存2个月。

(5) M_2缓冲溶液 使用时取浓缩干粉按试剂盒说明书配制成M_2缓冲溶液。

(6) OptifluorR闪烁液。

(7) 阴性对照液 取2mL组织阴性对照溶液，加至6mL组织萃取缓冲溶液中制成阴性对照液，在室温下混匀，该对照液可在室温下保持6h以上。

(8) 阳性对照液 取0.3mL MSU多抗标准溶液，加至15mL组织阴性对照溶液中，混匀；然后从中取0.3mL混合溶液加入到6mL组织萃取缓冲溶液中制成阳性对照液（金霉素浓度4ng/mL）；在室温下混合均匀。

(9) 50%甲醇水溶液（1:1，体积比） 100mL甲醇溶解于100L水。

(10) 氢氧化钠溶液（1mol/L） 40g氢氧化钠溶解于1000mL水。

(11) pH试纸：范围5~10。

(12) 空白基样 选取确认不含有四环素族抗生素的蜂王浆，作为空白基样，用于测定当批次试剂盒的控制点。

三、操作步骤

1. 样品制备

称取10.0g蜂王浆样品置于50mL离心管中，加20mL 50%甲醇水溶液，在涡旋混合器进行混合，6000r/min离心10min，取上清液置于另一支试管中。用pH试纸测试上清液的pH，如果pH小于7.0，以1mol/L氢氧化钠溶液调pH至6.5~

7.5；然后在3300r/min条件下离心5min，上清液为待测溶液。

2. 测试

从试剂盒中取出试剂片，用试剂盒中所附压杆将白色受体药片推出到试管中，用移液器取300μL水至样品试管中，用涡旋混合器混合10s将药片打碎。加入4.5mL组织萃取缓冲液和0.5mL样品待测液；阴性和阳性对照管中则分别加入5mL阴性对照液和5mL阳性对照液。将橙色四环氚标记药片推至上述3支管中，用涡旋混合器混合10s。将试管置于（35±1）℃的孵育器保温5min。取出试管，在3300r/min条件下离心5min，立即弃去上清液，用吸水纸将测试边缘的水渍吸干。加300μL水，用试管混合器混合10s将沉淀物打碎。分别加3mL闪烁液至试管中，加盖，混匀，放置1min，在Charm Ⅱ 7600分析仪上以^{3}H频道上进行1min计数cpm。

四、结果判定

（1）控制点的确定　控制点是界定样品阴性与初筛阳性的一个界限值，对于同一批号的试剂盒，正常情况下只需测定一次控制点。控制点（金霉素10μg/kg，相对应四环素10μg/kg、土霉素10μg/kg、强力霉素10μg/kg）设置如下：称取10.0g空白基样蜂王浆，加入100μL LMSU多抗标准溶液；先前处理后测试。取6个加标样品平行测试的cpm读数平均值，乘以系数1.1作为筛选测定的控制点，还可以根据所需的筛选水平重新设置相应的控制点。

（2）结果判定　当样品测定cpm值大于控制点，可判定为样品"阴性"，即样品中四环素类抗生素残留小于筛选水平；若测定cpm值小于或等于控制点，应判定为阳性，应使用仪器方法进一步确证分析。

任务四　氟喹诺酮类兽药残留的检测

任务导入

2016年7月26日，美国食品药品管理局批准了氟喹诺酮类抗菌药产品标签，限制在普通细菌感染治疗中使用该药物，强化该药物副作用的警示。食品药品管理局官员表示，医务人员和患者都必须了解该药物的风险，慎重使用。氟喹诺酮类抗菌药是处理一些严重细菌感染时的有效药物，但是，美国食品药品管理局对该药品的安全性审查发现，无论是口服类氟喹诺酮还是注射类氟喹诺酮，都能带来肌肉、关节、神经和中枢神经系统的失能或致残副作用，这些副作用在用药后数小时直至数周后出现，有些副作用可能是不可恢复的。在急性鼻窦炎、慢性支气管炎和尿路感染中使用这类药物，药物副作用的风险一般要高于药物治疗效果。

食品药品管理局只建议在如炭疽、鼠疫等严重细菌感染时，且无其他选择的情况下使用这类药物。（来源：中华人民共和国商务部官网）

■ 任务要求

氟喹诺酮属于喹诺酮类，又称吡啶酮酸类，属化学合成抗菌药。随着氟喹诺酮类药物的广泛应用，细菌耐药和不良反应也相继发生。本任务要求学生按照专业水平对送检样品进行制备、预处理、检测并提供有关氟喹诺酮类兽药的准确、可信的数据报告。

■ 必备知识

一、氟喹诺酮类兽药简介

喹诺酮类抗菌药（Quinolones，QNs）是14-二氢-4-吡啶酮-3-羧酸衍生物的抗菌药，其中氟喹诺酮（Fuoroquijnolones，FQs）是第三代喹诺酮类药物，也是近20年来研究最多、发展最快的一类合成广谱抗生素，具有抗菌谱广、高效、低毒、组织穿透力强等特点。喹诺酮类和其他抗菌药的作用点不同，它们以细菌的脱氧核糖核酸（DNA）为靶，对细菌显示选择性毒性。

氟喹诺酮类兽药简介

当前，一些细菌对许多抗生素的耐药性可因质粒传导而广泛分布，而该类药物则不受质粒传导耐药性的影响，因此，该类药物与许多抗菌药物间无交叉耐药性，目前已广泛应用于畜牧渔养殖业中。目前已有10余种FQs药物投放市场，还有近50种正在开发中，已批准用于动物的FQs药物包括诺氟沙星（NOR）、恩诺沙星（ENR）、沙拉沙星（SAR）、单诺沙星（DAN）、环丙沙星（CIP）、双氟沙星（DIF）、氧氟沙星（OFL）和麻保沙星（MAR）。FQs抗菌药为人畜共用药，动物体内药物残留通过食物链，可对人类直接产生危害，还可以诱导人类致病菌产生耐药性，不利于该类药物对人类疾病的治疗。世界各国十分重视FQs类抗菌药在动物性食品中的残留问题，对常用FQ药物制定了相应的残留限量标准，由于FQs类抗菌药品种多，同时检测多种有利于高效、快速地控制产品质量安全。因此建立高效灵敏的FQs药物多残留检测方法是研究的热点和趋势。

二、检测原理

基于抗原抗体反应进行竞争性抑制测定。酶标板的微孔包被有偶联抗原，加标准品或待测样品，再加氟喹诺酮类药物单克隆抗体和酶标记物。包被抗原与加入的标准品或待测样品竞争抗体，酶标记物与抗体结合。通过洗涤除去游离的抗原、抗体及抗原抗体复合物。加底物液，使结合到板上的酶标记物将底物转化为有色产物。加终止液，在450nm处测定吸光度，根据吸光度计算氟喹诺酮类药物的浓度。

本任务依据农业部1025号公告-8-2008《动物性食品中氟喹诺酮类药物残留检测　酶联免疫吸附法》操作。

农业部1025号
公告-8-2008
《动物性食品中氟喹诺酮类药物残留检测酶联免疫吸附法》

任务准备

除非另有说明，本方法所用试剂均为分析纯，水为GB/T 6682—2008《分析实验室用水规格和试验方法》规定的一级水。

1. 仪器

（1）微孔板酶标仪　波长450nm/630nm，配备450nm滤光片。

（2）氮气吹干装置。

（3）均质器。

（4）振荡器。

（5）涡旋仪。

（6）天平　感量0.01g。

（7）微量移液器　单道20~200μL，100~1000μL，多道250μL。

（8）离心机。

2. 试剂

（1）乙腈。

（2）正己烷。

（3）二氟甲烷。

（4）氢氧化钠。

（5）十二水合磷酸氢二钠。

（6）二水合磷酸二氢钠。

（7）氟喹诺酮快速检测试剂盒　2~8℃冰箱中保存。

（8）2倍浓缩缓冲液。

（9）20倍浓缩缓冲液。

（10）缓冲液工作液　用水将2倍浓缩缓冲液按1∶1体积比进行稀释（1份2倍浓缩缓冲液+1份水），用于溶解干燥的残留物。4℃保存，有效期1个月。

（11）洗涤液工作液　用水将20倍浓缩洗涤液按1∶19体积比进行稀释（1份20倍浓缩洗涤液+19份水），用于酶标记板的洗涤。4℃保存，有效期1个月。

（12）0.1mol/L氢氧化钠溶液　称取0.4g氢氧化钠加水溶解稀释至100mL。

（13）乙腈-0.1mol/L氢氧化钠溶液（84∶16，体积比）　取乙腈84mL加到0.1mol/L氢氧化钠溶液16mL中混合均匀。

（14）乙腈-0.1mol/L 氢氧化钠溶液（50∶10，体积比） 取乙腈 50mL 加到 0.1mol/L 氢氧化钠溶液 10mL 中混合均匀。

（15）磷酸盐缓冲液（0.02mol/L，pH 7.2） 取 5.16g 十二水合磷酸氢二钠和 0.87g 二水合磷酸二氢钠加水溶解稀释至 1L。

（16）磷酸盐缓冲液（0.05mol/L，pH 7.2） 称取 12.9g 十二水磷酸氢二钠和 2.18g 二水磷酸二氢钠加水溶解定容至 1L。

（17）氟喹诺酮类标准系列溶液 0、1、3、9、27、81μg/L。

（18）氟喹诺酮类药物抗体工作液。

（19）酶标记物工作液。

（20）底物液 A 液。

（21）底物液 B 液。

（22）终止液。

任务实施

1. 试样制备

（1）取制备后的供试样品，作为供试试料。

（2）取制备后的空白样品，作为空白试料。

（3）取制备后的空白样品，添加适宜浓度的标准溶液作为空白添加试料。

2. 保存试料

鸡肉、猪肉、小龙虾、鱼等肉类样品放置于 $-20 \sim -18℃$ 以下保存，蜂蜜和牛乳样品放置于 $4 \sim 8℃$ 以下保存。

3. 测定前处理

（1）提取

①鸡肌肉、鸡肝脏、猪肌肉、猪肝脏前处理过程：称取（3±0.03）g 试样于 50mL 离心管中，加乙腈-0.1mol/L 氢氧化钠溶液（84∶16，体积比）9mL，振荡混合 10min，4000r/min 离心 10min；移取上清液 4mL 于 50mL 离心管中，加 0.02mol/L 磷酸盐缓冲液 4mL，再加二氯甲烷 8mL，振荡 10min，4000r/min 离心 10min，取下层有机相 6mL 于 10mL 试管中，于 50℃水浴下氮气吹干；加缓冲液工作液 0.5mL，涡旋 2min 溶解残留物，加正己烷 1mL，涡旋 2min，4000r/min 离心 5min；取下层清液 50μL 分析。稀释倍数为 0.8 倍。

氟喹诺酮类兽药残留检测——提取

②蜂蜜前处理过程：称取（1±0.02）g 试样于 50mL 离心管中，加 0.05mol/L 磷酸盐缓冲液 2mL，用振荡器振荡至蜂蜜全部溶解；加二氯甲烷 8mL，振荡 5min，4000r/min 离心 5min；取下层有机相 4mL 于 10mL 玻璃试管中，于 50℃下氮气吹干；用 0.05mol/L 磷酸盐缓冲液 1mL 溶解干燥的残留物，取 50μL 分析。稀释倍数为 2 倍。

③鸡蛋前处理过程：称取（2±0.02）g 试样于 15mL 离心管中，加乙腈 8mL，振荡 5min，4000r/min 离心 5min；取上清液 2mL 至 10mL 离心管中，50℃下氮气吹干；加正己烷 1mL，涡旋 1min；加缓冲液工作液 1mL，涡旋 2min，4000r/min 离心 5min；取下层清液 50μL 分析。稀释倍数为 2 倍。

④虾、鱼前处理过程：称取（4±0.04）g 试样于 50mL 离心管中，加乙腈 - 0.1mol/L 氢氧化钠溶液 12mL，振荡 5min，4000r/min 离心 5min；取上清液 6mL，加 0.02mol/L 磷酸盐缓冲液 6mL，再加二氯甲烷 7mL，振荡 5min。4000r/min 离心 5min；取下层有机相 6mL 于 10mL 离心管中，于 50℃下氮气吹干；加 0.02mol/L 磷酸盐缓冲液 0.5mL，涡旋 2min，加正己烷 1mL，涡旋 30s，4000r/min 离心 5min；取下层清液 50μL 分析。稀释倍数为 0.5 倍。

（2）净化　取 2.5mL 的乙酸乙酯到另一洁净容器中于 50℃氮气吹干。用 1mL 正己烷溶解干燥物，用 1mL 已稀释好的复溶液充分混合，在室温下离心 10min，取 50μL 下层相用于分析。

氟喹诺酮类兽药残留检测——净化原理

4. 测定

（1）使用前将试剂盒在室温（19~25℃）下放置 1~2h。

（2）按每个标准溶液和试样溶液至少两个平行，计算所需酶标记板条的数量，插入板架。

（3）加系列标准溶液或试样液 50μL 到对应的微孔中，加酶标记物工作液 50μL/孔，再加喹诺酮类药物抗体工作液 50μL/孔，轻轻振荡混匀，用盖板膜盖板后置室温下避光反应 60min。

（4）倒出孔中液体，将酶标记板倒置在吸水纸上拍打，以保证完全除去孔中的液体，加 250μL 洗涤液工作液至每个孔中，5s 后再倒掉孔中液体，将酶标记板倒置在吸水纸上拍打，以保证完全除去孔中的液体。再加 250μL 洗涤工作液，重复操作两遍以上（或用洗板机洗涤）。

（5）每孔加入底物液 A 液 50μL 和底物液 B 液 50μL，轻轻振荡混匀，用盖板膜盖板后置室温下避光环境中反应 30min。

（6）每孔加 50μL 终止液，轻轻振荡混匀，置酶标仪于 450nm 处测量吸光度值。

5. 计算

用所获得的标准溶液和试样溶液吸光度的比值（按式 4-5）进行计算。

$$A = \frac{B}{B_0} \times 100\% \quad (4-5)$$

式中　A——相对吸光度，%；

　　　B——标准溶液或样本溶液的吸光度，%；

　　　B_0——空白（浓度为 0 的标准溶液）的吸光度，%；

将计算的相对吸光度（%）对应氟喹诺酮类药物标准品浓度（μg/L）的自然

对数作半对数坐标系统曲线图，对应的试样浓度可从校正曲线算出。方法筛选结果为阳性的样品，需要用确证方法确证。

6. 确保精密度

本方法的批内变异系数≤45%，批间变异系数≤45%。

在线测试

项目四　任务四　在线测试

知识拓展

本方法根据农业部 1025 号公告-14-2008《动物性食品中氟喹诺酮类药物残留检测　高效液相色谱法》测定。

一、原理

用磷酸盐缓冲溶液提取试料中的药物，C_{18} 柱净化，流动相洗脱。以磷酸-乙腈为流动相，用高效液相色谱-荧光检测法测定，外标法定量。

二、仪器和试剂

除非另有说明，在分析中仅使用分析纯的试剂，色谱分析用水符合 GB/T 6682—2008《分析实验室用水规格和试验方法》中二级水的规定。

1. 仪器和设备

（1）高效液相色谱仪（配荧光检测器）。

（2）天平　感量 0.01g。

（3）分析天平　感量 0.00001g。

（4）振荡器。

（5）组织匀浆机。

（6）离心机。

（7）匀浆杯　30mL。

（8）离心管　50mL。

（9）固相萃取柱　C_{18} 柱（100mg/mL）。

(10) 微孔滤膜（0.45μm）。

2. 试剂

以下所用的试剂，除特别注明者外均为分析纯试剂；水为符合 GB/T 6682—2008《分析实验室用水规格和试验方法》规定的二级水。

(1) 达氟沙星　含达氟沙星不得少于 99.0%。
(2) 恩诺沙星　含恩诺沙星不得少于 99.0%。
(3) 环丙沙星　含环丙沙星不得少于 99.0%。
(4) 沙拉沙星　含沙拉沙星不得少于 99.0%。
(5) 磷酸。
(6) 氢氧化钠。
(7) 乙腈　色谱纯。
(8) 甲醇。
(9) 三乙胺。
(10) 磷酸二氢钾。
(11) 5.0mol/L 氢氧化钠溶液　取氢氧化钠饱和液 28mL，加水稀释至 100mL。
(12) 0.03mol/L 氢氧化钠溶液　取 5.0mol/L 氢氧化钠液 0.6mL，加水稀释至 100mL。
(13) 0.05mol/L 磷酸/三乙胺溶液　以浓磷酸 3.4mL，加水稀释至 1000mL。用三乙胺调节 pH 至 2.4。
(14) 磷酸盐缓冲溶液　取磷酸二氢钾 6.8g，加水使溶解并稀释至 500mL，用 5.0mol/L 氢氧化钠溶液调节 pH 至 7.0。
(15) 达氟沙星、恩诺沙星、环丙沙星和沙拉沙星标准储备液　分别取达氟沙星对照品约 10mg，恩诺沙星、环丙沙星和沙拉沙星对照品各约 50mg，精密称定，用 0.03mol/L 氢氧化钠溶液溶解并稀释成浓度为 0.2mg/mL（达氟沙星）和 1mg/mL（恩诺沙星、环丙沙星、沙拉沙星）的标准储备液。置于 2~8℃ 冰箱中保存，有效期为 3 个月。
(16) 达氟沙星、恩诺沙星、环丙沙星和沙拉沙星标准工作液　准确量取适量标准储备液用乙腈稀释成适宜浓度的达氟沙星、恩诺沙星、环丙沙星和沙拉沙星标准工作液。置于 2~8℃ 冰箱中保存，有效期为一周。

三、操作步骤

1. 试料制备

取绞碎后的供试样品，作为供试试料；取绞碎后的空白样品，作为空白试料；取绞碎后的空白样品，添加适宜浓度的标准工作液，作为空白添加试料。

取（2±0.05）g 试料，置 30mL 匀浆杯中，加磷酸盐缓冲溶液 10.0mL，

10000r/min 匀浆 1min。匀浆液转入离心管中，中速振荡 5min，离心（肌肉、脂肪 10000r/min 5min；肝、肾 15000r/min 10min）。取上清液，待用。用磷酸盐缓冲溶液 10.0mL 洗刀头及匀浆杯，转入离心管，洗残渣，混匀，中速振荡 5min，离心（肌肉、脂肪 10000r/min 5min；肝、肾 15000r/min 10min）。合并两次上清液，混匀，备用。

2. 净化

固相萃取柱先依次用甲醇、磷酸盐缓冲溶液各 2mL 预洗。取上清液 5.0mL 过柱，用水 1mL 淋洗，挤干。用流动相 1.0mL 洗脱，挤干，收集洗脱液。经滤膜过滤后作为试样溶液，供高效液相色谱法测定。

3. 制备标准曲线

准确量取适量达氟沙星、恩诺沙星、环丙沙星和沙拉沙星标准工作液，用流动相稀释成浓度分别为 0.005，0.01，0.05，0.1，0.3，0.5μg/mL 的对照溶液，供高效液相色谱分析。

四、测定

色谱柱：C_{18} 柱 250mm×4.6mm（内径），粒径 5μm，或相当者；

流动相：0.05mol/L 磷酸/三乙胺溶液-乙腈（82+18，体积比），使用前经微孔滤膜过滤；

流速：0.8mL/min；

检测波长：激发波长 280nm；发射波长 450nm；

柱温：室温；

进样量：20μL。

五、结果计算和表述

取试样溶液和相应的对照溶液，作单点或多点校准，按外标法以峰面积计算，见式（4-6）。

$$X = \frac{AC_S V_1 V_3}{A_S V_2 M} \tag{4-6}$$

式中 X——试料中达氟沙星、恩诺沙星、环丙沙星和沙拉沙星的残留量，ng/g；

A——试样溶液中相应药物的峰面积；

A_S——对照溶液中相应药物的峰面积；

C_S——对照溶液中相应药物的浓度，ng/mL；

V_1——提取用磷酸盐缓冲液的总体积，mL；

V_2——过 C_{18} 固相萃取柱所用备用液体体积，mL；

V_3——洗脱用流动相体积，mL；
M——供试试料的质量，g。

注意：计算结果需扣除空白值，测定结果用平行测定的算术平均值表示，保留三位有效数字。

项目五

食品添加剂检测

知识目标

1. 了解食品添加剂种类、应用特性、安全特性及检测方法;

2. 理解食品添加剂(防腐剂、护色剂、抗氧化剂、甜味剂、漂白剂和着色剂)检测的原理。

能力目标

1. 掌握标准溶液配制方法;

2. 熟练操作氮吹仪、离心机、固相萃取仪、气相色谱、高效液相色谱等前处理设备及大型分析仪器,并能熟练操作相关的虚拟仿真软件;

3. 能独立完成食品添加剂(防腐剂、护色剂、抗氧化剂、甜味剂、漂白剂和着色剂)的项目检测;

4. 能够规范填写原始数据记录单。

素质目标

1. 具有质量意识、环保意识、安全意识、集体意识和团队合作精神;

2. 具备严格执行相关法律法规、吃苦耐劳、敬业奉献的职业素质;

3. 具有食品安全检测要求的科学求实、公平公正、程序规范、严守秘密、依法检测的品质;

4. 树立通过食品添加剂检测来保障人民群众生命安全的责任担当和服务意识;

5. 树立对我国食品添加剂发展历程和相关标准的正确认识,增强民族自豪感;

6. 具备食品添加剂新种类或新来源的开发意识,提升在工作中的创新精神;

7. 坚定通过科技发展打破食品技术性贸易壁垒的自立自强信念。

随着物质水平的不断提高、生活节奏的逐渐加快,以及人民对美好生活的日益向往,人们对食品的品质及其便利性提出了更高的要求。而食品添加剂在食品加工过程中起着重要的作用。

一、食品添加剂的定义

世界各个国家以及一些国际组织都对食品添加剂做出了定义。美国规定：食品添加剂是由于生产、加工、贮存或包装而存在于食品中的物质或物质的混合物，而不是基本的食品成分。日本规定：食品添加剂是指在食品制造过程中，即食品加工中为了保存的目的加入食品，使之混合、浸润及其他目的而使用的物质。欧盟规定：食品添加剂是指在食品制造、加工、准备、处理、包装、运输或贮藏过程中加入到食品中，直接或间接地成为食品的组成成分。其本身不构成食品的特性成分，并且本身不能被当作食品消费的物质。食品法典委员会（CAC）规定：食品添加剂是指本身不作为食品消费，也不是食品特有成分的任何物质，而不管其有无营养价值，它们在食品的生产、加工、调制、处理、装填、包装、运输、贮存等过程中，由于技术（包括感官）的目的，有意加入食品中或者预期这些物质或其副产物会成为（直接或间接）食品中的一部分，或者改善食品的性质。它不包括污染物或者为保持、提高食品营养价值而加入食品中的物质。

我国结合实际国情，在《中华人民共和国食品安全法》及GB 2760—2014《食品安全国家标准　食品添加剂使用标准》中均对食品添加剂做出了规定：食品添加剂，指为了改善食品品质和色、香、味，以及为防腐、保鲜和加工工艺的需要而加入食品中的人工合成或者天然物质。食品用香料、营养强化剂、胶基糖果中基础剂物质、食品工业用加工助剂也包括在内。

需要指出的是，从狭义的角度讲，食品添加剂和食品配料是互无交集的两个概念。根据目前的习惯，食品配料的定义概括为：其生产和使用不列入食品添加剂管理的，其相对用量较大，而在这个范围内使用或食用被认为是安全的食品添加物。如加入到食品中的淀粉、蔗糖、食盐等物料，就属于食品配料。从广义的角度讲，食品配料是指加入到食品中的所有添加物（包括食品添加剂在内），需要在食品的标签配料项内列出。

二、食品添加剂的分类

（1）按照来源划分　食品添加剂可以分为天然食品添加剂和化学合成食品添加剂两大类。天然食品添加剂是指利用动植物或微生物的代谢产物等为原料，经提取所获得的天然物质。化学合成食品添加剂是指利用氧化、还原、缩合、聚合、成盐等各种化学反应制备的物质，其中又可分为一般化学合成品与人工合成天然等同物。

（2）按照安全性评价等级划分　通常可以把食品添加剂分为A、B、C三类，每类再细分为两类。此分类方式是食品添加剂法典委员会（CCFA）在 FAO/WHO 食品添加剂联合专家委员会（JECFA）讨论的基础上确定的。

A 类——JECFA 已制定人体每日允许摄入量（ADI）和暂定 ADI 者，其中：

A1 类：经 JECFA 评价认为毒理学资料清楚，已制定出 ADI 值或者认为毒性有限，无需规定 ADI 值者；

A2 类：JECFA 已制定暂定 ADI 值，但毒理学资料不够完善，暂时许可用于食品者。

B 类——JECFA 曾进行过安全性评价，但未建立 ADI 值，或者未进行过安全性评价者，其中：

B1 类：JECFA 曾进行过评价，因毒理学资料不足未制定 ADI 者；

B2 类：JECFA 未进行过评价者。

C 类——JECFA 认为在食品中使用不安全或应该严格限制作为某些食品的特殊用途者，其中：

C1 类：JECFA 根据毒理学资料认为在食品中使用不安全者；

C2 类：JECFA 认为应严格限制在某些食品中作特殊应用者。

需要注意的是，某一个食品添加剂的安全性评价等级分类不是一成不变的。随着毒理学及评价技术的不断发展，一些食品添加剂的安全性不可避免地会发生变化。例如，溴酸钾曾作为面粉处理剂使用，但 1992 年经 JECFA 评价，确认其具有致癌性和遗传毒性，遂撤销其每日允许摄入量（ADI），各个国家也相继禁用溴酸钾作为面粉处理剂。因此，应随时注意有关食品添加剂安全性评价分类的最新进展和变化。

（3）按照作用功能划分　不同国家、地区和国际组织对食品添加剂的分类略有差异。我国将食品添加剂分为 23 类：酸度调节剂、抗结剂、消泡剂、抗氧化剂、漂白剂、膨松剂、胶基糖果中基础剂物质、着色剂、护色剂、乳化剂、酶制剂、增味剂、面粉处理剂、被膜剂、水分保持剂、营养强化剂、防腐剂、稳定剂和凝固剂、甜味剂、增稠剂、食品用香料、食品工业用加工助剂、其他。

三、食品添加剂的使用原则

随着科研水平和食品工业的迅猛发展，食品添加剂种类和数量不断增多，这就对食品添加剂的使用原则提出了更高要求，以保障消费者的健康不受侵害。

（1）我国对食品添加剂使用的基本原则　GB 2760—2014《食品安全国家标准 食品添加剂使用标准》中规定，食品添加剂使用时应符合以下基本要求。

①不应对人体产生任何健康危害；

②不应掩盖食品腐败变质；

③不应掩盖食品本身或加工过程中的质量缺陷或以掺杂、掺假、伪造为目的

而使用食品添加剂；

④不应降低食品本身的营养价值；

⑤在达到预期效果的前提下尽可能降低在食品中的使用量。

同时，GB 2760—2014《食品安全国家标准 食品添加剂使用标准》中还规定，在下列情况下可使用食品添加剂。

①保持或提高食品本身的营养价值；

②作为某些特殊膳食用食品的必要配料或成分；

③提高食品的质量和稳定性，改进其感官特性；

④便于食品的生产、加工、包装、运输或者贮藏。

(2) 除了我国，其他国家、地区和组织也对食品添加剂的使用原则进行了规定，其中食品法典委员会（CAC）第九次会议通过了《使用食品添加剂的总原则》，主要内容如下。

所有食品添加剂无论已经使用还是准备使用，都应经过或需要经过适当的毒理学试验评估。该毒理学评估除了一般项目外还应包括添加剂使用时的蓄积、协同及增强效应。

只有那些根据现有依据可以进行评价并证实在其拟使用量范围内不会对消费者健康产生危害的食品添加剂，方可获得批准。

应当对所有食品添加剂进行持续的监测。必要时，应根据使用条件的变化和新的科学资料对其进行重新评估。

食品添加剂应符合已批准的规格，如食品法典委员会推荐的添加剂特性和纯度规格。

食品添加剂应满足下述①~④中的一种或多种用途，或在经济和技术上没有其他办法实现这些用途，并证实不会危害消费者健康的情况下方可使用。

①为了保持营养质量，只有在②所表述的情况下以及日常的饮食中该食品不是主要的食物时，才允许有意减少食品营养质量。

②为具有特定膳食需要的消费群体加工食品而必须使用的配料或成分。

③为了提高食品的质量或稳定性，或者改进其感官特性，但不得以此改变食品的本质、内容或者质量而欺骗消费者。

④为了便于食品的生产、加工、制作、处理、包装、运输或者贮藏，但不得借助添加剂以掩盖在上述过程中因不合乎要求（包括不卫生）的操作或技术而产生的后果。

在认真考虑了以下几点时，可以批准或暂时批准将一类食品添加剂列入参考清单或食品标准中。

①限定于特定的食品，规定特定的条件和特定的目的。

②将达到预期效果所需要的使用量降至最低。

③全面考虑了食品添加剂规定的每日允许摄入量，或类似的估计摄入量，以

及每日从所有来源可能的摄入量。当食品添加剂用于特定消费群体的食品时，应考虑此类消费者对该食品添加剂每日可能的摄入量。

四、食品添加剂的安全性与评价

（一）食品添加剂的安全性

食品添加剂是在食品加工制造过程中具有某些特殊作用和效果的物质。这些物质成为食品添加剂的过程，恰恰是人们生活经验总结积累的过程，以及化学分析和毒理学等科学技术发展的过程。早期的食品工业曾将大量的人工合成食品添加剂应用于食品中，但很快人们便发现这些人工合成的物质给人类的健康带来了很大危害。20世纪初，人们开始重视食品添加剂的可能危害，逐渐开始盛行"食品安全化运动"和"消费者运动等"，主张禁止使用食品添加剂。为了进一步保障食品安全，规范食品添加剂的安全性评价与质量标准，世界各国都加强了对食品添加剂的科学管理。一方面，禁用已经确认对人体有害，对动物致畸、致癌，并有可能危害人类健康的添加剂品种；另一方面，对安全性存疑的添加剂品种继续进行更严格的毒理学检验以确定其是否可用、许可使用范围、最大使用量与残留量，以及其质量标准、分析检验方法等；此外，还会严格控制食品添加剂的生产、销售和使用。GB 2760—2014《食品安全国家标准　食品添加剂使用标准》中准许使用的食品添加剂均已经过或必须经过严格的毒理学试验和一定的安全性评价才许可使用，可以认为，在现有的科学技术水平下，我们已经将食品添加剂的使用控制在了安全合理的范围内。

（二）食品添加剂的安全风险评估

食品添加剂安全性评价及使用限量标准，是建立在食品添加剂的风险评估和毒理学评价基础上的。对某一种或某一组食品添加剂来说，其制定标准的一般程序如下。

（1）根据动物毒性实验确定最大无作用剂量或无作用剂量。

最大无作用剂量是指机体长期摄入受试物（添加剂）而无任何中毒表现的每日最大摄入剂量，单位 mg/kg 体重，缩写 MNL。

（2）将动物实验所得到的数据用于人体时，由于存在个体和种系差异，故应定出一个合理的安全系数。一般安全系数的确定，可根据动物毒性实验的剂量缩小若干倍来确定。通常情况下，安全系数定为100倍。

（3）从动物实验的结果确定实验人体每日允许摄入量。

以体重为基础来表示的人体每日允许摄入量，即指每日能够从食物中摄入的量，此量根据现有已知的事实，即使终身持续摄取，也不会显示出危害特性，缩写 ADI，单位为 mg/kg 体重。

（4）将每日允许摄入量（ADI）乘以平均体重即可求得每人每天允许摄入总

量（A）。

（5）有了该物质每日允许摄入总量（A）之后，还要根据人群的膳食调查，搞清膳食中含有该物质的各种食品的每日摄食量（C），然后即可分别算出其中每种食品含有该物质的最高允许量（D）。

（6）根据该物质在食品中的最高允许量（D）制定出该种添加剂在每种食品中的最大使用量（或残留量）（E）。在某种情况下，二者可以吻合，但为了人体安全起见，原则上总是希望食品中的最大使用量（或残留量）标准低于最高允许量，具体要按照其毒性及使用实际情况确定。

五、食品添加剂非法使用导致的食品安全问题

目前，致病微生物引起的食源性疾病才是头号食品安全问题，其次是营养缺乏、营养过剩等食物营养问题，第三是环境污染导致的有毒、有害食品，第四是食品中天然毒物的误食，最后才是食品添加剂。

而食品添加剂引起的食品安全问题也主要是因为食品添加剂的违规使用引起的。在国内外都曾发生一些食品制造者为了达到欺骗消费者、推销产品、谋取经济利益的目的，使用非食品添加剂物质加工食品的事件，或者用食品添加剂掩盖质量低劣或腐败变质食品的事件，超标甚至超范围使用食品添加剂的事件等。相比于急性毒性而言，食品添加剂的滥用往往更容易引起慢性中毒、变态反应及遗传毒性，具有隐蔽性强、难以溯源、危害性大等特点。

为了更好地对食品中添加剂的使用量和残留量进行监督管理，更好地保障人民群众的生命健康安全，学习各种食品添加剂的检测方法具有重要意义。

任务一　防腐剂——苯甲酸和山梨酸的检测

任务导入

某饮料加工厂，为保证其生产的商品符合 GB 7101—2015《食品安全国家标准　饮料》中的相关规定，每日都会按批次对成品进行例行抽检。抽检样品送往理化测试中心，测定苯甲酸和山梨酸含量是检测工作中的一项，检测员需按照 GB 5009.28—2016《食品安全国家标准　食品中苯甲酸、山梨酸和糖精钠的测定》第一法中的规定完成检测工作。

任务要求

根据 GB 5009.28—2016《食品安全国家标准　食品中苯甲酸、山梨酸和糖精钠的测定》第一法中的规定，完成实验设计和实验准备工作。然后按照操作规范

要求,完成试样制备、试样提取、标准曲线制作、试样溶液测定、结果计算与分析工作。实验完成后,出具一份反映样品中苯甲酸和山梨酸含量及产品合格与否的检测报告。

必备知识

一、食品防腐剂的简介

食品防腐剂是指一类加入食品中能防止或延缓食品腐败的食品添加剂,其本质是具有抑制微生物增殖或杀死微生物作用的一类化合物。狭义的食品防腐剂主要指苯甲酸、山梨酸、链球菌素等直接加入食品的化学物质;广义的防腐剂还包括具有保藏作用的食盐、醋等物质,以及消毒剂等在食品贮藏和加工过程中使用但并未直接加入到食品中的物质。

食品防腐剂具备如下特征:性质稳定,在一定的时间内有效;使用过程中或分解后无毒,不阻碍胃肠道酶类的正常作用,也不影响肠道正常菌群的活动;在较低浓度下有抑菌或杀菌作用;本身无刺激味和异味;使用方便等。

食品防腐剂的分类较为复杂,依来源可分为天然(植物、动物和微生物来源)和合成的。化学防腐剂又可分为有机防腐剂(如苯甲酸及其盐类、山梨酸及其盐类、乳酸等)和无机防腐剂(如二氧化碳、硝酸盐和亚硝酸盐类、二氧化硫和亚硫酸盐类等)。按其作用的对象不同,习惯性分为抑菌剂、防霉剂、果蔬保鲜剂等。

目前,我国大量使用的食品防腐剂有:苯甲酸及其盐类、山梨酸及其盐类、对羟基苯甲酸酯类等化学合成防腐剂。

二、苯甲酸及其盐类的简介

苯甲酸及其盐类是最常用的防腐剂之一,属于酸型防腐剂。苯甲酸,别名安息香酸,分子式 $C_7H_6O_2$,相对分子质量 122.12;苯甲酸钠,别名安息香酸钠,分子式 $C_7H_5O_2Na$,相对分子质量 144.11。

性状与性能:苯甲酸为白色有荧光的鳞片状或针状结晶,质轻无味或微有安息香或苯甲醛的气味。化学性质稳定,有吸湿性,在常温下难溶于水,微溶于热水,25%饱和水溶液的 pH 为 2.8,溶于乙醇、氯仿、乙醚、丙酮、二氧化碳和挥发性及非挥发性油中。

苯甲酸钠为白色颗粒或晶体粉末,无臭或微带安息香气味,味微甜,有收敛性,在空气中稳定,极易溶于水,其水溶液 pH 为 8,溶于乙醇。

苯甲酸难溶于水,不利于其在食品中的使用,因而在食品生产中常用其钠盐。

苯甲酸类防腐剂是以其未离解的分子发挥抑菌作用的，它们的抗菌有效性依赖于食品的pH。在低pH环境中，苯甲酸对许多微生物有抑制作用。pH为3.5时，0.05%的溶液能完全抑制酵母菌生长，0.125%的溶液在1h内可杀死葡萄球菌和其他菌；pH为4.5时，对一般菌类的抑制最小质量分数约为0.1%；pH为5时，即使5%的溶液，杀菌效果也不可靠；在碱性介质中则失去杀菌、抑菌作用。通常，其防腐的最适pH为2.5~4.0。

苯甲酸对酵母菌、部分细菌效果很好，对霉菌的效果差一些，但在允许使用的最大范围内，在pH 4.5以下，对各种菌都有效。苯甲酸被人体吸收之后，会在肝脏中进行解毒，大部分在9~15h之内会与甘氨酸化合成马尿酸随尿液排出，剩余部分与葡萄糖化合形成葡萄糖醛酸。因而，普遍认为苯甲酸是比较安全的食品防腐剂。不过其在人体中的解毒过程会对肝脏造成一定负担，不适宜肝功能衰弱的人食用，且有报道其可能有叠加中毒的现象，所以在使用上逐渐开始出现争议，应用面也越来越窄。

三、山梨酸及其盐类的简介

山梨酸及其盐类也属于酸型防腐剂。山梨酸，别名花楸酸，化学式为$C_6H_8O_2$，相对分子质量112.13；山梨酸钾，别名花楸酸钾，化学式为$C_6H_7O_2K$，相对分子质量150.22。

性状与性能：山梨酸为无色针状结晶性粉末，微带刺激性臭味。对光和热均稳定，长期暴露在空气中易被氧化。难溶于水，饱和水溶液的pH为3.6，溶于乙醇、乙醚、丙二醇、植物油等。

山梨酸钾为白色至浅黄色鳞片状结晶或晶体粉末，微有臭味。长期暴露在空气中易吸潮、易氧化分解。易溶于水，1%的溶液pH为7~8，溶于丙二醇、乙醇。

山梨酸及其钾盐的抑菌机理一致，都是通过在食品中形成山梨酸的分子形态发挥作用。山梨酸还能干扰传递机能，如细胞色素c对氧的传递，以及细胞膜表面能量传递功能，抑制微生物繁殖，达到防腐的目的。

和苯甲酸及其钠盐的情况类似，山梨酸及其钾盐也是在酸性介质中对微生物有良好的抑制作用，防腐效果随着pH的增大而减弱，pH为8时彻底丧失防腐作用，适用于pH 5以下的食品防腐。与苯甲酸类防腐剂的最适作用pH 2.5~4.0相比，其使用的pH范围更宽。食品中其他成分的存在对山梨酸及其钾盐的防腐作用影响不大。

在安全性方面，山梨酸本身是一种不饱和脂肪酸，在机体内可参与正常的新陈代谢，被同化产生二氧化碳和水，被认为是食品的成分，对人体无害。且其防腐效果好，对食品风味无不良影响，是我国应用最多的防腐剂。

本任务依据 GB 5009.28—2016《食品安全国家标准 食品中苯甲酸、山梨酸和糖精钠的测定》操作。

GB 5009.28—2016
《食品安全国家标准
食品中苯甲酸、山梨酸
和糖精钠的测定》

任务准备

除非另有说明，本方法所用试剂均为分析纯，水为 GB/T 6682—2008《分析实验室用水规格和试验方法》规定的一级水。

1. 试剂

(1) 氨水（$NH_3·H_2O$）。

(2) 亚铁氰化钾 $[K_4Fe(CN)_6·3H_2O]$。

(3) 乙酸锌 $[Zn(CH_3COO)_2·2H_2O]$。

(4) 无水乙醇（CH_3CH_2OH）。

(5) 正己烷（C_6H_{14}）。

(6) 甲醇（CH_3OH） 色谱纯。

(7) 乙酸铵（CH_3COONH_4） 色谱纯。

(8) 甲酸（HCOOH） 色谱纯。

2. 试剂配制

(1) 氨水溶液（1+99） 取氨水 1mL，加到 99mL 水中，混匀。

(2) 亚铁氰化钾溶液（92g/L） 称取 106g 亚铁氰化钾，加入适量水溶解，用水定容至 1000mL。

(3) 乙酸锌溶液（183g/L） 称取 220g 乙酸锌溶于少量水中，加入 30mL 冰乙酸，用水定容至 1000mL。

(4) 乙酸铵溶液（20mmol/L） 称取 1.54g 乙酸铵，加入适量水溶解，用水定容至 1000mL，经 0.22μm 水相微孔滤膜过滤后备用。

(5) 甲酸-乙酸铵溶液（2mmol/L 甲酸+20mmol/L 乙酸铵） 称取 1.54g 乙酸铵，加入适量水溶解，再加入 75.2μL 甲酸，用水定容至 1000mL，经 0.22μm 水相微孔滤膜过滤后备用。

3. 标准品

(1) 苯甲酸钠（C_6H_5COONa，CAS 号：532-32-1），纯度≥99.0%；或苯甲酸（C_6H_5COOH，CAS 号：65-85-0），纯度≥99.0%，或经国家认证并授予标准物质证书的标准物质。

(2) 山梨酸钾（$C_6H_7KO_2$，CAS 号：590-00-1），纯度≥99.0%；或山梨酸（$C_6H_8O_2$，CAS 号：110-44-1），纯度≥99.0%，或经国家认证并授予标准物质证书的标准物质。

(3) 糖精钠（$C_6H_4CONNaSO_2$，CAS 号：128-44-9），纯度≥99%，或经国家认证并授予标准物质证书的标准物质。

4. 标准溶液

（1）苯甲酸、山梨酸和糖精钠（以糖精计）标准储备液（1000mg/L） 分别准确称取苯甲酸钠、山梨酸钾和糖精钠 0.118g、0.134g 和 0.117g（精确到 0.0001g），用水溶解并分别定容至 100mL。于 4℃贮存，保存期为 6 个月。当使用苯甲酸和山梨酸标准品时，需要用甲醇溶解并定容。糖精钠含结晶水，使用前需在 120℃下烘 4h，干燥器中冷却至室温后备用。

苯甲酸和山梨酸的检测
——标准溶液配制

（2）苯甲酸、山梨酸和糖精钠（以糖精计）混合标准使用液（200mg/L） 分别准确吸取苯甲酸、山梨酸和糖精钠标准储备溶液各 10.0mL 于 50mL 容量瓶中，用水定容。于 4℃贮存，保存期为 3 个月。

（3）苯甲酸、山梨酸和糖精钠（以糖精计）混合标准系列溶液：分别准确吸取苯甲酸、山梨酸和糖精钠混合标准使用液 0、0.05、0.25、0.50、1.00、2.50、5.00、10.0mL，用水定容至 10mL，配制成质量浓度分别为 0、1.00、5.00、10.0、20.0、50.0、100、200mg/L 的混合标准系列溶液。临用现配。

5. 材料

（1）水相微孔滤膜　0.22μm。

（2）塑料离心管　50mL。

6. 仪器和设备

（1）高效液相色谱仪　配紫外检测器。

（2）分析天平　感量为 0.001g 和 0.0001g。

（3）涡旋振荡器。

（4）离心机　转速 >8000r/min。

（5）匀浆机。

（6）恒温水浴锅。

（7）超声波发生器。

任务实施

1. 试样制备

取多个预包装的饮料、液态乳等均匀样品直接混合；非均匀的液态、半固态样品用组织匀浆机匀浆；固体样品用研磨机充分粉碎并搅拌均匀；乳酪、黄油、巧克力等采用 50~60℃加热熔融，并趁热充分搅拌均匀。取其中的 200g 装入玻璃容器中，密封，液体试样于 4℃保存，其他试样于 –18℃保存。

2. 试样提取

（1）一般性试样　准确称取约 2g（精确到 0.001g）试样于 50mL 具塞离心管中，加水约 25mL，涡旋混匀，于 50℃水浴超声 20min，冷却至室温后加亚铁氰化钾溶液 2mL 和乙酸锌溶液 2mL，混匀，于 8000r/min 离心 5min，将水相转移至

50mL 容量瓶中，于残渣中加水 20mL，涡旋混匀后超声 5min，于 8000r/min 离心 5min，将水相转移到同一 50mL 容量瓶中，并用水定容至刻度，混匀。取适量上清液过 0.22μm 滤膜，待液相色谱测定。碳酸饮料、果酒、果汁、蒸馏酒等测定时可以不加蛋白沉淀剂。

（2）含胶基的果冻、糖果等试样 准确称取约 2g（精确到 0.001g）试样于 50mL 具塞离心管中，加水约 25mL，涡旋混匀，于 70℃ 水浴加热溶解试样，于 50℃ 水浴超声 20min，之后的操作同试样提取步骤中的（1）。

（3）油脂、巧克力、奶油、油炸食品等高油脂试样 准确称取约 2g（精确到 0.001g）试样于 50mL 具塞离心管中，加正己烷 10mL，于 60℃ 水浴加热约 5min，并不时轻摇以溶解脂肪，然后加氨水溶液（1+99）25mL，乙醇 1mL，涡旋混匀，于 50℃ 水浴超声 20min，冷却至室温后，加亚铁氰化钾溶液 2mL 和乙酸锌溶液 2mL，混匀，于 8000r/min 离心 5min，弃去有机相，水相转移至 50mL 容量瓶中，残渣处理同一般性试样，再提取一次后测定。

3. 仪器参考条件确定

（1）色谱柱　C_{18} 柱，柱长 250mm，内径 4.6mm，粒径 5μm，或等效色谱柱。

（2）流动相　甲醇+乙酸铵溶液=5+95。

（3）流速　1mL/min。

（4）检测波长　230nm。

（5）进样量　10μL。

当存在干扰峰或需要辅助定性时，可以采用加入甲酸的流动相来测定，如流动相：甲醇+甲酸-乙酸铵溶液=8+92，参考色谱图见图 5-1；如流动相：甲醇+乙酸铵溶液=5+95，参考色谱图见图 5-2。

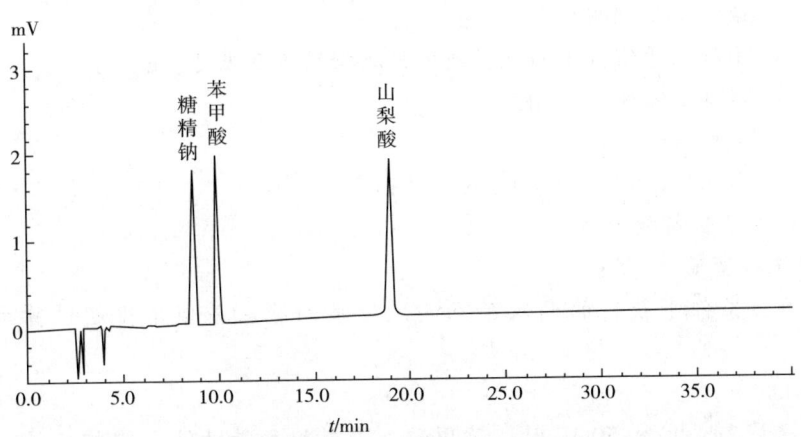

图 5-1　1mg/L 苯甲酸、山梨酸和糖精钠标准溶液液相色谱
（流动相：甲醇+甲酸-乙酸铵溶液=8+92）

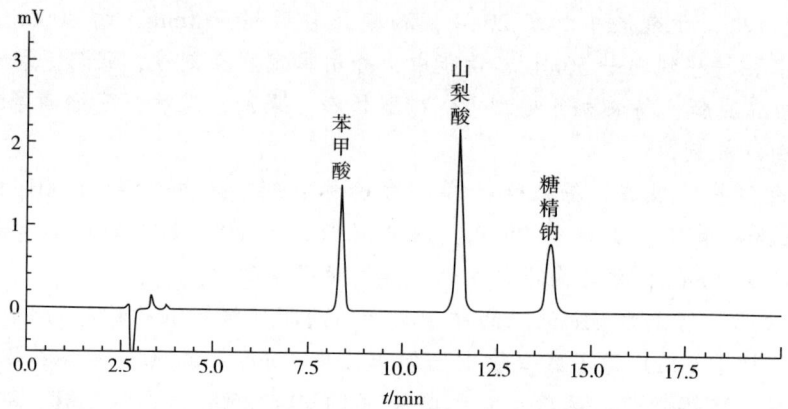

图 5-2　1mg/L 苯甲酸、山梨酸和糖精钠标准溶液液相色谱
（流动相：甲醇+乙酸铵溶液=5+95）

4. 制作标准曲线

将混合标准系列溶液分别注入液相色谱仪中，测定相应的峰面积，以混合标准系列工作溶液的质量浓度为横坐标，以峰面积为纵坐标，绘制标准曲线。

5. 测定试样溶液

将试样溶液注入液相色谱仪中，得到峰面积，根据标准曲线得到待测液中苯甲酸、山梨酸和糖精钠（以糖精计）的质量浓度。

6. 结果测定

试样中苯甲酸、山梨酸和糖精钠（以糖精计）的含量按式（5-1）计算：

$$X = \frac{\rho \times V}{m \times 1000} \tag{5-1}$$

式中　X——试样中待测组分含量，g/kg；

　　　ρ——由标准曲线得出的试样液中待测物的质量浓度，mg/L；

　　　V——试样定容体积，mL；

　　　m——试样质量，g；

　　　1000——由 mg/kg 转换为 g/kg 的换算因子。

结果保留 3 位有效数字。

7. 确保精密度

在重复性条件下获得的两次独立测定结果的绝对差值不得超过算术平均值的 10%。

8. 其他

按取样量 2g，定容 50mL 时，苯甲酸、山梨酸和糖精钠（以糖精计）的检出限均为 0.005g/kg，定量限均为 0.01g/kg。

在线测试

项目五 任务一 在线测试

知识拓展

蜂王浆中苯甲酸、山梨酸、对羟基苯甲酸酯类检验方法
——液相色谱法

一、原理

试样中的苯甲酸、山梨酸、对羟基苯甲酸甲酯、对羟基苯甲酸乙酯、对羟基苯甲酸丙酯、对羟基苯甲酸丁酯用乙醇提取,经过离心,取上层清液供液相色谱仪测定,外标法定量。

二、试剂和材料

除另有规定外,所用试剂均为分析纯,水为去离子水。

1. 试剂

(1) 无水乙醇 优级纯。

(2) 乙醇 95%。

(3) 甲醇 HPLC 纯或优级纯。

(4) 盐酸溶液 0.03mol/L。

(5) 苯甲酸、山梨酸、对羟基苯甲酸甲酯、对羟基苯甲酸乙酯、对羟基苯甲酸丙酯、对羟基苯甲酸丁酯标准品 纯度 99.0% 以上。

2. 试剂配制

苯甲酸、山梨酸、对羟基苯甲酸甲酯、对羟基苯甲酸乙酯、对羟基苯甲酸丙酯、对羟基苯甲酸丁酯标准溶液:每毫升含 1000μg。准确称取适量的苯甲酸、山梨酸、对羟基苯甲酸甲酯、对羟基苯甲酸乙酯、对羟基苯甲酸丙酯、对羟基苯甲酸丁酯标准品,分别用无水乙醇(优级纯)配成 1000μg/mL 的标准储备液。根据需要用无水乙醇稀释成适当浓度的混合标准工作溶液。

三、仪器和设备

（1）液相色谱仪　带可变波长紫外检测器或二极管阵列检测器。
（2）超声波清洗器。
（3）离心机。

四、分析步骤

1. 抽样与制样

（1）抽样　以一报验批为一检验批，每一检验批不多于1t（同一检验批商品应具有相同的特征，如包装、标记、产地、规格、等级等）。每一检验批按照批量总件数的不同确定抽检量：批量为1~50件时，抽样量为5件；批量为51~100件时，抽样量为7件；批量大于100件时，抽样量为10件。抽样时采取随机抽取的方式，逐件开启，从每件内抽取一罐（袋），每罐（袋）取约50g，作为原始样品。

（2）制样　将所取样品充分混匀，分为两等份，加封后，注明标记，一份作为留样保存，另一份作为试样供检验用。在抽样和制样的操作过程中应防止样品受到污染和发生含量的变化。

制得的试样宜及时检验。在不能及时检验的情况下，应将试样于-18℃以下冷冻保存。

2. 提取

称取试样约2.5g（精确至0.01g）于50mL烧杯中，依次加入2mL水，1mL盐酸溶液（0.03mol/L），混匀，再加入20mL乙醇（95%），用超声波清洗器提取10min，取出，用乙醇（95%）定容于50mL容量瓶至刻度，摇匀。取适量溶液置于10mL离心管中，在离心机上以3000r/min离心10min，取上层清液用0.45μm的滤膜过滤，供液相色谱仪测定。如样液中被测物质含量过高，可用乙醇稀释到适当的浓度后进行测定。

3. 色谱条件

（1）流动相　A：40%甲醇水溶液；B：甲醇。
（2）流动相梯度，见表5-1。

表5-1　流动相梯度设置

时间/min	流动相A/%	流动相B/%
0~3	100	0
3~4	100~30	0~70
4~9	30	70

（3）流速　2.0mL/min。

（4）检测波长　苯甲酸、山梨酸：230nm；对羟基苯甲酸甲酯、对羟基苯甲酸乙酯、对羟基苯甲酸丙酯、对羟基苯甲酸丁酯：248nm。

（5）色谱柱　Radil pak C_{18} 柱，100mm×8mm（内径）或相当者。

（6）色谱柱温度：室温。

（7）进样量：2μL。

4. 色谱测定

根据样液中苯甲酸、山梨酸、对羟基苯甲酸甲酯、对羟基苯甲酸乙酯、对羟基苯甲酸丙酯、对羟基苯甲酸丁酯含量的情况，选定峰高相近的混合标准工作溶液，混合标准工作溶液和样液中苯甲酸、山梨酸、对羟基苯甲酸甲酯、对羟基苯甲酸乙酯、对羟基苯甲酸丙酯、对羟基苯甲酸丁酯的响应值均应在仪器测定的线性范围内。对混合标准工作溶液和样液等体积参插进行测定。在上述色谱条件参数的设定下，苯甲酸、山梨酸、对羟基苯甲酸甲酯、对羟基苯甲酸乙酯、对羟基苯甲酸丙酯、对羟基苯甲酸丁酯的参考保留时间依次为 1.97min、2.29min、4.87min、5.39min、6.22min、7.84min，标准品的色谱图参见图5-3。

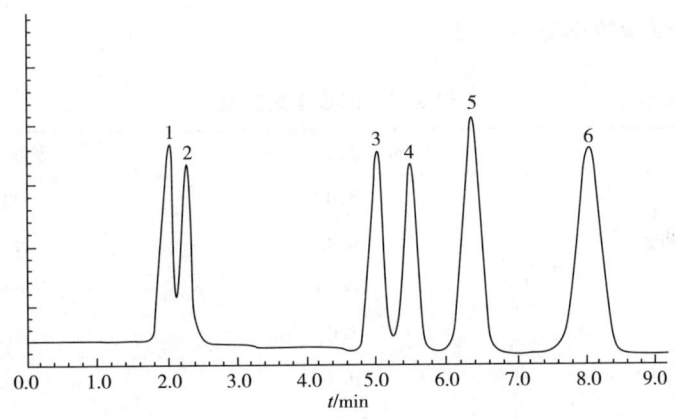

图5-3　苯甲酸、山梨酸、对羟基苯甲酸甲酯、对羟基苯甲酸乙酯、对羟基苯甲酸丙酯、对羟基苯甲酸丁酯标准品色谱图

1—苯甲酸　2—山梨酸　3—对羟基苯甲酸甲酯　4—对羟基苯甲酸乙酯　5—对羟基苯甲酸丙酯　6—对羟基苯甲酸丁酯

5. 空白试验

除不称取试样外，均按上述分析步骤同时完成空白实验。

6. 结果计算

按式（5-2）分别计算试样中苯甲酸、山梨酸、对羟基苯甲酸甲酯、对羟基苯甲酸乙酯、对羟基苯甲酸丙酯、对羟基苯甲酸丁酯（X）含量或采用色谱数据处理系统计算。计算结果需扣除空白值。

$$X = \frac{h \times c_S \times V}{h_S \times m} \tag{5-2}$$

式中　X——试样中被测组分含量，mg/kg；
　　　h——样液中被测组分峰高，mm；
　　　c_S——标准工作溶液中被测组分浓度，μg/mL；
　　　V——样液定容体积，mL；
　　　h_S——标准工作溶液中被测组分峰高，mm；
　　　m——所称样品的质量，g。

五、测定低限回收率

1. 测定低限

本方法测定低限为苯甲酸、山梨酸：5mg/kg；对羟基苯甲酸甲酯、对羟基苯甲酸乙酯、对羟基苯甲酸丙酯、对羟基苯甲酸丁酯：1mg/kg。

2. 回收率

回收率的试验数据见表5-2。

表5-2　回收率数据表

	添加浓度/(mg/kg)	回收率/%
苯甲酸	5.0	90.0
	50.0	97.6
	100.0	99.2
山梨酸	5.0	91.6
	50.0	95.4
	100.0	98.0
对羟基苯甲酸甲酯	1.0	96.0
	50.0	100
	100.0	100
对羟基苯甲酸乙酯	1.0	95.2
	50.0	100
	100.0	100
对羟基苯甲酸丙酯	1.0	93.3
	50.0	97.2
	100.0	100

续表

	添加浓度/(mg/kg)	回收率/%
对羟基苯甲酸丁酯	1.0	92.6
	50.0	95.2
	100.0	99.2

任务二 护色剂——硝酸盐及亚硝酸盐的检测

■ 任务导入

按照"双随机、一公开"的原则，某市市场监督管理局对某超市销售的某品牌的肉灌肠进行了抽查。并将抽检的肉灌肠样品送往相关检测科室，检测其各项指标是否符合 GB 2726—2016《食品安全国家标准 熟肉制品》中的规定。其中，硝酸盐及亚硝酸盐的含量也是重要指标之一。检测员需按照 GB 5009.33—2016《食品安全国家标准 亚硝酸盐与硝酸盐的测定》第一法中的规定完成检测工作。

■ 任务要求

根据 GB 5009.33—2016《食品安全国家标准 亚硝酸盐与硝酸盐的测定》第一法中的规定，完成实验设计和实验准备工作。然后按照操作规范要求，完成试样预处理、提取和净化、上机测定、结果计算与分析工作。实验完成后，出具一份反映样品中硝酸盐和亚硝酸盐含量及产品合格与否的检测报告。

■ 必备知识

一、食品护色剂的简介

根据 GB 2760—2014《食品安全国家标准 食品添加剂使用标准》中的描述，护色剂是指能与肉及肉制品中的呈色物质发生作用，使之在食品加工、保藏等过程中不致分解、破坏，呈现良好色泽的物质。护色剂本身并不具有颜色，但是能使食品产生颜色或使食品的色泽得到改善，也称为发色剂。我国 GB 2760—2014《食品安全国家标准 食品添加剂使用标准》中规定普通食品常用的护色剂有亚硝酸钠、亚硝酸钾、硝酸钠、硝酸钾、葡萄糖酸亚铁、D-异抗坏血酸及其钠盐，其中硝酸盐和亚硝酸盐使用频率最高。

护色剂的作用原理

二、硝酸盐及亚硝酸盐的简介

我国古代劳动人民在腌制肉类食品时就使用了硝石（硝酸钾），说明食品护色剂的应用在我国已有悠久的历史。亚硝酸盐不仅可以起到护色作用，还可以抑制微生物增殖，同时还能够增强腌肉制品的风味。到目前为止，还没有找到任何一种物质能够像亚硝酸盐一样，集护色、抑菌、增味多种功能于一身。也正是因为亚硝酸盐的这一特殊性质，即使它会与仲胺在胃中形成致癌物质亚硝胺，我们依然无法将其取代。需要特别指出的是，绿色食品中禁止使用硝酸盐和亚硝酸盐。

（一）亚硝酸钠（钾）

亚硝酸钠（钾），为白色至淡黄色结晶性粉末、粒状或棒状，无臭、微咸。在空气中易潮解，易溶于水，微溶于乙醇。中等毒性，可与血红蛋白结合形成亚硝基血红蛋白而失去携氧功能，使人缺氧中毒，轻者头昏、心悸、呕吐、口唇青紫，重者神志不清、抽搐、呼吸急促，抢救不及时可危及生命。在一定条件下，能够与仲胺作用，生成具有强致癌性的亚硝胺。此外，还可干扰碘的代谢，造成甲状腺肿大，长时间摄入也可破坏体内的维生素A，并可影响胡萝卜素转化为维生素A。考虑到其安全性，在其适用范围和用量方面有严格规定。

亚硝酸盐检测原理

亚硝酸钠（钾）不仅可以起到护色的作用，还有独特的防腐功效。150~200mg/kg 亚硝酸钠（钾）可显著抑制灌装碎肉和腌肉中梭状芽孢杆菌的生长，尤其是肉毒梭状芽孢杆菌。亚硝酸盐在 pH 5.0~5.5 时，比在较高 pH（6.5以上）时更能有效地抑制肉毒梭状芽孢杆菌。亚硝酸盐与食盐并用会使抑菌作用增强。同时，亚硝酸钠（钾）还具有提高肉制品风味的独特效果。

GB 5009.33—2016《食品安全国家标准 亚硝酸盐与硝酸盐的测定》

（二）硝酸钠（钾）

主要用于肉制品，其性能与亚硝酸钠（钾）基本相同。

■ 任务准备

除非另有说明，本方法所用试剂均为分析纯，水为 GB/T 6682—2008《分析实验室用水规格和试验方法》规定的一级水。

1. 试剂

（1）乙酸（CH_3COOH）。

（2）氢氧化钾（KOH）。

2. 试剂配制

（1）乙酸溶液（3%） 量取乙酸3mL于100mL容量瓶中，以水稀释至刻度，混匀。

（2）氢氧化钾溶液（1mol/L） 称取6g氢氧化钾，加入新煮沸过的冷水溶解，并稀释至100mL，混匀。

3. 标准品

（1）亚硝酸钠（$NaNO_2$，CAS号：7632-00-0）　基准试剂，或采用具有标准物质证书的亚硝酸盐标准溶液。

（2）硝酸钠（$NaNO_3$，CAS号：7631-99-4）　基准试剂，或采用具有标准物质证书的硝酸盐标准溶液。

4. 标准溶液的制备

（1）亚硝酸盐标准储备液（100mg/L，以NO_2^-计，下同）　准确称取0.1500g于110~120℃干燥至恒重的亚硝酸钠，用水溶解并转移至1000mL容量瓶中，加水稀释至刻度，混匀。

（2）硝酸盐标准储备液（1000mg/L，以NO_3^-计，下同）　准确称取1.3710g于110~120℃干燥至恒重的硝酸钠，用水溶解并转移至1000mL容量瓶中，加水稀释至刻度，混匀。

（3）亚硝酸盐和硝酸盐混合标准使用液　准确移取亚硝酸根离子（NO_2^-）和硝酸根离子（NO_3^-）的标准储备液各1.0mL于100mL容量瓶中，用水稀释至刻度，此溶液每升含亚硝酸根离子1.0mg和硝酸根离子10.0mg。

（4）亚硝酸盐和硝酸盐混合标准系列溶液　移取亚硝酸盐和硝酸盐混合标准使用液，加水逐级稀释，制成系列混合标准系列溶液，亚硝酸根离子浓度分别为0.02，0.04，0.06，0.08，0.10，0.15，0.20mg/L；硝酸根离子浓度分别为0.2，0.4，0.6，0.8，1.0，1.5，2.0mg/L。

5. 仪器和设备

（1）离子色谱仪　配电导检测器及抑制器或紫外检测器，高容量阴离子交换柱，50μL定量环。

（2）食物粉碎机。

（3）超声波清洗器。

（4）分析天平　感量为0.1mg和1mg。

（5）离心机　转速≥10000r/min，配50mL离心管。

（6）0.22μm，水性滤膜针头滤器。

（7）净化柱　包括C_{18}柱、Ag柱和Na柱或等效柱。

（8）注射器　1.0mL和2.5mL。

注意：所有玻璃器皿使用前均需依次用2mol/L氢氧化钾和水分别浸泡4h，然后用水冲洗3~5次，晾干备用。

任务实施

1. 试样预处理

（1）蔬菜、水果　将新鲜蔬菜、水果试样用自来水洗净后，用水冲洗，晾干后，取可食部分切碎混匀。将切碎的样品用四分法取适量，用食物粉碎机制成匀浆，备用。如需加水应记录加水量。

（2）粮食及其他植物样品 除去可见杂质后，取有代表性试样50~100g，粉碎后，过0.30mm孔筛，混匀，备用。

（3）肉类、蛋、水产及其制品 用四分法取适量或取全部，用食物粉碎机制成匀浆，备用。

（4）乳粉、豆奶粉、婴儿配方粉等固态乳制品（不包括干酪） 将试样装入能够容纳2倍试样体积的带盖容器中，通过反复摇晃和颠倒容器使样品充分混匀直到使试样均一化。

（5）发酵乳、乳、炼乳及其他液体乳制品 通过搅拌或反复摇晃和颠倒容器使试样充分混匀。

（6）干酪 取适量的样品研磨成均匀的泥浆状。为避免水分损失，研磨过程中应避免产生过多的热量。

2. 提取

（1）蔬菜、水果等植物性试样 称取试样5g（精确至0.001g，可适当调整试样的取样量，以下相同），置于150mL具塞锥形瓶中，加入80mL水，1mL 1mol/L氢氧化钾溶液，超声提取30min，每隔5min振摇1次，保持固相完全分散。于75℃水浴中放置5min，取出放置至室温，定量转移至100mL容量瓶中，加水稀释至刻度，混匀。溶液经滤纸过滤后，取部分溶液于10000r/min离心15min，上清液备用。

（2）肉类、蛋类、鱼类及其制品等 称取试样匀浆5g（精确至0.001g），置于150mL具塞锥形瓶中，加入80mL水，超声提取30min，每隔5min振摇1次，保持固相完全分散。于75℃水浴中放置5min，取出放置至室温，定量转移至100mL容量瓶中，加水稀释至刻度，混匀。溶液经滤纸过滤后，取部分溶液于10000r/min离心15min，上清液备用。

（3）腌鱼类、腌肉类及其他腌制品 称取试样匀浆2g（精确至0.001g），置于150mL具塞锥形瓶中，加入80mL水，超声提取30min，每隔5min振摇1次，保持固相完全分散。于75℃水浴中放置5min，取出放置至室温，定量转移至100mL容量瓶中，加水稀释至刻度，混匀。溶液经滤纸过滤后，取部分溶液于10000r/min离心15min，上清液备用。

（4）乳 称取试样10g（精确至0.01g），置于100mL具塞锥形瓶中，加水80mL，摇匀，超声30min，加入3%乙酸溶液2mL，于4℃放置20min，取出放置至室温，加水稀释至刻度。溶液经滤纸过滤，滤液备用。

（5）乳粉及干酪 称取试样2.5g（精确至0.01g），置于100mL具塞锥形瓶中，加水80mL，摇匀，超声30min，取出放置至室温，定量转移至100mL容量瓶中，加入3%乙酸溶液2mL，加水稀释至刻度，混匀。于4℃放置20min，取出放置至室温，溶液经滤纸过滤，滤液备用。

(6) 取上述备用溶液约15mL, 通过0.22μm水性滤膜针头滤器、C_{18}柱, 弃去前面3mL (如果氯离子大于100mg/L, 则需要依次通过针头滤器、C_{18}柱、Ag柱和Na柱, 弃去前面7mL), 收集后面洗脱液待测。

固相萃取柱使用前需进行活化, C_{18}柱 (1.0mL)、Ag柱 (1.0mL) 和Na柱 (1.0mL), 其活化过程为: C_{18}柱 (1.0mL) 使用前依次用10mL甲醇、15mL水通过, 静置活化30min。Ag柱 (1.0mL) 和Na柱 (1.0mL) 用10mL水通过, 静置活化30min。

3. 仪器参考条件确定

(1) 色谱柱 氢氧化物选择性, 可兼容梯度洗脱的二乙烯基苯-乙基苯乙烯共聚物基质, 烷醇基季铵盐功能团的高容量阴离子交换柱, 4mm×250mm (带保护柱4mm×50mm), 或性能相当的离子色谱柱。

(2) 淋洗液

①氢氧化钾溶液, 浓度为6~70mmol/L; 洗脱梯度为6mmol/L 30min, 70mmol/L 5min, 6mmol/L 5min; 流速1.0mL/min。

②粉状婴幼儿配方食品: 氢氧化钾溶液, 浓度为5~50mmol/L; 洗脱梯度为5mmol/L 33min, 50mmol/L 5min, 5mmol/L 5min; 流速1.3mL/min。

(3) 抑制器。

(4) 检测器 电导检测器, 检测池温度为35℃; 或紫外检测器, 检测波长为226nm。

(5) 进样体积 50μL (可根据试样中被测离子含量进行调整)。

4. 测定

(1) 标准曲线的制作 将标准系列溶液分别注入离子色谱仪中, 得到各浓度标准系列溶液色谱图, 测定相应的峰高 (μS) 或峰面积, 以标准系列溶液的浓度为横坐标, 以峰高 (μS) 或峰面积为纵坐标, 绘制标准曲线 (亚硝酸盐和硝酸盐标准色谱图见图5-4)。

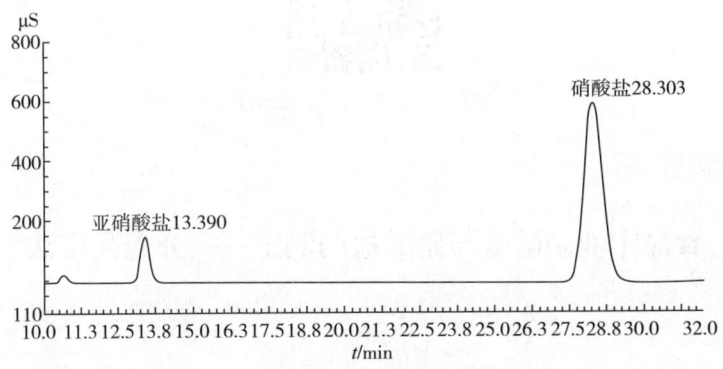

图5-4 亚硝酸盐和硝酸盐标准色谱图

(2) 试样溶液的测定　将空白和试样溶液注入离子色谱仪中,得到空白和试样溶液的峰高（μS）或峰面积,根据标准曲线得到待测液中亚硝酸根离子或硝酸根离子的浓度。

5. 结果计算

试样中亚硝酸离子或硝酸根离子的含量按式（5-3）计算：

$$X = \frac{(\rho - \rho_0) \times V \times f \times 1000}{m \times 1000} \quad (5\text{-}3)$$

式中　X——试样中亚硝酸根离子或硝酸根离子的含量,mg/kg；

　　　ρ——测定用试样溶液中的亚硝酸根离子或硝酸根离子浓度,mg/L；

　　　ρ_0——试剂空白液中亚硝酸根离子或硝酸根离子的浓度,mg/L；

　　　V——试样溶液体积,mL；

　　　f——试样溶液稀释倍数；

　　　1000——换算系数；

　　　m——试样质量,g。

试样中测得的亚硝酸根离子含量乘以换算系数1.5,即得亚硝酸盐（按亚硝酸钠计）含量；试样中测得的硝酸根离子含量乘以换算系数1.37,即得硝酸盐（按硝酸钠计）含量。

结果保留2位有效数字。

6. 确保精密度

在重复性条件下获得的两次独立测定结果的绝对差值不得超过算术平均值的10%。

7. 其他

该法中亚硝酸盐和硝酸盐检出限分别为0.2mg/kg和0.4mg/kg。

■ 在线测试

项目五　任务二　在线测试

■ 知识拓展

食品中亚硝酸盐与硝酸盐的测定——分光光度法

一、原理

亚硝酸盐采用盐酸萘乙二胺法测定,硝酸盐采用镉柱还原法测定。

试样经沉淀蛋白质、除去脂肪后,在弱酸条件下,亚硝酸盐与对氨基苯磺酸重氮化后,再与盐酸萘乙二胺偶合形成紫红色染料,外标法测得亚硝酸盐含量。采用镉柱将硝酸盐还原成亚硝酸盐,测得亚硝酸盐总量,由测得的亚硝酸盐总量减去试样中亚硝酸盐含量,即得试样中硝酸盐含量。

二、试剂和材料

除非另有说明,本方法所用试剂均为分析纯,水为 GB/T 6682—2008《分析实验室用水规格和试验方法》规定的一级水。

1. 试剂

(1) 亚铁氰化钾 [$K_4Fe(CN)_6 \cdot 3H_2O$]。

(2) 乙酸锌 [$Zn(CH_3COO)_2 \cdot 2H_2O$]。

(3) 冰乙酸（CH_3COOH）。

(4) 硼酸钠（$Na_2B_4O_7 \cdot 10H_2O$）。

(5) 盐酸（HCl,$\rho=1.19g/mL$）。

(6) 氨水（$NH_3 \cdot H_2O$,25%）。

(7) 对氨基苯磺酸（$C_6H_7NO_3S$）。

(8) 盐酸萘乙二胺（$C_{12}H_{14}N_2 \cdot 2HCl$）。

(9) 锌皮或锌棒。

(10) 硫酸镉（$CdSO_4 \cdot 8H_2O$）。

(11) 硫酸铜（$CuSO_4 \cdot 5H_2O$）。

2. 试剂配制

(1) 亚铁氰化钾溶液（106g/L） 称取 106.0g 亚铁氰化钾,用水溶解,并稀释至 1000mL。

(2) 乙酸锌溶液（220g/L） 称取 220.0g 乙酸锌,先加 30mL 冰乙酸溶解,用水稀释至 1000mL。

(3) 饱和硼砂溶液（50g/L） 称取 5.0g 硼酸钠,溶于 100mL 热水中,冷却后备用。

(4) 氨缓冲溶液（pH 9.6~9.7） 量取 30mL 盐酸,加 100mL 水,混匀后加 65mL 氨水,再加水稀释至 1000mL,混匀。调节 pH 至 9.6~9.7。

(5) 氨缓冲液的稀释液 量取 50mL pH 9.6~9.7 氨缓冲溶液,加水稀释至 500mL,混匀。

(6) 盐酸（0.1mol/L） 量取 8.3mL 盐酸,用水稀释至 1000mL。

(7) 盐酸（2mol/L） 量取 167mL 盐酸,用水稀释至 1000mL。

(8) 盐酸（20%） 量取 20mL 盐酸,用水稀释至 100mL。

(9) 对氨基苯磺酸溶液（4g/L） 称取 0.4g 对氨基苯磺酸,溶于 100mL 20%

盐酸中，混匀，置棕色瓶中，避光保存。

（10）盐酸萘乙二胺溶液（2g/L） 称取0.2g盐酸萘乙二胺，溶于100mL水中，混匀，置棕色瓶中，避光保存。

（11）硫酸铜溶液（20g/L） 称取20g硫酸铜，加水溶解，并稀释至1000mL。

（12）硫酸镉溶液（40g/L） 称取40g硫酸镉，加水溶解，并稀释至1000mL。

（13）乙酸溶液（3%） 量取冰乙酸3mL于100mL容量瓶中，以水稀释至刻度，混匀。

3. 标准品

（1）亚硝酸钠（$NaNO_2$，CAS号：7632-00-0） 基准试剂，或采用具有标准物质证书的亚硝酸盐标准溶液。

（2）硝酸钠（$NaNO_3$，CAS号：7631-99-4） 基准试剂，或采用具有标准物质证书的硝酸盐标准溶液。

4. 标准溶液配制

（1）亚硝酸钠标准溶液（200μg/mL，以亚硝酸钠计） 准确称取0.1000g于110~120℃干燥恒重的亚硝酸钠，加水溶解，移入500mL容量瓶中，加水稀释至刻度，混匀。

（2）硝酸钠标准溶液（200μg/mL，以亚硝酸钠计） 准确称取0.1232g于110~120℃干燥恒重的硝酸钠，加水溶解，移入500mL容量瓶中，并稀释至刻度。

（3）亚硝酸钠标准使用液（5.0μg/mL） 临用前，吸取2.50mL亚硝酸钠标准溶液，置于100mL容量瓶中，加水稀释至刻度。

（4）硝酸钠标准使用液（5.0μg/mL，以亚硝酸钠计） 临用前，吸取2.50mL硝酸钠标准溶液，置于100mL容量瓶中，加水稀释至刻度。

三、仪器和设备

（1）天平 感量为0.1mg和1mg。
（2）组织捣碎机。
（3）超声波清洗器。
（4）恒温干燥箱。
（5）分光光度计。
（6）镉柱或镀铜镉柱。

①海绵状镉的制备：镉粒直径0.3~0.8mm。

将适量的锌棒放入烧杯中，用40g/L硫酸镉溶液浸没锌棒。在24h之内，不断将锌棒上的海绵状镉轻轻刮下。取出残余锌棒，使镉沉底，倾去上层溶液。用水冲洗海绵状镉2~3次后，将镉转移至搅拌器中，加400mL盐酸（0.1mol/L），搅拌数秒，以得到所需粒径的镉颗粒。将制得的海绵状镉倒回烧杯中，静置3~4h，其间搅拌数次,以除去气泡。倾去海绵状镉中的溶液,并可按下述方法进行镉粒镀铜。

②镉粒镀铜:将制得的镉粒置锥形瓶中(所用镉粒的量以达到要求的镉柱高度为准),加足量的盐酸(2mol/L)浸没镉粒,振荡5min,静置分层,倾去上层溶液,用水多次冲洗镉粒。在镉粒中加入20g/L硫酸铜溶液(每克镉粒约需2.5mL),振荡1min,静置分层,倾去上层溶液后,立即用水冲洗镀铜镉粒(注意镉粒要始终用水浸没),直至冲洗的水中不再有铜沉淀。

③镉柱的装填:如图5-5所示,用水装满镉柱玻璃柱,并装入约2cm高的玻璃棉做垫,将玻璃棉压向柱底时,应将其中所包含的空气全部排出,在轻轻敲击下,加入海绵状镉至8~10cm[见图5-5装置(a)]或15~20cm[见图5-5装置(b)],上面用1cm高的玻璃棉覆盖。若使用装置(b),则上置一贮液漏斗,末端要穿过橡皮塞与镉柱玻璃管紧密连接。

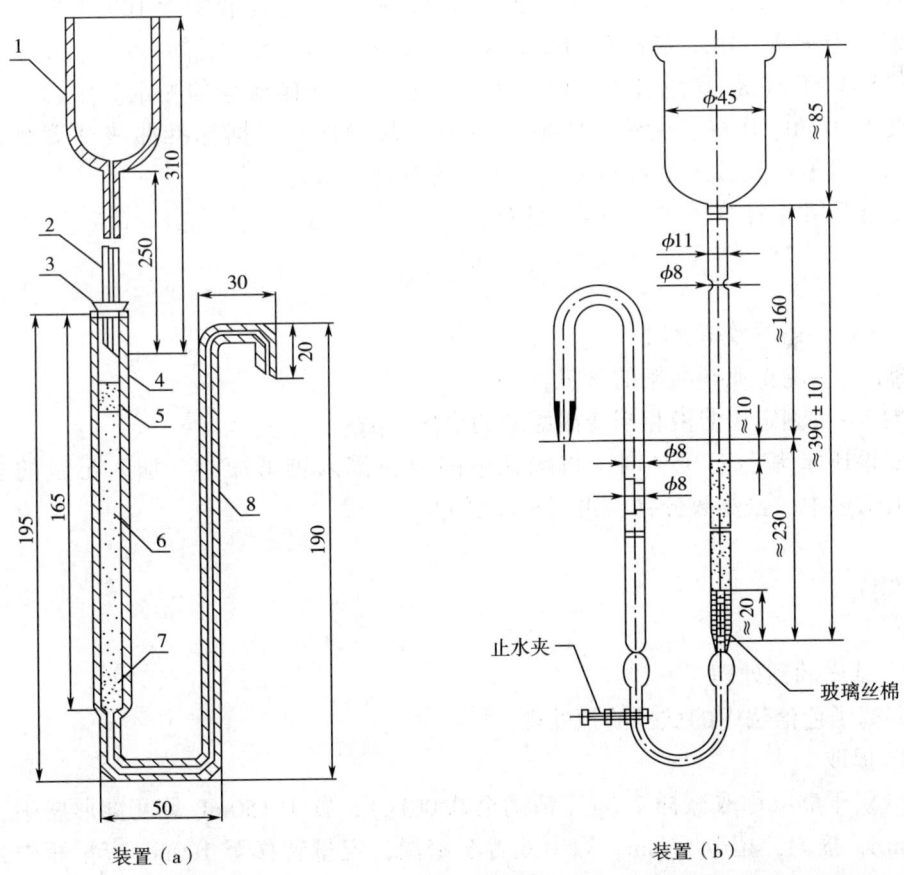

图5-5 镉柱示意图

1—贮液漏斗,内径35mm,外径37mm 2—进液毛细管,内径0.4mm,外径6mm 3—橡皮塞
4—镉柱玻璃管,内径12mm,外径16mm 5,7—玻璃棉 6—海面状镉
8—出液毛细管,内径2mm,外径8mm

如无上述镉柱玻璃管时，可以25mL酸式滴定管代用，但过柱时要注意始终保持液面在镉层之上。

当镉柱填装好后，先用25mL盐酸（0.1mol/L）洗涤，再以水洗2次，每次25mL，镉柱不用时用水封盖，随时都要保持水平面在镉层之上，不得使镉层夹有气泡。

④镉柱每次使用完毕后，应先以25mL盐酸（0.1mol/L）洗涤，再以水洗2次，每次25mL，最后用水覆盖镉柱。

⑤镉柱还原效率的测定：吸取20mL硝酸钠标准使用液，加入5mL氨缓冲液的稀释液，混匀后注入贮液漏斗，使流经镉柱还原，用一个100mL的容量瓶收集洗提液。洗提液的流量不应超过6mL/min，在贮液杯将要排空时，用约15mL水冲洗杯壁。冲洗水流尽后，再用15mL水重复冲洗，第2次冲洗水也流尽后，将贮液杯灌满水，并使其以最大流量流过柱子。当容量瓶中的洗提液接近100mL时，从柱子下取出容量瓶，用水定容至刻度，混匀。取10.0mL还原后的溶液（相当10μg亚硝酸钠）于50mL比色管中，以下按下文中"3.亚硝酸盐的测定"中自"吸取0、0.20、0.40、0.60、0.80、1.00mL……"起操作，根据标准曲线计算测得结果，与加入量一致，还原效率应大于95%为符合要求。

⑥还原效率计算按式（5-4）计算：

$$X = \frac{m_1}{10} \times 100\% \tag{5-4}$$

式中　X——还原效率，%；

　　　m_1——测得亚硝酸钠的含量，μg；

　　　10——测定用溶液相当亚硝酸钠的含量，μg。

如果还原率小于95%时，将镉柱中的镉粒倒入锥形瓶中，加入足量的盐酸（2mol/L）中，振荡数分钟，再用水反复冲洗。

四、测定

1. 试样的预处理

同离子色谱法中的试样的预处理。

2. 提取

（1）干酪　称取试样2.5g（精确至0.001g），置于150mL具塞锥形瓶中，加水80mL，摇匀，超声30min，取出放置至室温，定量转移至100mL容量瓶中，加入3%乙酸溶液2mL，加水稀释至刻度，混匀。于4℃放置20min，取出放置至室温，溶液经滤纸过滤，滤液备用。

（2）液体乳样品　称取试样90g（精确至0.001g），置于250mL具塞锥形瓶中，加12.5mL饱和硼砂溶液，加入70℃左右的水约60mL，混匀，于沸水浴中加热15min，取出置冷水浴中冷却，并放置至室温。定量转移上述提取液至200mL容量瓶中，加入5mL 106g/L亚铁氰化钾溶液，摇匀，再加入5mL 220g/L乙酸锌溶液，以沉淀蛋白质。加水至刻度，摇匀，放置30min，除去上层脂肪，上清液用滤纸过滤，滤液备用。

（3）乳粉 称取试样10g（精确至0.001g），置于150mL具塞锥形瓶中，加12.5mL 50g/L饱和硼砂溶液，加入70℃左右的水约150mL，混匀，于沸水浴中加热15min，取出置冷水浴中冷却，并放置至室温。定量转移上述提取液至200mL容量瓶中，加入5mL 106g/L亚铁氰化钾溶液，摇匀，再加入5mL 220g/L乙酸锌溶液，以沉淀蛋白质。加水至刻度，摇匀，放置30min，除去上层脂肪，上清液用滤纸过滤，弃去初滤液30mL，滤液备用。

（4）其他样品 称取5g（精确至0.001g）匀浆试样（如制备过程中加水，应按加水量折算），置于250mL具塞锥形瓶中，加12.5mL 50g/L饱和硼砂溶液，加入70℃左右的水约150mL，混匀，于沸水浴中加热15min，取出置冷水浴中冷却，并放置至室温。定量转移上述提取液至200mL容量瓶中，加入5mL 106g/L亚铁氰化钾溶液，摇匀，再加入5mL 220g/L乙酸锌溶液，以沉淀蛋白质。加水至刻度，摇匀，放置30min，除去上层脂肪，上清液用滤纸过滤，弃去初滤液30mL，滤液备用。

3. 亚硝酸盐的测定

吸取40.0mL上述滤液于50mL带塞比色管中，另吸取0，0.20，0.40，0.60，0.80，1.00，1.50，2.00，2.50mL亚硝酸钠标准使用液（相当于0.0，1.0，2.0，3.0，4.0，5.0，7.5，10.0，12.5μg亚硝酸钠），分别置于50mL带塞比色管中。于标准管与试样管中分别加入2mL 4g/L对氨基苯磺酸溶液，混匀，静置3~5min后各加入1mL 2g/L盐酸萘乙二胺溶液，加水至刻度，混匀，静置15min，用1cm比色杯，以零管调节零点，于波长538nm处测吸光度，绘制标准曲线比较。同时做试剂空白。

硝酸盐及亚硝酸盐的检测——紫外可见分光光度计结构和原理

4. 硝酸盐的测定

（1）镉柱还原

①先以25mL氨缓冲液的稀释液冲洗镉柱，流速控制在3~5mL/min（以滴定管代替的可控制在2~3mL/min）。

②吸取20mL滤液于50mL烧杯中，加5mL pH 9.6~9.7氨缓冲溶液，混合后注入贮液漏斗，使流经镉柱还原，当贮液杯中的样液流尽后，加15mL水冲洗烧杯，再倒入贮液杯中。冲洗水流完后，再用15mL水重复1次。当第2次冲洗水快流尽时，将贮液杯装满水，以最大流速过柱。当容量瓶中的洗提液接近100mL时，取出容量瓶，用水定容刻度，混匀。

（2）亚硝酸钠总量的测定 吸取10~20mL还原后的样液于50mL比色管中。

以下按"3. 亚硝酸盐测定"中的自"吸取0, 0.20, 0.40, 0.60, 0.80, 1.00mL"起操作。

五、分析结果的表述

1. 亚硝酸盐含量计算

亚硝酸盐（以亚硝酸钠计）的含量按式（5-5）计算：

$$X_1 = \frac{m_2 \times 1000}{m_3 \times \frac{V_1}{V_0} \times 1000} \tag{5-5}$$

式中　X_1——试样中亚硝酸钠的含量，mg/kg；
　　　m_2——测定用样液中亚硝酸钠的质量，μg；
　　1000——转换系数；
　　　m_3——试样质量，g；
　　　V_1——测定用样液体积，mL；
　　　V_0——试样处理液总体积，mL。

结果保留2位有效数字。

2. 硝酸盐含量的计算

硝酸盐（以硝酸钠计）的含量按式（5-6）计算：

$$X_2 = \left(\frac{m_4 \times 1000}{m_5 \times \frac{V_3}{V_2} \times \frac{V_5}{V_4} \times 1000} - X_1 \right) \times 1.232 \tag{5-6}$$

式中　X_2——试样中硝酸钠的含量，mg/kg；
　　　m_4——经镉粉还原后测得总亚硝酸钠的质量，μg；
　　1000——转换系数；
　　　m_5——试样的质量，g；
　　　V_3——测总亚硝酸钠的测定用样液体积，mL；
　　　V_2——试样处理液总体积，mL；
　　　V_5——经镉柱还原后样液的测定用体积，mL；
　　　V_4——经镉柱还原后样液总体积，mL；
　　　X_1——计算出的试样中亚硝酸钠的含量，mg/kg；
　1.232——亚硝酸钠换算成硝酸钠的系数。

结果保留2位有效数字。

六、精密度

在重复性条件下获得的两次独立测定结果的绝对差值不得超过算术平均值

的 10%。

七、其他

本方法中亚硝酸盐检出限：液体乳 0.06mg/kg，乳粉 0.5mg/kg，干酪及其他 1mg/kg；硝酸盐检出限：液体乳 0.6mg/kg，乳粉 5mg/kg，干酪及其他 10mg/kg。

任务三 抗氧化剂——BHA、BHT 和 TBHQ 的检测

任务导入

按照"双随机、一公开"的原则，某市市场监督管理局对某超市销售的某品牌几个批次的花生油进行了抽查。并将抽检的花生油样品送往相关检测科室，检测其各项指标是否符合 GB 2716—2018《食品安全国家标准 植物油》中的规定。其中，抗氧化剂（BHA、BHT、TBHQ）的含量也是重要指标之一。检测员需按照 NY/T 1602—2008《植物油中叔丁基羟基茴香醚（BHA）、2,6-二叔丁基对甲酚（BHT）和特丁基对苯二酚（TBHQ）的测定 高效液相色谱法》的规定完成检测工作。

任务要求

根据 NY/T 1602—2008《植物油中叔丁基羟基茴香醚（BHA）、2,6-二叔丁基对甲酚（BHT）和特丁基对苯二酚（TBHQ）的测定 高效液相色谱法》的规定，完成实验设计和实验准备工作。然后按照操作规范要求，完成试样制备、试液制备、色谱分析、结果计算与分析工作。实验完成后，出具一份反映样品中 BHA、BHT 和 TBHQ 含量及产品合格与否的检测报告。

必备知识

一、食品抗氧化剂的简介

（一）食品抗氧化剂的定义

氧化作用是食品加工和保藏过程中最普遍发生的变化之一。食品被氧化后，不仅色、香、味方面会发生劣变，营养成分也会损失，还可能会产生有毒有害物质。目前可以采用两种方式来避免食品在贮运过程中被氧化：物理方法和化学方法。其中，物理方法是指采取低温、避光、隔氧或充氮密封包装等方法延缓氧化变质。化学方法即是在食品中添加抗氧化剂，是目前最简便有效地防止食品氧化

变质的技术。此外，有些抗氧化剂还能赋予食品新的功能，如丁基羟基茴香醚，不仅具有抗氧化作用，还有相当强的抗菌能力。再比如维生素 E，不仅可以延缓食品氧化，还可以阻止咸肉中产生致癌物亚硝胺，对癌症、循环系统疾病和老年病也有显著的预防效果。

上面所述加入到食品中起抗氧化作用的物质就是食品抗氧化剂，即能防止或延缓油脂或食品成分氧化分解、变质，提高食品稳定性的物质。

（二）食品抗氧化剂的分类

食品抗氧化剂按其来源，可分为人工合成抗氧化剂和天然抗氧化剂。人工合成抗氧化剂在食品抗氧化剂中占主导地位，具有添加量少、抗氧化效果好、化学性质稳定及价格便宜等特点，主要包括没食子酸（PG）、丁基羟基茴香醚（BHA）、2,6-二叔丁基对甲酚（BHT）、特丁基对苯二酚（TBHQ）、硫代二丙酸二月桂酯（DLTP）、4-己基间苯二酚、乙二胺四乙酸二钠钙、羟基硬脂精等；天然食品抗氧化剂主要有：L-抗坏血酸类、维生素 E、茶多酚（TP）、黄酮类、磷脂、植酸和植酸钠等。

按其作用方式，可分为自由基清除剂、金属离子螯合剂、氧清除剂、氢过氧化物分解剂、酶抗氧化剂、紫外线吸收剂或单线态氧淬灭剂等。

按其溶解性，可分为油溶性和水溶性抗氧化剂。油溶性的有 BHA、BHT、TBHQ、PG 等；水溶性的有异抗坏血酸及其盐等。

二、丁基羟基茴香醚（BHA）的简介

丁基羟基茴香醚，又名叔丁基-4-羟基茴香醚、丁基大茴香醚，简称 BHA，分子式 $C_{11}H_{16}O_2$，相对分子质量 180.27，为白色至浅黄色蜡样结晶性粉末，有酚类的特异臭气和刺激性气味。不溶于水，易溶于乙醇（25g/100mL，25℃）、丙二醇（50g/100mL，25℃）、甘油（1g/100mL，25℃）、玉米油（30g/100mL，25℃）、花生油（40g/100mL，25℃）和猪油（50g/100mL，50℃）。BHA 是 3-BHA 和 2-BHA 两种异构体的混合物，其中 3-BHA 占比 90%。3-BHA 的抗氧化效果比 2-BHA 强 1.5 倍，两者合用有增效作用。BHA 的用量为 0.02% 时比 0.01% 的抗氧化效果增强 10%，超过 0.02% 时效果反而下降。

BHA 对动物性脂肪的抗氧化作用比对不饱和植物油强。对热稳定，在弱碱条件下也不容易被破坏，因此具有持久的抗氧化能力，尤其适用于使用动物脂肪的焙烤制品。一般不会与金属离子作用而着色，但是可与碱金属离子作用呈现粉红色。具有一定挥发性，能被水蒸气蒸馏，所以在高温制品尤其是煮炸制品中易损失。除抗氧化作用外，还有相当强的抗菌力，用 0.015% 的 BHA 可抑制金黄色葡萄球菌生长繁殖，用 0.028% 的 BHA 可阻止寄生曲霉孢子的生长和阻碍黄曲霉毒素的生成。

毒理学试验表明，BHA 对大鼠前胃有致癌作用，日本规定 BHA 只允许用于加工原料用的棕榈油和棕榈仁油（不可直接食用）中。但 FAO/WHO 认为，只有大剂量的 BHA 才会使大鼠前胃致癌，且人类不存在前胃，只是在胃、咽喉和食管中存在类似的前胃细胞，所以只是在大剂量下有潜在的健康风险。也有报道称，BHA 可能引起慢性过敏反应和脂肪代谢紊乱。总体来说，BHA 毒性小，较为安全，目前许多国家都允许使用，使用时应严格遵守相关标准。

三、2,6-二叔丁基对甲酚（BHT）的简介

2,6-二叔丁基对甲酚，简称 BHT，分子式 $C_{15}H_{24}O$，相对分子质量 220.35，为无色结晶或白色晶体粉末，无臭或有很淡的特殊气味，无味。不溶于水和丙二醇，易溶于大豆油（30g/100mL，25℃）、棉籽油（20g/100mL，25℃）、猪油（40g/100mL，50℃）、乙醇（25%）、丙酮（40%）、甲醇（25%）、苯（40%）、矿物油（30%）。

BHT 化学稳定性好，耐热性较高，抗氧化效果好，普通烹饪温度下抗氧化能力不受影响。与金属离子反应不变色，特别是和铁离子不显色。可以用于油脂、焙烤食品、油炸食品、谷物食品、乳制品、肉制品和坚果、蜜饯中。其抗氧化效果随着 BHT 浓度的升高而增强，但在较高浓度时，随浓度增加的幅度变小。对于动物油脂的抗氧化，BHT 比 BHA 更有效。若用于不宜直接拌和的食品，可溶于乙醇后喷雾使用。当 BHT 和 BHA 复配使用时，其效果好于单独使用，且可以加入柠檬酸及其酯作为增效剂。BHT 价格低廉，是 BHA 的 1/8~1/5，因此在我国用量较大、应用较广。

随着 BHT 应用及需求量的不断增加，其毒理学的相关研究也越来越受到人们的关注。一些研究结果表明，BHT 在低浓度时不会对肝细胞产生明显损伤作用。大剂量 BHT 对人体的有害作用涉及多方面，包括抑制人体呼吸酶活性、引发皮疹、增加胆固醇含量、导致肝脏肿大和诱发肿瘤等，且剂量越高，毒性越大。我国 GB 2760—2014《食品安全国家标准 食品添加剂使用标准》中对 BHT 的使用范围和使用量均有严格规定。

四、特丁基对苯二酚（TBHQ）的简介

特丁基对苯二酚，又名叔丁基对苯二酚、叔丁基氢醌，简称 TBHQ，分子式 $C_{10}H_{14}O_2$，相对分子质量 166.22，为白色或浅黄色的结晶粉末，有极轻微特殊气味，无味。微溶于水，在许多油（尤其是椰子油和花生油）和溶剂中都有足够的溶解度。如乙醇（60g/100mL，25℃）、丙二醇（30g/100mL，25℃）、棉籽油（10g/100mL，25℃）、玉米油（10g/100mL，25℃）、大豆油（10g/100mL，25℃）、

猪油（5g/100mL，50℃）。

特丁基对苯二酚（TBHQ）不与铁或铜形成络合物，故不会因遇到铜、铁而发生颜色或风味方面的变化，只有在碱性条件下才会转变为粉红色。其抗氧化活性相当或稍优于 BHT、BHA 或 PG，溶解性能与 BHA 相当，超过 BHT 和 PG。TBHQ 在大多数情况下，对油脂尤其是植物油，较其他抗氧化剂具有更有效的抗氧化稳定性。对蒸煮和油炸食品有良好的持久抗氧化能力，但在焙烤制品中持久力不强。当 TBHQ 和其他抗氧化剂或螯合剂一起使用时，会有明显的增效作用。在植物油、膨松油和动物油中，TBHQ 一般与柠檬酸结合使用。TBHQ 最大的优势是在其他酚类抗氧化剂都无法发挥作用的油脂中仍表现出良好的抗氧化效果，和柠檬酸复配使用还可进一步增强抗氧化活性。

NY/T 1602—2008《植物油中叔丁基羟基茴香醚（BHA）、2,6-二叔丁基对甲酚（BHT）和特丁基对苯二酚（TBHQ）的测定 高效液相色谱法》

TBHQ 已在 20 多个国家使用，我国于 1991—1992 年也正式批准其用于油脂及含油脂食品、干鱼制品、饼干、速煮面、含油脂罐头食品、腌制肉食制品等。值得说明的是，在日本尚未批准 TBHQ 作为油脂抗氧化剂，并以此作为一种技术性贸易壁垒的手段。TBHQ 的特点是低毒、用量少，按照 CCFA 的分类标准，属于 A1 类（最高安全等级）食品添加剂。但大剂量下使用，仍然具有潜在的健康风险。

任务准备

除非另有说明，均使用分析纯试剂和二级水。

1. 试剂

（1）甲醇 色谱纯。

（2）乙酸 色谱纯。

（3）1mg/mL 混合标准储备液 取丁基羟基茴香醚（BHA）、2,6-二叔丁基对甲酚（BHT）和特丁基对苯二酚（TBHQ）各 100mg 用甲醇溶解并定量至 100mL。

（4）流动相 流动相 A 为甲醇，流动相 B 为 1%乙酸水溶液。

2. 仪器和设备

（1）分析天平 感量 0.0001g。

（2）离心机 转速为 3000r/min。

（3）涡旋混合器。

（4）15mL 具塞离心管。

（5）0.45μm 有机相滤膜。

（6）Nova-pak C_{18} 色谱柱（3.9mm×150mm）。

（7）高效液相色谱仪 带紫外检测器。

任务实施

1. 试样制备

按 GB/T 15687—2008《动植物油脂 试样的制备》制备样品。

2. 试液的制备

准确称取植物油样约 5g（精确至 0.001g），置于 15mL 具塞离心管中，加入 8mL 甲醇，涡旋混合 3min，放置 2min，以 3000r/min 离心 5min，取出上清液于 25mL 容量瓶中，残余物每次用 8mL 甲醇提取 2 次，清液合并于 25mL 容量瓶中，用甲醇定容，摇匀，经 0.45μm 有机相滤膜过滤，滤液待液相色谱分析。

BHA、BHT 和 TBHQ 的检测 ——标准溶液配制

3. 色谱分析

取 1mg/mL 混合标准储备液，用甲醇稀释至 10，50，100，150，200，250μg/mL 混合标准系列溶液连同样品依次进样，进行液相色谱检测，建立工作曲线。

色谱条件：流速 0.8mL/min，进样量 10μL，柱温为室温，检测器波长 280nm。流动相 A 为甲醇，流动相 B 为 1% 乙酸水溶液，梯度见表 5-3，标准色谱图见图 5-6。

表 5-3 洗脱梯度

时间/min	流动相 A/%	流动相 B/%	流量/(mL/min)
0	40	60	0.8
7.5	100	0	0.8
11.5	100	0	0.8
13.0	40	60	0.8
15.0	40	60	0.8

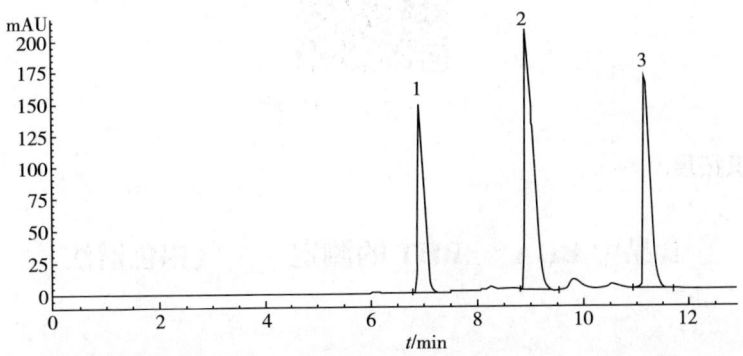

图 5-6 丁基羟基茴香醚（BHA）、2,6-二叔丁基对甲酚（BHT）和特丁基对苯二酚（TBHQ）液相色谱图

1—特丁基对苯二酚（TBHQ） 2—丁基羟基茴香醚（BHA） 3—2,6-二叔丁基对甲酚（BHT）

4. 结果计算

样品中丁基羟基茴香醚（BHA）、2,6-二叔丁基对甲酚（BHT）或特丁基对苯二酚（TBHQ）含量测定结果数值以毫克每千克表示（mg/kg），按式（5-7）计算：

$$X_i = A_i \times \frac{V_1 \times D}{V_2} \times \frac{1000}{M} \tag{5-7}$$

式中 X_i——样品中丁基羟基茴香醚（BHA），2,6-二叔丁基对甲酚（BHT）或特丁基对苯二酚（TBHQ）的含量，mg/kg；

A_i——将样品分析所得峰面积代入工作曲线，计算所得进样体积样品中丁基羟基茴香醚（BHA）、2,6-二叔丁基对甲酚（BHT）或特丁基对苯二酚（TBHQ）的含量，μg；

V_1——加入流动相体积的数值，mL；

V_2——进样量的数值，μL；

D——样液的总稀释倍数；

M——样品质量的数值，g。

取平行测定结果的算术平均值为测定结果，结果保留一位小数。

5. 确保精密度

（1）重复性　在重复性条件下，获得的两次独立测定结果的绝对值不得超过算术平均值的10%，以大于这两个测定值的算术平均值的10%的情况不超过5%为前提。

（2）再现性　在再现性条件下，获得的两次独立测定结果的绝对值不得超过算术平均值的15%，以大于这两个测定值的算术平均值的15%的情况不超过5%为前提。

在线测试

项目五　任务三　在线测试

知识拓展

食品中 BHA 与 BHT 的测定——气相色谱法

一、原理

样品中的丁基羟基茴香醚（BHA）和2,6-二叔丁基对甲酚（BHT）用石油醚提取，通过层析柱使 BHA 与 BHT 净化、浓缩后，经气相色谱分离后用氢火焰离子化检测器（FID）检测，根据样品峰高与标准峰高比较定量。气相色谱法最低检出量为 2.0μg，油脂取样量为 0.50g 时最低检出浓度为 4.0mg/kg。

二、仪器和试剂

1. 试剂

(1) 石油醚　沸程 30~60℃。

(2) 二氯甲烷　分析纯。

(3) 二硫化碳　分析纯。

(4) 无水硫酸钠　分析纯。

(5) 硅胶 G　60~80 目，于 120℃ 活化 4h 后放入干燥器中备用。

(6) 弗罗里硅土（Florisil）　60~80 目，于 120℃ 活化 4h 后放入干燥器中备用。

(7) BHA、BHT 混合标准储备液　准确称取 BHA、BHT（纯度为 99.0%）各 0.1g，混合后用二硫化碳溶解，定容至 100mL 容量瓶中，此溶液分别为每毫升含 1.0mg BHA、BHT，置冰箱中保存。

(8) BHA、BHT 混合标准使用液　吸取标准储备液 4.0mL 于 100mL 容量瓶中，用二硫化碳定容，此溶液分别为每毫升含 0.040mg BHA、BHT，置冰箱中保存。

2. 仪器

(1) 气相色谱仪　附氢火焰离子化检测器。

(2) 旋转蒸发器。

(3) 振荡器。

(4) 层析柱　1cm×30cm 玻璃柱，带活塞。

(5) 气相色谱柱　长 1.5m，内径 3mm 的玻璃柱内装涂质量分数为 10% 的 QF-1 Gas Chrom Q（80~100 目）。

三、试样处理

1. 试样的制备

称取 500g 含油脂较多的样品，1000g 含油脂较少的样品，然后用对角线取四分之二或六分之二，或根据样品情况取具有代表性的样品，在玻璃研钵中研碎，混合均匀后放置广口瓶内，于冰箱中保存。

2. 脂肪的提取

(1) 含油脂量高的样品（如桃酥等）　称取 50g，混合均匀，置于 250mL 具塞锥形瓶中,加入50mL石油醚(沸程为30~60℃),放置过夜,用快速滤纸过滤后,减压回收溶剂,残留脂肪备用。

(2) 含油脂量中等的样品(如蛋糕、江米条等) 称取100g左右,混合均匀,置于500mL具塞锥形瓶中,加入100~200mL石油醚(沸程为30~60℃),放置过夜,用快速滤纸过滤后,减压回收溶剂,残留脂肪备用。

(3) 含油脂量少的样品(如面包、饼干等) 称取250~300g样品,粉碎混合均匀后放入500mL具塞锥形瓶中,加入适量石油醚浸泡样品,放置过夜,用快速滤纸过滤后,减压回收溶剂,残留脂肪备用。

3. 试样的制备

(1) 层析柱的制备 于层析柱底部加入少量玻璃棉,少量无水硫酸钠,将硅胶-弗罗里硅土(6+4)共10g,用石油醚湿法混合装柱,柱顶部再加入少量无水硫酸钠。

(2) 试样制备 称取制备的脂肪0.50~1.00g,用25mL石油醚溶解移入上述层析柱上,再用100mL二氯甲烷分5次淋洗,合并淋洗液,减压浓缩近干时,用二硫化碳定容至2.0mL,该溶液为待测溶液。

(3) 植物油试样的制备 称取混合均匀样品2.00g放入50mL烧杯中,加入30mL石油醚溶解后转移到上述层析柱上,再用10mL石油醚分数次洗涤烧杯并转移到层析柱上,用100mL二氯甲烷分5次淋洗,合并淋洗液,减压浓缩近干,用二硫化碳定容至2.0mL,该溶液为待测溶液。

4. 测定

(1) 气相色谱参考条件

色谱柱:长1.5m,内径3mm玻璃柱,质量分数为10% QF-1的Gas Chrom Q(80~100目)。

检测器:氢火焰离子化检测器。

温度:检测室200℃,进样口200℃,柱温140℃。

载气流量:氮气70mL/min;氢气50mL/min;空气500mL/min。

(2) 注入气相色谱3.0μL标准使用液,绘制色谱图(BHA、BHT气相色谱图见图5-7),分别量取各组分峰高或面积;注入3.0μL样品待测溶液(应视样品含量而定),绘制色谱图,分别量取峰高或面积,与标准峰高或面积比较计算含量。

四、结果计算

待测液BHA(或BHT)的质量按式(5-8)计算。

$$m_1 = \frac{h_i}{h_x} \times \frac{V_m}{V_i} \times V_x \times c_x \tag{5-8}$$

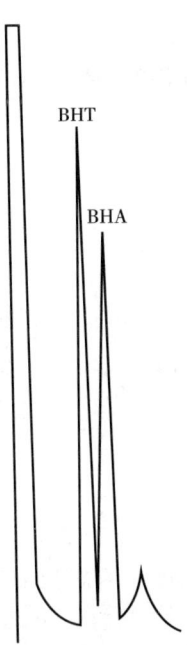

图 5-7 BHA、BHT 气相色谱图

式中　m_1——待测溶液 BHA（或 BHT）的质量，mg；
　　　h_i——注入色谱样品溶液中 BHA（或 BHT）的峰高或面积；
　　　h_x——标准使用液中 BHA（或 BHT）的峰高或面积；
　　　V_i——注入色谱样品溶液的体积，mL；
　　　V_m——待测样品定容的体积，mL；
　　　V_x——注入色谱标准使用液的体积，mL；
　　　c_x——标准使用液的浓度，mg/mL。

食品中以脂肪计 BHA（或 BHT）的含量按式（5-9）计算。

$$X = \frac{m_1 \times 1000}{m_2 \times 1000} \tag{5-9}$$

式中　X——食品中以脂肪计 BHA（或 BHT）的含量，g/kg；
　　　m_1——待测溶液中 BHA（或 BHT）的质量，mg；
　　　m_2——油脂质量（或食品中脂肪的质量），g。

计算结果保留三位有效数字。

五、精密度

在重复条件下获得的两次独立测定结果的绝对差值不得超过算术平均值的 15%。

任务四 漂白剂——亚硫酸盐的检测

■ 任务导入

某葡萄酒厂，为保证其生产的商品符合 GB 2758—2012《食品安全国家标准 发酵酒及其配制酒》的相关规定，每日都会按批次对成品进行例行抽检。抽检样品送往理化测试中心，产品中二氧化硫的含量是检测工作中的一项，检测员需按照 GB 5009.34—2022《食品安全国家标准 食品中二氧化硫的测定》的规定完成检测工作。

■ 任务要求

根据 GB 5009.34—2022《食品安全国家标准 食品中二氧化硫的测定》中的规定，完成实验设计和实验准备工作。然后按照操作规范要求，完成样品前处理、测定、结果计算与分析工作。实验完成后，出具一份反映样品中二氧化硫含量及产品合格与否的检测报告。

■ 必备知识

一、食品漂白剂的简介

食品在加工、制造、贮藏、流通的各个环节中因内在或外在因素，往往会产生或者保留原料中所包含的令人不喜欢的着色物质，导致食品色泽不纯正，给消费者不卫生或者令人厌恶及不快的感觉。为了消除上述不被期望的颜色，通常需要使用一定的物质对食品或食品原料进行漂白，此物质即为食品漂白剂。

食品漂白剂是指能够破坏或者抑制色泽形成因素，使色泽褪去或者避免食品褐变的一类添加剂。食品漂白剂可分为氧化型和还原型。氧化型漂白剂主要有过硫酸铵、过氧化苯甲酰、二氧化氯等，通过其本身强烈的氧化作用，使着色物质被氧化，从而达到漂白的目的。氧化型漂白剂主要用于面粉漂白处理，由于毒性较大，其用途及用量均有限制。还原型漂白剂主要有亚硫酸钠、连二亚硫酸钠（又称保险粉）、焦亚硫酸钠盐或钾盐、亚硫酸氢钠和熏硫等，它们都是通过产生具有强还原性的二氧化硫而起到漂白作用。目前，市场中主要使用还原型漂白剂，除漂白作用外，还兼具防腐、防褐变、抗氧化等多重作用。

二、亚硫酸盐类食品漂白剂

亚硫酸盐类漂白剂主要包括二氧化硫、硫磺、亚硫酸钠、连二亚硫酸钠、亚硫酸氢钠、焦亚硫酸钠、焦亚硫酸钾等可产生二氧化硫的化合物。其中，硫磺不能直接加入食品中，只允许用熏硫的方式。

二氧化硫可应用于果脯、蜜饯类产品，保持浅黄色或金黄色，对于一般果蔬干制品而言，同样可以得到较理想的色泽。果蔬产品进行熏硫处理时要控制熏室内的二氧化硫浓度、熏硫时间以及熏室的密闭性和车间通气性。熏室内二氧化硫的最高浓度为3%。

亚硫酸盐类物质不仅具有漂白作用，还具有抗氧化、保色、抑制微生物生长等作用。按照我国的急性毒性分级法，亚硫酸盐属于第3级——低毒。临床数据表明，二氧化硫会对人体的呼吸系统造成损伤，引发呼吸系统疾病。此外，毒理学试验表明二氧化硫及亚硫酸盐可能会对生殖系统、消化系统、循环系统、神经系统和免疫系统造成一定损伤。1974年，FAO和WHO联合食品添加剂专家委员会（JECFA）确认了亚硫酸盐（以SO_2计）的人体每日允许摄入量（ADI）为0.7mg/kg。

如果人体长期摄入二氧化硫含量过高的食物，将导致多器官持续处于中毒状态下，最终造成不可逆的损伤。因此，世界各国均结合本国实际情况，对食品中亚硫酸盐含量进行了严格限定。我国GB 2760—2014《食品安全国家标准 食品添加剂使用标准》中也明确规定了各类食品中二氧化硫允许的最大残留量，如腌渍蔬菜中SO_2残留量≤0.1g/kg，高于国外标准，部分标准与国外一致。

GB 5009.34—2022
《食品安全国家标准
食品中二氧化硫的测定》

任务准备

除非另有说明，本方法所用试剂均为分析纯，水为GB/T 6682—2008《分析实验室用水规格和试验方法》规定的三级水。

1. 试剂

（1）过氧化氢（H_2O_2） 30%。

（2）无水乙醇（C_2H_5OH）。

（3）氢氧化钠（NaOH）。

（4）甲基红（$C_{15}H_{15}N_3O_2$）。

（5）盐酸（HCl）（$\rho_{20}=1.19$g/mL）。

（6）氮气（纯度>99.9%）。

2. 试剂配制

（1）过氧化氢溶液（3%） 量取质量分数为30%的过氧化氢100mL，加水稀释至1000mL。临用时现配。

（2）盐酸溶液（6mol/L） 量取盐酸（ρ_{20} = 1.19g/mL）50mL，缓缓倾入50mL水中，边加边搅拌。

（3）甲基红乙醇溶液指示剂（2.5g/L） 称取甲基红指示剂0.25g，溶于100mL无水乙醇中。

3. 标准溶液配制

（1）氢氧化钠标准溶液（0.1mol/L） 按照GB/T 601—2016《化学试剂 标准滴定溶液的制备》配制并标定，或经国家认证并授予标准物质证书的标准滴定溶液。

（2）氢氧化钠标准溶液（0.01mol/L） 移取氢氧化钠标准溶液（0.1mol/L）10.0mL于100mL容量瓶中，加入无二氧化碳的水稀释至刻度。

4. 仪器和设备

（1）玻璃充氮蒸馏仪器 500mL或1000mL，另配电热套、氮气源及气体流量计，或等效的蒸馏设备，装置原理图见图5-8。

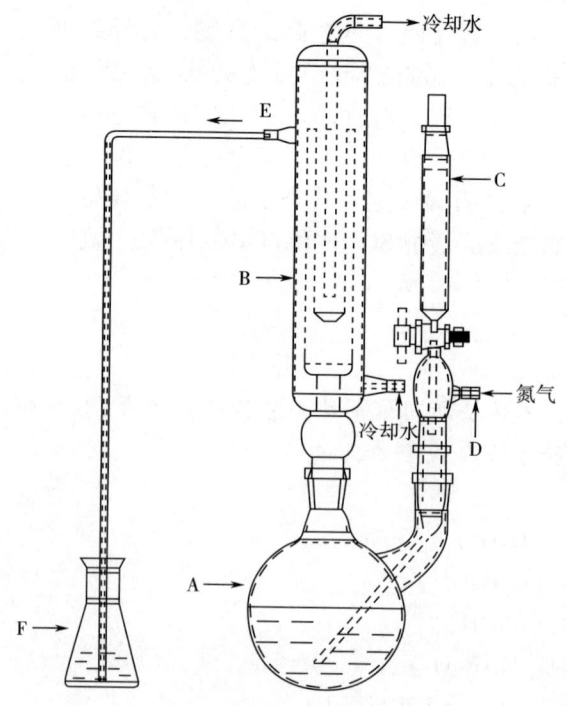

图5-8 酸碱滴定法蒸馏仪器装置原理图
A—圆底烧瓶 B—竖式回流冷凝管 C—（带刻度）分液漏斗
D—连续氮气流入口 E—SO_2导气口 F—接收瓶

(2) 电子天平　感量为 0.01g。
(3) 10mL 半微量滴定管和 25mL 滴定管。
(4) 粉碎机。
(5) 组织捣碎机。

任务实施

1. 试样前处理

(1) 液体试样　取啤酒、葡萄酒、果酒、其他发酵酒、配制酒、饮料类试样，采样量应大于 1L，对于袋装、瓶装等包装试样需至少采集 3 个包装（同一批次或号），将所有液体在一个容器中混合均匀后，密闭并标识，供检测用。

(2) 固体试样　取粮食加工品、固体调味品、饼干、薯类食品、糖果制品（含巧克力及制品）、代用茶、酱腌菜、蔬菜干制品、食用菌制品、其他蔬菜制品、蜜饯、水果干制品、炒货食品及坚果制品（烘炒类、油炸类、其他类）、食糖、干制水产品、熟制动物性水产制品、食用淀粉、淀粉制品、淀粉糖、非发酵性豆制品、蔬菜、水果、海水制品、生干坚果与籽类食品等试样，采样量应大于 600g，根据具体产品的不同性质和特点，直接取样，充分混合均匀，或者将可食用的部分，采用粉碎机等合适的粉碎手段进行粉碎，充分混合均匀，贮存于洁净盛样袋内，密闭并标识，供检测用。

(3) 半流体试样　对于袋装、瓶装等包装试样需至少采集 3 个包装（同一批次或号）；对于酱、果蔬罐头及其他半流体试样，采样量均应大于 600g，采用组织捣碎机捣碎混匀后，贮存于洁净盛样袋内，密闭并标识，供检测用。

2. 试样测定

取固体或半流体试样 20~100g（精确至 0.01g，取样量可视含量高低而定）；取液体试样 20~200mL（g），将称量好的试样置于图 5-8 中圆底烧瓶 A 中，加水 200~500mL。安装好装置后，打开回流冷凝管开关给水（冷凝水温度<15℃），将冷凝管的上端 E 口处连接的玻璃导管置于 100mL 锥形瓶底部。锥形瓶内加入 3% 过氧化氢溶液 50mL 作为吸收液（玻璃导管的末端应在吸收液液面以下）。在吸收液中加入 3 滴 2.5g/L 甲基红乙醇溶液指示剂，并用氢氧化钠标准溶液（0.01mol/L）滴定至黄色即终点（如果超过终点，则应舍弃该吸收溶液）。开通氮气，调节气体流量计至 1.0~2.0L/min；打开分液漏斗 C 的活塞，使 6mol/L 盐酸溶液 10mL 快速流入蒸馏瓶，立刻加热烧瓶内的溶液至沸腾，并保持微沸 1.5h，停止加热。将吸收液放冷后摇匀，用氢氧化钠标准溶液（0.01mol/L）滴定至黄色且 20s 不褪，并同时进行空白试验。

3. 结果计算

试样中二氧化硫的含量按式（5-10）计算：

$$X = \frac{(V - V_0) \times 0.032 \times c \times 1000 \times 1000}{m} \tag{5-10}$$

式中　　X——试样中二氧化硫含量（以 SO_2 计），mg/kg 或 mg/L；

　　　　V——试样溶液消耗氢氧化钠标准溶液的体积，mL；

　　　　V_0——空白溶液消耗氢氧化钠标准溶液的体积，mL；

　　　　c——氢氧化钠滴定液的摩尔浓度，mol/L；

0.032——1mL 氢氧化钠标准溶液（1mol/L）相当的二氧化硫的质量（g），g/mmol；

　　　　m——试样的质量或体积，g 或 mL。

计算结果保留三位有效数字。

4. 确保精密度

在重复性条件下获得的两次独立测定结果的绝对差值不得超过算术平均值的 10%。

5. 其他

当用 0.01mol/L 氢氧化钠滴定液时，固体或半流体称样量为 35g 时，检出限为 1mg/kg，定量限为 10mg/kg；液体取样量为 50mL（g）时，检出限为 1mg/L（mg/kg），定量限为 6mg/L（mg/kg）。

■■■■ 在线测试

项目五　任务四　在线测试

■■■■ 知识拓展

分光光度法测定白砂糖中的二氧化硫

一、原理

样品直接用甲醛缓冲吸收液浸泡或加酸充氮蒸馏-释放的二氧化硫被甲醛溶液吸收，生成稳定的羟甲基磺酸加成化合物，酸性条件下与盐酸副玫瑰苯胺生成蓝紫色络合物，该络合物的吸光度与二氧化硫的浓度成正比。

二、试剂和材料

除非另有说明，本方法所用试剂均为分析纯，水为 GB/T 6682—2008《分析实验室用水规格和试验方法》规定的三级水。

1. 试剂

(1) 氨基磺酸铵（$H_6N_2O_3S$）。

(2) 乙二胺四乙酸二钠（$C_{10}H_{14}N_2Na_2O_8$）。

(3) 甲醛（CH_2O） 36%~38%，应不含有聚合物（没有沉淀且溶液不分层）。

(4) 邻苯二甲酸氢钾（$KHC_8H_4O_4$）。

(5) 2%盐酸副玫瑰苯胺（$C_{20}H_{20}ClN_3$）溶液。

(6) 冰乙酸（$C_2H_4O_2$）。

(7) 磷酸（H_3PO_4）。

2. 试剂配制

(1) 氢氧化钠溶液（1.5mol/L） 称取6.0g氢氧化钠，溶于水并稀释至100mL。

(2) 乙二胺四乙酸二钠溶液（0.05mol/L） 称取1.86g乙二胺四乙酸二钠（简称EDTA-2Na），溶于水并稀释至100mL。

(3) 甲醛缓冲吸收储备液 称取2.04g邻苯二甲酸氢钾，溶于少量水中，加入36%~38%的甲醛溶液5.5mL、0.05mol/L EDTA-2Na溶液20.0mL，混匀，加水稀释并定容至100mL，贮于冰箱中冷藏保存。

(4) 甲醛缓冲吸收液 量取甲醛缓冲吸收储备液适量，用水稀释100倍。临用时现配。

(5) 盐酸副玫瑰苯胺溶液（0.5g/L） 量取2%盐酸副玫瑰苯胺溶液25mL，分别加入磷酸30mL和盐酸12mL，用水稀释至100mL，摇匀，放置24h，备用（避光密封保存）。

(6) 氨基磺酸铵溶液（3g/L） 称取0.30g氨基磺酸铵（$H_6N_2O_3S$）溶于水并稀释至100mL。

(7) 盐酸溶液（6mol/L） 量取盐酸50mL，缓缓倾入50mL水中边加边搅拌。

3. 标准品

使用具有国家认证并授子标准物质证书的二氧化硫标准溶液（100μg/mL）。

4. 标准溶液配制

配制二氧化硫标准使用液（10μg/mL）：准确吸取二氧化硫标准溶液（100μg/mL）5.0mL，用甲醛缓冲吸收液定容至50mL。临用时现配。

三、仪器和设备

(1) 玻璃充氮蒸馏仪器 500mL或1000mL，或等效的蒸馏设备，装置原理图见图5-8。

(2) 紫外可见分光光度计。

四、分析步骤

1. 试样制备

（1）液体试样　取啤酒、葡萄酒、果酒、其他发酵酒、配制酒、饮料类试样，采样量应大于1L，对于袋装、瓶装等包装试样需至少采集3个包装（同一批次或号），将所有液体在一个容器中混合均匀后，密闭并标识，供检测用。

（2）固体试样　取粮食加工品、固体调味品、饼干、薯类食品、糖果制品（含巧克力及制品）、代用茶、酱腌菜、蔬菜干制品、食用菌制品、其他蔬菜制品、蜜饯、水果干制品、炒货食品及坚果制品（烘炒类、油炸类、其他类）、食糖、干制水产品、熟制动物性水产制品、食用淀粉、淀粉制品、淀粉糖、非发酵性豆制品、蔬菜、水果、海水制品、生干坚果与籽类食品等试样，采样量应大于600g，根据具体产品的不同性质和特点，直接取样，充分混合均匀，或者将可食用的部分，采用粉碎机等合适的粉碎手段进行粉碎，充分混合均匀，贮存于洁净盛样袋内，密闭并标识，供检测用。

（3）半流体试样　对于袋装、瓶装等包装试样需至少采集3个包装（同一批次或号）；对于酱、果蔬罐头及其他半流体试样，采样量均应大于600g，采用组织捣碎机捣碎混匀后，贮存于洁净盛样袋内，密闭并标识，供检测用。

2. 试样处理

（1）直接提取法　称取固体试样约10g（精确至0.01g），加甲醛缓冲吸收液100mL，振荡浸泡2h，过滤，收集滤液，待测。同时做空白试验。

（2）充氮蒸馏法

称取固体或半流体试样10~50g（精确至0.01g，取样量可视含量高低而定）；量取液体试样50~100mL，置于图5-8中圆底烧瓶A中，加水250~300mL。打开回流冷凝管开关给水（冷凝水温度<15℃），将冷凝管的上端E口处连接的玻璃导管置于100mL锥形瓶底部。锥形瓶内加入甲醛缓冲吸收液30mL作为吸收液（玻璃导管的末端应在吸收液液面以下）。开通氮气，使其流量计调节气体流量至1.0~2.0L/min，打开分液漏斗C的活塞，使6mol/L盐酸溶液10mL快速流入蒸馏瓶，立刻加热烧瓶内的溶液至沸腾，并保持微沸1.5h，停止加热。取下吸收瓶，以少量水冲洗导管尖嘴，并入吸收瓶中。将瓶内吸收液转入100mL容量瓶中，甲醛缓冲吸收液定容，待测。

3. 标准曲线的制作

分别准确量取0、0.20、0.50、1.00、2.00、3.00mL二氧化硫标准使用液（相当于0、2.0、5.0、10.0、20.0、30.0μg二氧化硫），置于25mL具塞试管中，加入甲醛缓冲吸收液至10.00mL，再依次加入3g/L氨基磺酸铵溶液0.5mL、1.5mol/L氢氧化钠溶液0.5mL、0.5g/L盐酸副玫瑰苯胺溶液1.0mL，摇匀，放置

20min 后，用紫外可见分光光度计在波长 579nm 处测定标准溶液吸光度，并以质量为横坐标，吸光度为纵坐标绘制标准曲线。

4. 试样溶液的测定

根据试样中二氧化硫含量，吸取试样溶液 0.50~10.00mL，置于 25mL 具塞试管中，之后的步骤按照上述标准曲线的制作中"加入甲醛缓冲吸收液至 10.00mL……"进行操作，同时做空白试验。

五、分析结果的表述

试样中二氧化硫的含量按式（5-11）计算：

$$X = \frac{(m_1 - m_0) \times V_1 \times 1000}{m_2 \times V_2 \times 1000} \tag{5-11}$$

式中　X——试样中二氧化硫含量（以 SO_2 计），mg/kg 或 mg/L；
　　m_1——由标准曲线中查得的测定用试液中二氧化硫的质量，μg；
　　m_0——由标准曲线中查得的测定用空白溶液中二氧化硫的质量，μg；
　　V_1——试样提取液/试样蒸馏液定容体积，mL；
　　m_2——试样的质量或体积，g 或 mL；
　　V_2——测定用试样提取液/试样蒸馏液的体积，mL。

计算结果保留三位有效数字。

六、精密度

在重复性条件下获得的两次独立测定结果的绝对差值不得超过算术平均值的 10%。

七、其他

当固体或半流体称样量为 10g，定容体积为 100mL，取样体积为 10mL 时，本方法检出限为 1mg/kg，定量限为 6mg/kg；液体取样量为 10mL 时，定容体积为 100mL，取样体积为 10mL 时，本方法检出限为 1mg/L，定量限为 6mg/L。

任务五　甜味剂——甜蜜素的检测

任务导入

某饮料加工厂，为保证其生产的商品符合 GB 7101—2015《食品安全国家标准饮料》中的相关规定，每日都会按批次对成品进行例行抽检。抽检样品送往理化测试中心，甜味剂甜蜜素含量是检测工作中的一项，检测员需按照 GB 5009.97—2016《食品安全国家标准　食品中环己基氨基磺酸钠的测定》第一法中的规定完成检测工作。

■ 任务要求

根据 GB 5009.97—2016《食品安全国家标准　食品中环己基氨基磺酸钠的测定》第一法中的规定，完成实验设计和实验准备工作。然后按照操作规范要求，完成试样溶液制备、标准系列溶液的制备及衍生化、测定、结果计算与分析工作。实验完成后，出具一份反映样品中甜蜜素含量及产品合格与否的检测报告。

■ 必备知识

一、食品甜味剂的简介

（一）食品甜味剂的定义

甜味是由具有甜味的物质赋予的。蔗糖、葡萄糖、果糖、麦芽糖和乳糖等甜味物质，食用历史悠久，且是人类维持正常生命活动的重要营养素，所以习惯上把它们视为食品配料，不作为食品添加剂看待。食品甜味剂是指除了上述甜味物质外，其他能够赋予食品甜味的，其生产和使用受到相关国家标准规范的物质。

（二）食品甜味剂的分类

GB 2760—2014《食品安全国家标准　食品添加剂使用标准》中规范管理的食品甜味剂分为天然甜味剂（包括糖的衍生物和非糖天然甜味剂）和人工合成甜味剂（采用化学合成、改性等技术得到的各种有不同特性的人工甜味剂）。通常所说的甜味剂是指人工合成的非营养甜味剂、糖醇类天然甜味剂、非糖天然甜味剂三类。

（1）人工合成的非营养甜味剂，也称合成甜味剂，主要是人工合成的具有甜味的有机化合物。主要特点是：化学性质稳定，耐热耐酸碱，在一般使用条件下不易出现分解失效现象，使用范围较广；不参与机体代谢，大多数合成甜味剂不提供能量，不会引起血糖值升高；甜度较高，一般都能达到蔗糖甜度的数十倍以上，可以降低食品生产成本；不能为口腔微生物利用，不易产生龋齿；有些合成甜味剂的甜味不够纯正，带有后苦味或金属异味，甜味特性与蔗糖有一定差距。人类使用合成甜味剂的历史远远短于天然甜味剂，人们对合成甜味剂的安全性始终保持警惕。合成甜味剂主要有糖精钠（二水邻磺酰苯甲酰亚胺钠）、甜蜜素（环己基氨基磺酸钠或钙盐）、安赛蜜（AK 糖、乙酰磺胺酸钾）等。

（2）糖醇类甜味剂主要有麦芽糖醇、山梨糖醇、木糖醇、赤藓糖醇等。糖醇是世界上使用最广泛的甜味剂之一，可由相应的糖加氢还原制成。糖醇类甜味剂的甜味纯正、甜味特性良好，与蔗糖的甜味特征十分接近，无不良后苦味，有些糖醇还具有凉爽的口感。在通常条件下具有稳定的化学性质，在体内不被消化吸收，不影响血糖和胰岛素水平，不被微生物利用，不引起龋齿，不与可溶性氨基化合物发生美拉德反应。此外，其安全性方面存在的争议也相对较小。

（3）非糖天然甜味剂主要包括糖苷类天然甜味剂（甜菊糖苷、甘草类甜味剂、罗汉果糖苷）、蛋白质甜味剂（如索马甜）、天然物的衍生物（蔗糖衍生物、肽衍生物、二氢查耳酮衍生物等）。非糖甜味剂是从植物的果实、叶、根等部位提取的具有甜味的物质，或者从天然物中经提炼合成而制成具有较高甜度的安全的甜味物质。

二、甜蜜素的简介

环己基氨基磺酸钠或钙盐，商品名为甜蜜素。分子式 $C_6H_{12}NNaO_3S$，相对分子质量 201.24。无色结晶，对热、光、空气以及较宽范围的 pH 均很稳定，不易受微生物污染，无吸湿性，易溶于水。无能量，不会引起血糖值升高。

甜蜜素甜度是蔗糖的 30~80 倍，甜味纯正，风味自然，不带异味。甜味刺激来得较慢，但持续时间较长。当水中亚硝酸盐、亚硫酸盐含量高时，可产生石油或橡胶样气味。可以代替蔗糖或与蔗糖混合使用，能高度保持原有食品风味，并能延长食品的保存时间。与糖精钠按照 1∶10 混合使用时，可增强甜度并有效降低糖精的后苦味，同时降低成本。此外，甜蜜素与安赛蜜共用时，也会发生明显的协同增效作用。

GB 5009.97—2016
《食品安全国家标准
食品中环己基氨基
磺酸钠的测定》

甜蜜素可用于多种食品的生产中，根据 GB 2760—2014《食品安全国家标准　食品添加剂使用标准》中的规定，在每种食品中的用量都有严格限制。

任务准备

除非另有说明，本方法所用试剂均为分析纯，水为 GB/T 6682—2008《分析实验室用水规格和试验方法》规定的二级水。

1. 试剂

（1）正庚烷 $[CH_3(CH_2)_5CH_3]$。

（2）氯化钠（NaCl）。

（3）石油醚　沸程为 30~60℃。

（4）氢氧化钠（NaOH）。

（5）硫酸（H_2SO_4）。

（6）亚铁氰化钾 $\{K_4[Fe(CN)_6]\cdot 3H_2O\}$。

(7) 硫酸锌（$ZnSO_4 \cdot 7H_2O$）。

(8) 亚硝酸钠（$NaNO_2$）。

2. 试剂配制

(1) 氢氧化钠溶液（40g/L） 称取20g氢氧化钠，溶于水并稀释至500mL，混匀。

(2) 硫酸溶液（200g/L） 量取54mL硫酸小心缓缓加入400mL水中，后加水至500mL，混匀。

(3) 亚铁氰化钾溶液（150g/L） 称取折合15g亚铁氰化钾，溶于水稀释至100mL，混匀。

(4) 硫酸锌溶液（300g/L） 称取折合30g硫酸锌的试剂，溶于水并稀释至100mL，混匀。

(5) 亚硝酸钠溶液（50g/L） 称取25g亚硝酸钠，溶于水并稀释至500mL，混匀。

3. 标准品

环己基氨基磺酸钠标准品（$C_6H_{12}NSO_3Na$）：纯度≥99%。

4. 标准溶液的配制

(1) 环己基氨基磺酸标准储备液（5.00mg/mL） 精确称取0.5612g环己基氨基磺酸钠标准品，用水溶解并定容至100mL，混匀，此溶液1.00mL相当于环己基氨基磺酸5.00mg（环己基氨基磺酸钠与环己基氨基磺酸的换算系数为0.8909）。置于1~4℃冰箱保存，可保存12个月。

(2) 环己基氨基磺酸标准使用液（1.00mg/mL） 准确移取20.0mL环己基氨基磺酸标准储备液用水稀释并定容至100mL，混匀。置于1~4℃冰箱保存，可保存6个月。

5. 仪器与设备

(1) 气相色谱仪 配有氢火焰离子化检测器（FID）。

(2) 涡旋混合器。

(3) 离心机 转速≥4000r/min。

(4) 超声波振荡器。

(5) 样品粉碎机。

(6) 10μL微量注射器。

(7) 恒温水浴锅。

(8) 天平 感量1mg、0.1mg。

任务实施

1. 试样溶液制备

(1) 液体试样处理

①普通液体试样：摇匀后称取25.0g试样（如需要可过滤），用水定容至50mL备用。

②含二氧化碳的试样：称取 25.0g 试样于烧杯中，60℃水浴加热 30min 以除二氧化碳，放冷，用水定容至 50mL 备用。

③含酒精的试样：称取 25.0g 试样于烧杯中，用氢氧化钠溶液调至弱碱性 pH 7~8，60℃水浴加热 30min 以除酒精，放冷，用水定容至 50mL 备用。

（2）固体、半固体试样处理

①低脂、低蛋白样品（果酱、果冻、水果罐头、果丹类、蜜饯凉果、浓缩果汁、面包、糕点、饼干、复合调味料、带壳熟制坚果和籽类、腌渍的蔬菜等）：称取打碎、混匀的样品 3.00~5.00g 于 50mL 离心管中，加 30mL 水，振摇，超声提取 20min，混匀，离心（3000r/min）10min，过滤，用水分次洗涤残渣，收集滤液并定容至 50mL，混匀备用。

②高蛋白样品（酸乳、雪糕、冰淇淋等乳制品及豆制品、腐乳等）：冰棒、雪糕、冰淇淋等分别放置于 250mL 烧杯中，待融化后搅匀称取；称取样品 3.00~5.00g 于 50mL 离心管中，加入 30mL 水，超声提取 20min，加入 2mL 亚铁氰化钾溶液，混匀，再加入 2mL 硫酸锌溶液，混匀，离心（3000r/min）10min，过滤，用水分次洗涤残渣，收集滤液并定容至 50mL，混匀备用。

③高脂样品（奶油制品、海鱼罐头、熟肉制品等）：称取打碎、混匀的样品 3.00~5.00g 于 50mL 离心管中，加入 25mL 石油醚，振摇，超声提取 3min，再混匀，离心（1000r/min 以上）10min，弃石油醚，再用 25mL 石油醚提取一次，弃石油醚，60℃水浴挥发去除石油醚，残渣加 30mL 水，混匀，超声提取 20min，加入 2mL 亚铁氰化钾溶液，混匀，再加入 2mL 硫酸锌溶液，混匀，离心（3000r/min）10min，过滤，用水洗涤残渣，收集滤液并定容至 50mL，混匀备用。

（3）衍生化 准确移取液体试样溶液、固体、半固体试样溶液 10.0mL 于 50mL 带盖离心管中。离心管置试管架上冰浴 5min 后，准确加入 5.00mL 正庚烷，加入 2.5mL 亚硝酸钠溶液，2.5mL 硫酸溶液，盖紧离心管盖，摇匀，在冰浴中放置 30min，其间振摇 3~5 次；加入 2.5g 氯化钠，盖上盖后置涡旋混合器上振动 1min（或振摇 60~80 次），低温离心（3000r/min）10min 分层或低温静置 20min 至澄清分层后取上清液放置 1~4℃冰箱冷藏保存以备进样用。

2. 标准系列溶液的制备及衍生化

准确移取 1.00mg/mL 环己基氨基磺酸标准溶液 0.50，1.00，2.50，5.00，10.0，25.0mL 于 50mL 容量瓶中，加水定容。配成标准系列溶液浓度为：0.01，0.02，0.05，0.10，0.20，0.50mg/mL。临用时配制以备衍生化用。

准确移取标准系列溶液 10.0mL 同"1. 试样溶液的制备"中的衍生化。

3. 测定

（1）色谱条件

①色谱柱：弱极性石英毛细管柱（内涂 5%苯基甲基聚硅氧

甜蜜素的检测

烷，30m×0.53mm，1.0μm）或等效柱。

②柱温升温程序：初温55℃保持3min，10℃/min升温至90℃保持0.5min，20℃/min升温至200℃保持3min。

③进样口：温度230℃；进样量1μL，不分流/分流进样，分流比1∶5（分流比及方式可根据色谱仪器条件调整）。

④检测器：氢火焰离子化检测器（FID），温度260℃。

⑤载气：高纯氮气，流量12.0mL/min，尾吹20mL/min。

⑥氢气：30mL/min；空气330mL/min（载气、氢气、空气流量大小可根据仪器条件进行调整）。

（2）色谱分析　分别吸取1μL经衍生化处理的标准系列各浓度溶液上清液，注入气相色谱仪中（标准色谱图见图5-9），可测得不同浓度被测物的响应值峰面积，以浓度为横坐标，以环己醇亚硝酸酯和环己醇两峰面积之和为纵坐标，绘制标准曲线。

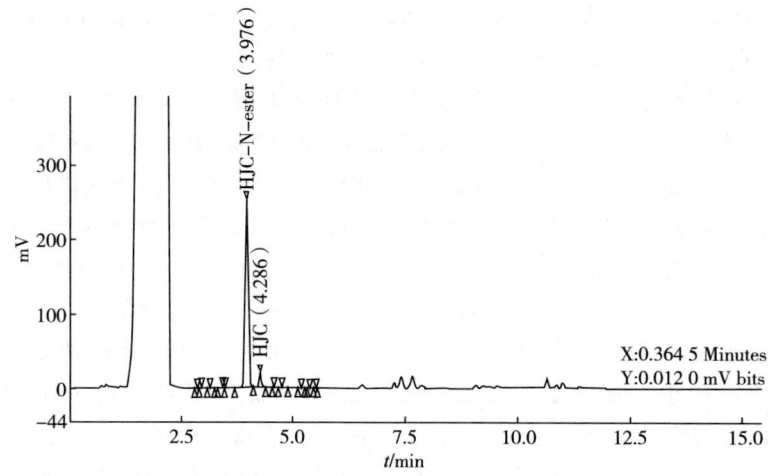

图5-9　环己基氨基磺酸标准溶液（0.5mg/mL）衍生化处理后的气相色谱图

在完全相同的条件下进样1μL经衍生化处理的试样待测液上清液，保留时间定性，测得峰面积，根据标准曲线得到样液中的组分浓度；试样上清液响应值若超出线性范围，应用正庚烷稀释后再进样分析。平行测定次数不少于两次。

4. 结果计算

试样中环己基氨基磺酸含量按式（5-12）计算：

$$X_1 = \frac{c}{m} \times V \tag{5-12}$$

式中　X_1——试样中环己基氨基磺酸的含量，g/kg；

c——由标准曲线计算出定容样液中环己基氨基磺酸的浓度，mg/mL；

m——试样质量，g；

V——试样的最后定容体积，mL。

计算结果以重复性条件下获得的两次独立测定结果的算术平均值表示，结果保留三位有效数字。

5. 确保精密度

在重复性条件下获得的两次独立测定结果的绝对差值不得超过算术平均值的10%。

6. 其他

取样量5g时，本方法检出限为0.010g/kg，定量限0.030g/kg。

■ 在线测试

项目五　任务五　在线测试

■ 知识拓展

食品中环己基氨基磺酸钠的测定——高效液相色谱法

一、原理

食品中的环己基氨基磺酸钠用水提取后，在强酸性溶液中与次氯酸钠反应，生成N,N-二氯环己胺，用正庚烷萃取后，利用高效液相色谱法检测，保留时间定性，外标法定量。

二、试剂和材料

除非另有说明，本方法所用试剂均为分析纯，水为GB/T 6682—2008《分析实验室用水规格和试验方法》规定的一级水。

1. 试剂

（1）正庚烷［$CH_3(CH_2)_5CH_3$］　色谱纯。

（2）乙腈（CH_3CN）　色谱纯。

（3）硫酸（H_2SO_4）。

（4）次氯酸钠（NaClO）。

(5) 碳酸氢钠（$NaHCO_3$）。

(6) 硫酸锌（$ZnSO_4 \cdot 7H_2O$）。

(7) 亚铁氰化钾 $\{K_4[Fe(CN)_6] \cdot 3H_2O\}$。

(8) 石油醚　沸程为30~60℃。

2. 试剂配制

(1) 硫酸溶液（1+1）　50mL硫酸小心缓缓加入50mL水中，混匀。

(2) 次氯酸钠溶液　用次氯酸钠稀释，保存于棕色瓶中，保持有效氯含量50g/L以上，混匀，市售产品需及时标定，临用时配制。

(3) 碳酸氢钠溶液（50g/L）　称取5g碳酸氢钠，用水溶解并稀释至100mL，混匀。

(4) 硫酸锌溶液（300g/L）　称取折合30g硫酸锌，溶于水并稀释至100mL，混匀。

(5) 亚铁氰化钾溶液（150g/L）　称取折合15g亚铁氰化钾，溶于水并稀释至100mL，混匀。

3. 标准品

环己基氨基磺酸钠标准品（$C_6H_{12}NSO_3Na$）：纯度≥99%。

4. 标准溶液配制

(1) 环己基氨基磺酸标准储备液（5.00mg/mL）　按气相色谱法标准中溶液配制。

(2) 环己基氨基磺酸标准中间液（1.00mg/mL）　按气相色谱法标准中溶液配制。

(3) 环己基氨基磺酸标准系列溶液　分别吸取标准中间液0.50，1.0，2.5，5.0，10.0mL至50mL容量瓶中，用水定容。该标准系列浓度分别为10.0，20.0，50.0，100，200μg/mL。临用现配。

三、仪器和设备

(1) 液相色谱仪　配有紫外检测器或二极管阵列检测器。

(2) 超声波振荡器。

(3) 离心机　转速≥4000r/min。

(4) 样品粉碎机。

(5) 恒温水浴锅。

(6) 天平　感量1mg、0.1mg。

四、分析步骤

1. 试样溶液制备

(1) 固体类和半固体类试样处理　称取均质后试样5.00g于50mL离心管中，

加入30mL水，混匀，超声提取20min，离心（3000r/min）20min，将上清液转出，用水洗涤残渣并定容至50mL备用。含高蛋白类样品可在超声提取时加入2.0mL硫酸锌溶液和2.0mL亚铁氰化钾溶液。含高脂质类样品可在提取前先加入25mL石油醚振摇后弃去石油醚层除脂。

（2）液体类试样处理

①普通液体试样：摇匀后可直接称取样品25.0g，用水定容至50mL备用（如需要可过滤）。

②含二氧化碳的试样：称取25.0g试样于烧杯中，60℃水浴加热30min以除二氧化碳，放冷，用水定容至50mL备用。

③含酒精的试样：称取25.0g试样于烧杯中，用氢氧化钠溶液调至弱碱性pH 7~8，60℃水浴加热30min以除酒精，放冷，用水定容至50mL备用。

④含乳类饮料：称取试样25.0g于50mL离心管中，加入3.0mL硫酸锌溶液和3.0mL亚铁氰化钾溶液，混匀，离心分层后，将上清液转出，用水洗涤残渣并定容至50mL备用。

（3）衍生化　准确移取10mL已制备好的试样溶液，加入2.0mL硫酸溶液，5.0mL正庚烷和1.0mL次氯酸钠溶液，剧烈振荡1min，静置分层，除去水层后在正庚烷层中加入25mL碳酸氢钠溶液，振荡1min。静置取上层有机相经0.45μm微孔有机相滤膜过滤，滤液备进样用。

2. 仪器参考条件确定

（1）色谱柱　C_{18}柱，150mm×3.9mm（内径），5μm，或同等性能的色谱柱。

（2）流动相　乙腈+水（70+30）。

（3）流速　0.8mL/min。

（4）进样量　10μL。

（5）柱温　40℃。

（6）检测器　紫外检测器或二极管阵列检测器。

（7）检测波长　314nm。

3. 标准曲线制作

移取10mL环己基氨基磺酸标准系列溶液按"试样溶液的制备"中的衍生化步骤进行衍生化。取过0.45μm微孔有机相滤膜后的溶液10μL分别注入液相色谱仪中（标准色谱图见图5-10），测定相应的峰面积，以标准工作溶液的浓度为横坐标，以环己基氨基磺酸钠衍生化产物N,N-二氯环己胺峰面积为纵坐标，绘制标准曲线。

4. 样品测定

将衍生后试样溶液10μL注入液相色谱仪中，保留时间定性，测得峰面积，根据标准曲线得到试样定容溶液中环己基氨基磺酸的浓度，平行测定次数不少于两次。

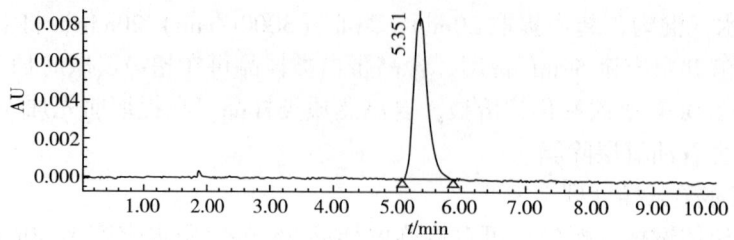

图 5-10　环己基氨基磺酸标准溶液（100μg/mL）衍生物 N,N-二氯环己胺液相色谱图

五、分析结果的表述

试样中环己基氨基磺酸含量按式（5-13）计算：

$$X_2 = \frac{c \times V}{m \times 1000} \qquad (5\text{-}13)$$

式中　X_2——试样中环己基氨基磺酸的含量，g/kg；
　　　c——由标准曲线计算出试样定容溶液中环己基氨基磺酸的浓度，μg/mL；
　　　V——试样的最后定容体积，mL；
　　　m——试样的质量，g；
　　　1000——由 μg/g 换算成 g/kg 的换算因子。

计算结果以重复性条件下获得的两次独立测定结果的算术平均值表示，结果保留三位有效数字。

六、精密度

在重复性条件下获得的两次独立测定结果的绝对差值不得超过算术平均值的 10%。

任务六　着色剂——栀子黄和胭脂红的检测

任务导入

按照"双随机、一公开"的原则，某市市场监督管理局对某超市销售的某品牌西瓜味碳酸饮料进行了抽查。并将抽检的饮料样品送往相关检测科室，检测其各项指标是否符合 GB 7101—2015《食品安全国家标准　饮料》中的相关规定。其中，着色剂含量也是重要指标之一，经查阅食品标签，发现饮料中添加了胭脂红作为着色剂。检测员需按照 GB 5009.35—2016《食品安全国家标准　食品中合成着色剂的测定》的规定完成检测工作。

■ **任务要求**

根据 GB 5009.35—2016《食品安全国家标准 食品中合成着色剂的测定》的规定，完成实验设计和实验准备工作。然后按照操作规范要求，完成试样制备、色素提取、上机测定、结果计算与分析工作。实验完成后，出具一份反映样品中胭脂红含量及产品合格与否的检测报告。

■ **必备知识**

一、食品着色剂的简介

食品着色剂又称食品色素，是以食品着色为主要目的的一类食品添加剂。广泛应用于饮料、酒类、糕点、糖果中。目前常用的食品着色剂有60种以上。

按照来源，食品着色剂可以分为合成着色剂和天然着色剂两大类。

（1）食品合成着色剂 也称为食品合成色素，是以苯、甲苯、萘等化工产品为原料，经过磺化、硝化、卤化、偶氮化等一系列有机合成反应所制得的有机着色剂。按其化学结构可分为两类：偶氮类色素（苋菜红、胭脂红、日落黄、柠檬黄、新红、诱惑红、酸性红等）和非偶氮类色素（赤藓红、亮蓝、靛蓝等）。偶氮类色素，按其溶解性不同又可分为：油溶性偶氮类色素和水溶性偶氮类色素。

油溶性偶氮类色素不溶于水，进入人体内不易排出体外，毒性较大，目前基本上不再使用。水溶性偶氮类色素较容易排出体外，毒性较低，现在世界各国使用的合成色素大部分都是水溶性偶氮类色素和它们各自的铝色淀（色淀是由水溶性着色剂沉淀在许可使用的不溶性基质上制备的一种特殊着色剂制品，因为基质部分多为氧化铝，所以又称为铝色淀）。

相比于天然着色剂，食品合成着色剂有着色力强、色泽鲜艳、不易褪色、稳定性好、易潮解、易着色、品质均一、适于调色、无臭无味、价格便宜等特点，但其安全性相对较低。

（2）食品天然着色剂 也称食品天然色素，主要是指从动物、植物和微生物中提取的着色剂，一些品种还具有维生素活性（如 β-胡萝卜素），有的还具有一定的生物活性功能（如栀子黄、红花黄等）。

食品天然着色剂品种繁多、色泽自然，而且使用范围和用量都比合成着色剂宽。但也存在成本高、着色力弱、稳定性差、容易变质等缺点，且有些品种还有异味和异臭，以及难以调出任意颜色。但是，由于其具有较为可靠的安全性，依然有广阔的发展前景和很大的市场潜力。近年来，各国都着力于开发性能更加优良的食品天然着色剂，一些国家天然着色剂的用量已经超过了合成着色剂。

二、栀子黄的简介

栀子黄，又称黄栀子、藏花素，属于异戊二烯衍生物类天然着色剂，是由茜草科植物栀子果实用乙醇提取的黄色色素，其主要着色物质为藏花素，属于藏花酸的二龙胆糖酯，分子式 $C_{44}H_{64}O_4$，相对分子质量为 976.97。栀子黄为橙黄色液体、膏状或粉末。易溶于水，在水中溶解呈透明的黄色，可溶于乙醇和丙二醇，不溶于油脂。其色调几乎不受 pH 的影响，在酸性和碱性溶液中比较稳定，尤其是在碱性溶液中黄色更鲜明。除铁离子外，对其他金属离子相当稳定。栀子黄耐盐性、耐还原性和耐微生物特性较好，但耐热性和耐光性较差，在低 pH 时稳定性也较差。

栀子黄着色力强、色泽鲜艳、稳定性好、安全性高，是一种理想的水溶性天然食用色素。其对蛋白质和淀粉等亲水性食品有良好的染着力。本品不宜在酸性饮料中使用，可用于保健品制备。

三、胭脂红的简介

胭脂红，又称丽春红 4R、大红、亮猩红、食用红色 102 号，属于水溶性偶氮类着色剂。分子式 $C_{20}H_{11}N_2Na_3O_{10}S_3$，相对分子质量 604.46。红色至深红色均匀粉末或颗粒，无臭。易溶于水，水溶液呈红色。溶于甘油，微溶于乙醇，不溶于油脂。对柠檬酸和酒石酸稳定，遇碱变为褐色，稀释性强。耐光、耐酸性、耐盐性较好，耐热性强，但耐还原性差，耐细菌性也弱，不适合在发酵食品中使用。此外，胭脂红着色力较弱，在盐酸中呈棕色并会产生黑色沉淀。

1974 年联合国粮农组织（FAO）及世界卫生组织（WHO）开始制订各种食用色素的 ADI 值，其后每 10 年对各种食用色素的 ADI 值修订一次。为保障消费者生命健康，无论是食品合成着色剂还是食品天然着色剂，使用时均应严格遵守相关标准。

GB 5009.35—2016
《食品安全国家标准
食品中合成着色剂
的测定》

■ 任务准备

除非另有说明，本方法所用试剂均为分析纯，水为 GB/T 6682—2008《分析实验室用水规格和试验方法》规定的一级水。

1. 试剂

(1) 甲醇（CH_3OH） 色谱纯。

(2) 正己烷（C_6H_{14}）。

(3) 盐酸（HCl）。

(4) 冰乙酸（CH_3COOH）。

(5) 甲酸（HCOOH）。

(6) 乙酸铵（CH_3COONH_4）。

(7) 柠檬酸（$C_6H_8O_7 \cdot H_2O$）。

(8) 硫酸钠（Na_2SO_4）。

(9) 正丁醇（$C_4H_{10}O$）。

(10) 三正辛胺（$C_{24}H_{51}N$）。

(11) 无水乙醇（CH_3CH_2OH）。

(12) 氨水（$NH_3 \cdot H_2O$）含量20%～25%。

(13) 聚酰胺粉（尼龙6）过200μm（目）筛。

2. 试剂配制

(1) 乙酸铵溶液（0.02mol/L）称取1.54g乙酸铵，加水至1000mL，溶解，经0.45μm微孔滤膜过滤。

(2) 氨水溶液 量取氨水2mL，加水至100mL，混匀。

(3) 甲醇-甲酸溶液（6+4，体积比）量取甲醇60mL，甲酸40mL，混匀。

(4) 柠檬酸溶液 称取20g柠檬酸，加水至100mL，溶解混匀。

(5) 无水乙醇-氨水-水溶液（7+2+1，体积比）量取无水乙醇70mL、氨水溶液20mL、水10mL，混匀。

(6) 三正辛胺-正丁醇溶液（5%）量取三正辛胺5mL，加正丁醇至100mL，混匀。

(7) 饱和硫酸钠溶液。

(8) pH 6的水 水加柠檬酸溶液调pH到6。

(9) pH 4的水 水加柠檬酸溶液调pH到4。

3. 标准品

(1) 柠檬黄（CAS：1934-21-0）。

(2) 新红（CAS：220658-76-4）。

(3) 苋菜红（CAS：915-67-3）。

(4) 胭脂红（CAS：2611-82-7）。

(5) 日落黄（CAS：2783-94-0）。

(6) 亮蓝（CAS：3844-45-9）。

(7) 赤藓红（CAS：16423-68-0）。

4. 标准溶液配制

(1) 合成着色剂标准储备液（1mg/mL）准确称取按其纯度折算为100%质量的柠檬黄、日落黄、苋菜红、胭脂红、新红、赤藓红、亮蓝各0.1g（精确至0.0001g），置100mL容量瓶中，加pH 6的水到刻度，配成水溶液（1.00mg/mL）。

(2) 合成着色剂标准使用液（50μg/mL） 临用时将标准储备液加水稀释20倍，经0.45μm微孔滤膜过滤，配成每毫升相当50.0μg的合成着色剂。

5. 仪器和设备

(1) 高效液相色谱仪 带二极管阵列或紫外检测器。

(2) 天平 感量为0.001g和0.0001g。

(3) 恒温水浴锅。

(4) G3垂熔漏斗。

任务实施

1. 试样制备

(1) 果汁饮料及果汁、果味碳酸饮料等 称取20~40g（精确至0.001g），放入100mL烧杯中。含二氧化碳样品加热或超声驱除二氧化碳。

(2) 配制酒类 称取20~40g（精确至0.001g），放入100mL烧杯中，加小碎瓷片数片，加热驱除乙醇。

(3) 硬糖、蜜饯类、淀粉软糖等 称取5~10g（精确至0.001g）粉碎样品，放入100mL小烧杯中，加水30mL，温热溶解，若样品溶液pH较高，用柠檬酸溶液调节pH到6左右。

(4) 巧克力豆及着色糖衣制品 称取5~10g（精确至0.001g），放入100mL小烧杯中，用水反复洗涤色素，到巧克力豆无色素为止，合并色素漂洗液为样品溶液。

2. 色素提取

(1) 聚酰胺吸附法 样品溶液加柠檬酸溶液调节pH到6，加热至60℃，将1g聚酰胺粉加少许水调成粥状，倒入样品溶液中，搅拌片刻，以G3垂熔漏斗抽滤，用60℃pH为4的水洗涤3~5次，然后用甲醇-甲酸混合溶液洗涤3~5次（含赤藓红的样品用"液-液分配法"处理），再用水洗至中性，用乙醇-氨水-水混合溶液解吸3~5次，直至色素完全解吸，收集解吸液，加乙酸中和，蒸发至近干，加水溶解，定容至5mL。经0.45μm微孔滤膜过滤，进高效液相色谱仪分析。

(2) 液-液分配法（适用于含赤藓红的样品） 将制备好的样品溶液放入分液漏斗中，加2mL盐酸、三正辛胺-正丁醇溶液（5%）10~20mL，振摇提取，分取有机相，重复提取，直至有机相无色，合并有机相，用饱和硫酸钠溶液洗2次，每次10mL，分取有机相，放蒸发皿中，水浴加热浓缩至10mL，转移至分液漏斗中，加10mL正己烷，混匀，加氨水溶液提取2~3次，每次5mL，合并氨水溶液层（含水溶性酸性色素），用正己烷洗2次，氨水层加乙酸调成中性，水浴加热蒸发至近干，加水定容至

栀子黄和胭脂红的检测
——分液漏斗的使用

5mL。经0.45μm微孔滤膜过滤，进高效液相色谱仪分析。

3. 仪器参考条件确定

（1）色谱柱　C_{18}柱，4.6mm×250mm，5μm。

（2）进样量　10μL。

（3）柱温　35℃。

（4）二极管阵列检测器波长范围　400~800nm，或紫外检测器检测波长：254nm。

（5）梯度洗脱表见表5-4。

表5-4　梯度洗脱表

时间/min	流速/(mL/min)	0.02mol/L乙酸铵溶液/%	甲醇/%
0	1.0	95	5
3	1.0	65	35
7	1.0	0	100
10	1.0	0	100
10.1	1.0	95	5
21	1.0	95	5

4. 测定

将样品提取液和合成着色剂标准使用液分别注入高效液相色谱仪，根据保留时间定性，外标峰面积法定量（标准谱图见图5-11或图5-12）。

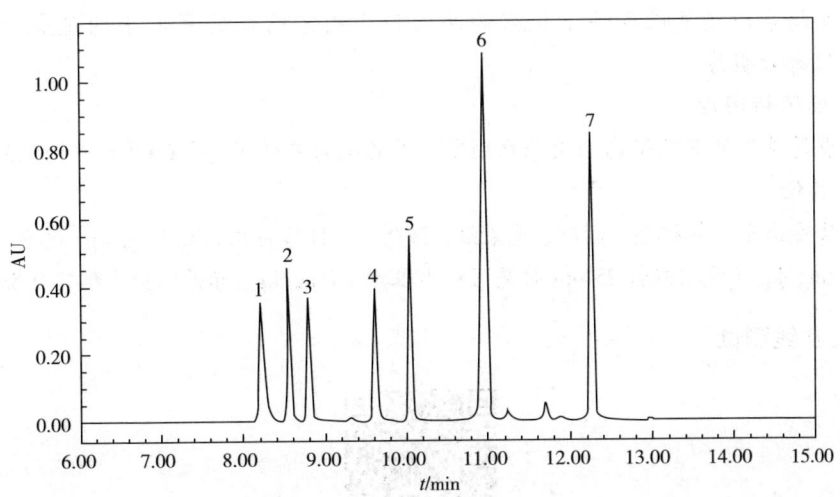

图5-11　着色剂标准色谱图（λ：400~800nm最大值图）

1—柠檬黄　2—新红　3—苋菜红　4—胭脂红　5—日落黄　6—亮蓝　7—赤藓红

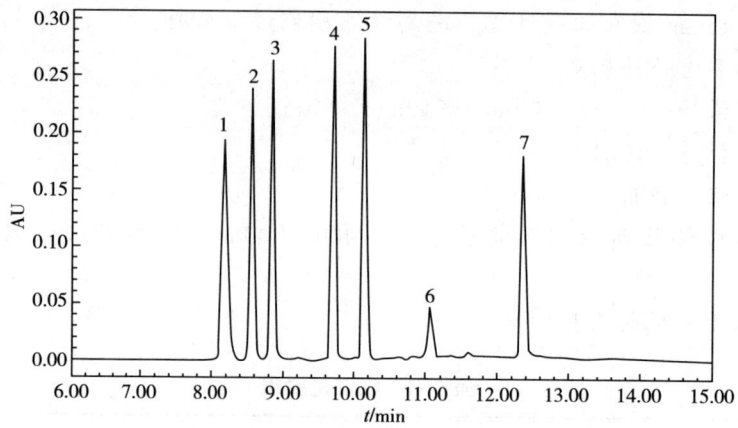

图 5-12 着色剂标准色谱图（λ：254nm 最大值图）
1—柠檬黄 2—新红 3—苋菜红 4—胭脂红 5—日落黄 6—亮蓝 7—赤藓红

5. 结果计算

试样中着色剂含量按式（5-14）计算：

$$X = \frac{c \times V \times 1000}{m \times 1000 \times 1000} \tag{5-14}$$

式中　X——试样中着色剂的含量，g/kg；

　　　c——进样液中着色剂的浓度，μg/mL；

　　　V——试样稀释总体积，mL；

　　　m——试样质量，g；

1000——换算系数。

计算结果以重复性条件下获得的两次独立测定结果的算术平均值表示，结果保留两位有效数字。

6. 确保精密度

在重复性条件下获得的两次独立测定结果的绝对差值不得超过算术平均值的 10%。

7. 其他

方法检出限：柠檬黄、新红、苋菜红、胭脂红、日落黄均为 0.5mg/kg，亮蓝、赤藓红均为 0.2mg/kg（检测波长 254nm 时亮蓝检出限为 1.0mg/kg，赤藓红检出限为 0.5mg/kg）。

■ 在线测试

项目五　任务六　在线测试

> 知识拓展

食品中栀子黄的测定

一、原理

试样用甲醇超声提取后，通过 C_{18} 反相色谱柱分离，用高效液相色谱/可见光检测器于 440nm 下检测栀子黄的主要显色成分藏花素和藏花酸，以保留时间定性，外标法定量。

二、试剂和材料

除非另有说明，本方法所用试剂均为分析纯，水为 GB/T 6682—2008《分析实验室用水规格和试验方法》规定的一级水。

1. 试剂

(1) 甲醇（CH_3OH） 色谱纯。

(2) 乙腈（CH_3CN） 色谱纯。

(3) 冰乙酸（CH_3COOH）。

(4) 乙酸铵（CH_3COONH_4）。

2. 试剂配制

乙酸-乙酸铵溶液（pH 4）：准确称取 0.77g 乙酸铵置于 1L 容量瓶内，加 900mL 水溶解，用冰乙酸调节 pH 4.0，加水定容至 1L，混匀，经 0.45μm 微孔滤膜过滤后使用。

3. 标准品

(1) 藏花素标准品（$C_{44}H_{64}O_{24}$，CAS 号：42553-65-1） 纯度≥90.0%。

(2) 藏花酸标准品（$C_{20}H_{24}O_4$，CAS 号：27876-94-4） 纯度≥90.0%。

4. 标准溶液配制

(1) 藏花素标准储备液 准确称取 5.00mg（精确至 0.01mg）藏花素标准品，用甲醇溶解，转移到 10mL 容量瓶中，用甲醇定容，混匀，藏花素浓度为 0.5mg/mL，于 4℃保存。

(2) 藏花酸标准储备液 准确称取 1.00mg（精确至 0.01mg）藏花酸标准品，用甲醇溶解，转移到 10mL 容量瓶中，用甲醇定容，混匀，藏花酸浓度为 0.1mg/mL，于 4℃保存。

(3) 藏花素、藏花酸混合标准系列溶液 分别吸取藏花素标准储备液、藏花酸标准储备液 0.05，0.1，0.2，0.5，1.0mL 于 10mL 容量瓶中，用甲醇定容，混匀，藏花素标准系列溶液浓度分别为 2.5，5，10，25，50μg/mL，藏花酸标准系列溶液浓度分别为 0.5，1，2，5，10μg/mL，于 4℃ 保存。

三、仪器和设备

（1）高效液相色谱仪　配置可见检测器。
（2）分析天平　感量为 0.01mg 和 0.01g。
（3）离心机　转速≥5000r/min。
（4）酸度计。
（5）超声波清洗仪。
（6）食品粉碎机。
（7）有机相型微孔滤膜　孔径 0.45μm。

四、分析步骤

1. 试样制备及保存
（1）液体样品　将饮料、酒类、酱油等样品摇匀分装，密闭常温或冷藏保存。
（2）半固态样品　对果冻等样品取可食部分匀浆后，搅拌均匀，分装，密闭冷藏或冷冻保存。
（3）固体样品　饼干、糕点、熟肉制品、可可制品等低含水量样品，经高速粉碎机粉碎、分装，于室温下避光密闭保存。

2. 试样处理
（1）液体样品　称取 2g（精确至 0.01g）均匀试样（若试样中含二氧化碳应先超声除去）置于烧杯中，用适量甲醇溶解并转移至 25mL 容量瓶中，加甲醇定容，摇匀。吸取 1mL 溶液过 0.45μm 有机滤膜，待测。
（2）半固体试样及固体试样　称取 2g（精确至 0.01g）均匀试样于 50mL 离心管中，准确量取 25mL 甲醇溶液加入其中，超声 20min 后涡旋 2min，4000r/min 离心 10min，吸取 1mL 上清液过 0.45μm 有机滤膜，待测。
（3）酱油　称取 1g（精确至 0.01g）均匀试样置于烧杯中，用适量甲醇溶解并转移至 50mL 容量瓶中，加甲醇定容，摇匀。吸取 1mL 溶液过 0.45μm 有机滤膜，待测。试样处理过程应在避免强光照射的环境下进行。

3. 仪器参考条件
仪器参考条件列出如下。
（1）色谱柱　C_{18} 色谱柱，柱长 250mm，内径 4.6mm，粒径 5μm，或同等性能的色谱柱；
（2）流动相　A：乙酸-乙酸铵缓冲溶液，B：乙腈，梯度洗脱见表 5-5；

(3) 进样量　10μL；
(4) 流速　1.0mL/min；
(5) 检测波长　440nm。

表 5-5　流动相及梯度洗脱条件

时间/min	流速/(mL/min)	流动相 A/%	流动相 B/%
0	1.0	80	20
1	1.0	80	20
8	1.0	40	60
8.1	1.0	30	70
13	1.0	2	98
15	1.0	80	20
20	1.0	80	20

4. 制作标准曲线

将系列标准工作液分别注入高效液相色谱仪中，测定藏花素和藏花酸相应的峰面积，以标准工作液的浓度为横坐标，以色谱峰面积为纵坐标，绘制标准曲线。

藏花素和藏花酸的标准图谱见图 5-13。

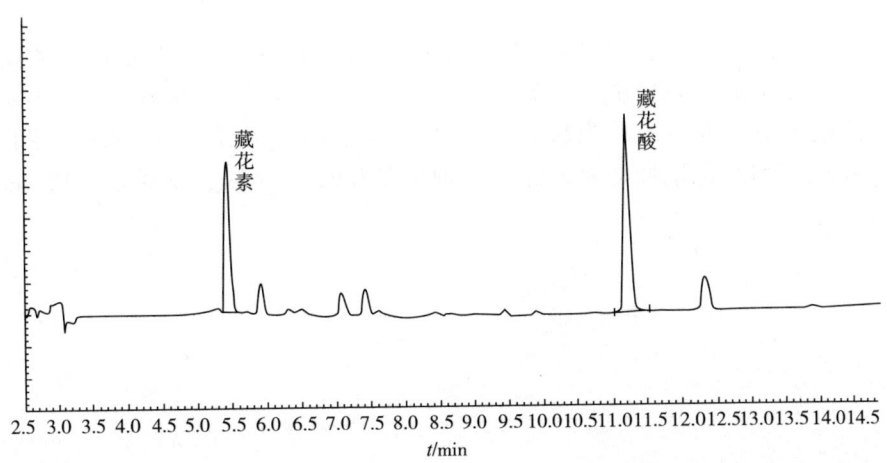

图 5-13　藏花素和藏花酸的标准色谱图（藏花素浓度 50μg/mL，藏花酸浓度 10μg/mL）

5. 测定试样溶液

将试样溶液注入高效液相色谱仪中，得到藏花素和藏花酸的峰面积，根据标准曲线得到待测液中藏花素和藏花酸的浓度。

五、分析结果的表述

试样中藏花素和藏花酸的含量按式（5-15）计算：

$$X = \frac{\rho \times V \times 1000}{m \times 1000 \times 1000} \times F \tag{5-15}$$

式中　X——试样中藏花素或藏花酸的含量，g/kg；

　　　ρ——由标准曲线求得试样溶液中藏花素或藏花酸的浓度，μg/mL；

　　　V——样品溶液定容体积，mL；

　　1000——换算系数；

　　　m——最终样液代表的试样质量，g；

　　　F——标准品的纯度折算系数。

计算结果保留两位有效数字。

六、精密度

在重复性条件下获得的两次独立测定结果的绝对差值不得超过算术平均值的15%。

七、其他

方法检出限：酱油样品当称样量为1.0g时，藏花素为50mg/kg，藏花酸为10.0mg/kg；其他样品取样量为2.0g时，藏花素为12.5mg/kg，藏花酸为2.5mg/kg。

方法定量限：酱油样品当称样量为1.0g时，藏花素为250mg/kg，藏花酸为50.0mg/kg；其他样品取样量为2.0g时，藏花素为62.5mg/kg，藏花酸为12.5mg/kg。

项目六

食品中非法添加物检测

知识目标

1. 了解食品中非法添加物种类、危害特性及检测方法;

2. 理解食品中非法添加物（三聚氰胺、瘦肉精、苏丹红和吊白块）检测的原理。

能力目标

1. 掌握三聚氰胺、瘦肉精、苏丹红和吊白块标准溶液配制方法;

2. 熟练操作氮吹仪、离心机、固相萃取仪、高效液相色谱等前处理设备及大型分析仪器，并能熟练操作相关的虚拟仿真软件;

3. 能独立完成食品中三聚氰胺、瘦肉精、苏丹红和吊白块的项目检测;

4. 能够规范填写原始数据记录单。

素质目标

1. 具备诚实守信、依法检测、精益求精的职业素养;

2. 具有安全实验、规范操作的实验意识和专注认真、热爱劳动的劳动精神;

3. 具有专业认同感，职业使命感，保护食品安全，保障人民健康，树立中国品牌，传承爱国精神;

4. 具有集大局意识、协作意识和服务意识于一体的团队精神;

5. 具有垃圾分类、环境保护意识。

食品添加剂与非法添加物有着本质的区别。食品添加剂是指为改善食品品质和色、香、味，以及为防腐和加工工艺的需要而加入食品中的化学合成或者天然物质。世界范围内的食品产业都在使用食品添加剂，但是如果长期超限量、超范围滥用，则可能会造成慢性中毒或癌症等严重后果。某些不道德商家为了牟利，

非法添加物范围

在食品中添加非法添加物，如三聚氰胺、瘦肉精、苏丹红和吊白块等，这种违法行为使消费者的身体健康受到严重威胁。这些物质多是对人体有毒有害的化工原料，是法律严令禁止在食品中添加的，不属于食品添加剂。

国务院食品安全委员会为严厉打击食品生产经营中违法添加非食用物质，根据卫生部门、农业部门和市场监督管理部门等风险监测和监督检查中发现的问题，不断更新非法使用物质名单，已公布47种可能在食品中"违法添加的非食用物质"的名单，见表6-1。判定一种物质是否属于非法添加物，根据相关法律、法规、标准的规定，可以参考以下原则。

表6-1　食品中可能违法添加的非食用物质名单

序号	名称	可能添加的食品品种	检测方法
1	吊白块	腐竹、粉丝、面粉、竹笋	GB/T 21126—2007《小麦粉与大米粉及其制品中甲醛次硫酸氢钠含量的测定》；卫生部《关于印发面粉、油脂中过氧化苯甲酰测定等检验方法的通知》（卫监发〔2001〕159号）附件2　食品中甲醛次硫酸氢钠的测定方法
2	苏丹红	辣椒粉、含辣椒类的食品（辣椒酱、辣味调味品）	GB/T 19681—2005《食品中苏丹红染料的检测方法　高效液相色谱法》
3	王金黄、块黄	腐皮	
4	蛋白精、三聚氰胺	乳及乳制品	GB/T 22388—2008《原料乳与乳制品中三聚氰胺检测方法》 GB/T 22400—2008《原料乳中三聚氰胺快速检测液相色谱法》
5	硼酸与硼砂	腐竹、肉丸、凉粉、凉皮、面条、饺子皮	无
6	硫氰酸钠	乳及乳制品	无
7	玫瑰红B	调味品	无
8	美术绿	茶叶	无
9	碱性嫩黄	豆制品	无
10	工业用甲醛	海参、鱿鱼等干水产品、血豆腐	SC/T 3025—2006《水产品中甲醛的测定》
11	工业用火碱	海参、鱿鱼等干水产品、生鲜乳	无
12	一氧化碳	金枪鱼、三文鱼	无
13	硫化钠	味精	无
14	工业硫磺	白砂糖、辣椒、蜜饯、银耳、龙眼、胡萝卜、姜等	无

续表

序号	名称	可能添加的食品品种	检测方法
15	工业染料	小米、玉米粉、熟肉制品等	无
16	罂粟壳	火锅底料及小吃类	参照上海市食品药品检验所自建方法
17	革皮水解物	乳与乳制品 含乳饮料	乳与乳制品中动物水解蛋白鉴定——L（-）-羟脯氨酸含量测定（检测方法由中国检验检疫科学院食品安全所提供。该方法仅适应于生鲜乳、纯牛乳、乳粉联系方式：Wkzhong@21cn.com)
18	溴酸钾	小麦粉	GB/T 20188—2006《小麦粉中溴酸盐的测定 离子色谱法》
19	β-内酰胺酶（金玉兰酶制剂）	乳与乳制品	液相色谱法（检测方法由中国检验检疫科学院食品安全所提供。联系方式：Wkzhong@21cn.com)
20	富马酸二甲酯	糕点	气相色谱法（检测方法由中国疾病预防控制中心营养与食品安全所提供。联系方式：Wkzhong@21cn.com)
21	废弃食用油脂	食用油脂	无
22	工业用矿物油	陈化大米	无
23	工业明胶	冰淇淋、肉皮冻等	无
24	工业酒精	勾兑假酒	无
25	敌敌畏	火腿、鱼干、咸鱼等制品	GB/T 5009.20—2003《食品中有机磷农药残留的测定》
26	毛发水	酱油等	无
27	工业用乙酸	勾兑食醋	GB/T 5009.41—2003《食醋卫生标准的分析方法》
28	肾上腺素受体激动剂类药物（盐酸克伦特罗，莱克多巴胺等）	猪肉、牛羊肉及肝脏等	GB/T 22286—2008《动物源性食品中多种β-受体激动剂残留量的测定 液相色谱串联质谱法》
29	硝基呋喃类药物	猪肉、禽肉、动物性水产品	GB/T 21311—2007《动物源性食品中硝基呋喃类药物代谢物残留量检测方法 高效液相色谱-串联质谱法》
30	玉米赤霉醇	牛羊肉及肝脏、牛乳	GB 5009.209—2016《食品安全国家标准 食品中玉米赤霉烯酮的测定》

续表

序号	名称	可能添加的食品品种	检测方法
31	抗生素残渣	猪肉	无，需要研制动物性食品中测定万古霉素的液相色谱-串联质谱法
32	镇静剂	猪肉	参考 GB/T 20763—2006《猪肾和肌肉组织中乙酰丙嗪、氯丙嗪、氟哌啶醇、丙酰二甲氨基丙吩噻嗪、甲苯噻嗪、阿扎哌垄阿扎哌醇、咔唑心安残留量的测定 液相色谱-串联质谱法》 无，需要研制动物性食品中测定安定的液相色谱-串联质谱法
33	荧光增白物质	双孢蘑菇、金针菇、白灵菇、面粉	蘑菇样品可通过照射进行定性检测 面粉样品无检测方法
34	工业氯化镁	木耳	无
35	磷化铝	木耳	无
36	馅料原料漂白剂	焙烤食品	无，需要研制馅料原料中二氧化硫脲的测定方法
37	酸性橙Ⅱ	黄鱼、鲍汁、腌卤肉制品、红壳瓜子、辣椒面和豆瓣酱	无，需要研制食品中酸性橙Ⅱ的测定方法。参照江苏省疾控创建的鲍汁中酸性橙Ⅱ的高效液相色谱-串联质谱法（说明：水洗方法可作为补充，如果脱色，可怀疑是违法添加了色素）
38	氯霉素	生食水产品、肉制品、猪肠衣、蜂蜜	GB/T 22338—2008《动物源性食品中氯霉素类药物残留量测定》
39	喹诺酮类	麻辣烫类食品	无，需要研制麻辣烫类食品中喹诺酮类抗生素的测定方法
40	水玻璃	面制品	无
41	孔雀石绿	鱼类	GB/T 20361—2006《水产品中孔雀石绿和结晶紫残留量的测定 高效液相色谱荧光检测法》（建议研制水产品中孔雀石绿和结晶紫残留量测定的液相色谱-串联质谱法）
42	乌洛托品	腐竹、米线等	无，需要研制食品中六亚甲基四胺的测定方法
43	五氯酚钠	河蟹	SC/T 3030—2006《水产品中五氯苯酚及其钠盐残留量的测定 气相色谱法》

续表

序号	名称	可能添加的食品品种	检测方法
44	喹乙醇	水产养殖饲料	农业部 1077 号公告-5—2008《水产品中喹乙醇代谢物残留量的测定　高效液相色谱法》；SC/T 3019—2004《水产品中喹乙醇残留量的测定　液相色谱法》
45	碱性黄	大黄鱼	无
46	磺胺二甲嘧啶	叉烧肉类	GB/T 20759—2006《畜禽肉中十六种磺胺类药物残留量的测定　液相色谱-串联质谱法》
47	敌百虫	腌制食品	GB/T 5009.20—2003《食品中有机磷农药残留量的测定》

①不属于传统上认为是食品原料的；
②不属于批准使用的新资源食品的；
③不属于国家卫生健康委员会公布的食药两用或作为普通食品管理物质的；
④未列入我国食品添加剂（GB 2760—2014《食品安全国家标准　食品添加剂使用标准》及国家卫生健康委员会食品添加剂公告）、营养强化剂品种名单（GB 14880—2012《食品安全国家标准　食品营养强化剂使用标准》及国家卫生健康委员会食品添加剂公告）的；
⑤其他我国法律法规允许使用物质之外的物质。

任务一　三聚氰胺的检测

任务导入

2008 年中国乳制品污染事件是中国的一起食品安全事故。2008 年 9 月 8 日甘肃岷县 14 名婴儿同时患有肾结石病症，引起外界关注。至 2008 年 9 月 11 日甘肃全省共发现 59 例肾结石患儿，部分患儿已发展为肾功能不全，同时已死亡 1 人，这些婴儿均食用了三鹿乳粉。随后在三鹿乳粉中发现三聚氰胺。事件引起各国的高度关注和对乳制品安全的担忧。9 月 24 日，中国国家质量监督检验检疫总局表示，牛乳事件已得到控制，9 月 14 日以后新生产的酸乳、巴氏杀菌乳、灭菌乳等主要品种的液态乳样本的三聚氰胺抽样检测中均未检出三聚氰胺。2010 年 9 月，中国多地政府开展限期清缴问题乳粉工作。（来源：百度百科）

三聚氰胺案例导入

任务要求

三聚氰胺是非法添加物，严禁在食品中添加。本任务要求学生按照专业水平对送检样品进行制备、预处理、检测并提供有关三聚氰胺的准确、可信的数据报告。

必备知识

三聚氰胺是化工原料、重要的有机化工中间体，因无毒、阻燃、美观、环保、便于加工，在塑料、纺织、皮革等行业被广泛应用。三聚氰胺分子中含有大量氮元素，用凯氏定氮法测定样品中蛋白质含量时，通常不能区分这种非蛋白氮。不法商人将三聚氰胺添加到食品中，可以提高食品中蛋白质检测数值。

三聚氰胺不但没有任何营养价值，甚至对人类、动物有害。"三鹿婴幼儿乳粉"事件发生后，随着调查检验地广泛执行，国内生产的其他品牌乳粉和部分有乳粉成分的食品中也陆续发现含有三聚氰胺，导致全社会对三聚氰胺广泛关注，给人们日常生活造成巨大的负面影响。三聚氰胺事件的发生，使得分析化学领域掀起了研究三聚氰胺检测方法的热潮，国内外开始对三聚氰胺产生了高度关注，三聚氰胺成为食品安全的"公敌"。

一、三聚氰胺的性质

三聚氰胺，俗称密胺、蛋白精，化学式为 $C_3H_6N_6$，国际纯粹与应用化学联合会（IUPAC）命名为"1,3,5-三嗪-2,4,6-三氨基"，是一种三嗪类含氮杂环有机化合物。白色单斜晶体，无味，相对密度：$1570kg/m^3$，熔点为354℃（分解），升华温度300℃。能溶于甲醇、甲醛、乙酸、热乙二醇、甘油、吡啶，微溶于水、乙醇，不溶于乙醚、苯和四氯化碳。三聚氰胺显弱碱性，能够与各种酸反应生成三聚氰胺盐。在强酸或强碱液中，三聚氰胺发生水解，胺基逐步被羟基取代，生成三聚氰酸二酰胺、三聚氰酸一酰胺和三聚氰酸。

二、三聚氰胺毒性分析

（一）急性毒性

三聚氰胺本身低毒，大鼠口服半数致死量为3248mg/kg，兔子腹腔注射半数致死量为3200mg/kg。该剂量与氯化钠的半数致死剂量非常接近。

三聚氰胺进入人体消化道，会在胃酸的作用下部分转化为氰尿酸。氰尿酸与三聚氰胺形成微溶于水的结晶，形成结石。对于大鼠和小鼠，氰尿酸和三聚氰胺的半数致死量为4100mg/kg（灌胃）或3500mg/kg（吸入）。

（二）长期毒性

长期摄入三聚氰胺可能引起生殖能力损害、膀胱炎、膀胱上皮样增生、膀胱或肾结石、膀胱癌、尿道恶性肿瘤等症状。经常饮水的成年人结石易随尿液排出体外，但哺乳期婴幼儿饮水较少且肾脏狭小，则较易形成结石。

（三）限量值

中华人民共和国卫生部、中华人民共和国工业和信息化部、中华人民共和国农业部、国家工商行政管理总局和国家质量监督检验检疫总局五部公告（2011年第10号公告）指出：婴儿配方食品中三聚氰胺的限量值为1mg/kg，其他食品中三聚氰胺的限量值为2.5mg/kg，高于上述限量的食品一律不得销售。

三、检测原理

试样用三氯乙酸溶液-乙腈提取，经阳离子交换固相萃取柱净化后，用高效液相色谱测定，外标法定量。

GB/T 22388—2008
《原料乳与乳制品中三聚氰胺检测方法》

■ 任务准备

除非另有说明，所有试剂均为分析纯，水为GB/T 6682—2008《分析实验室用水规格和试验方法》规定的一级水。

1. 仪器

（1）高效液相色谱（HPLC）仪　配有紫外检测器或二极管阵列检测器。

（2）分析天平　感量为0.0001g和0.001g。

（3）离心机　转速不低于4000r/min。

（4）超声波水浴。

（5）固相萃取装置。

（6）氮气吹干仪。

（7）涡旋混合器。

2. 试剂

（1）甲醇　色谱纯。

（2）乙腈　色谱纯。

（3）氨水　含量为25%~28%。

（4）三氯乙酸。

（5）柠檬酸。

（6）辛烷磺酸钠　色谱纯。

（7）甲醇水溶液　准确量取50mL甲醇和50mL水，混匀后备用。

（8）三氯乙酸溶液（1%）　准确称取10g三氯乙酸于1L容量瓶中，用水溶解并定容至刻度，混匀后备用。

（9）氨化甲醇溶液（5%）　准确量取5mL氨水和95mL甲醇，混匀后备用。

（10）离子对试剂缓冲液　准确称取2.10g柠檬酸和2.16g辛烷磺酸钠，加入约 980mL 水溶解，调节 pH 至 3.0 后，定容至 1L 备用。

（11）三聚氰胺标准品　CAS：108-78-01，纯度大于 99.0%。

（12）三聚氰胺标准储备液　准确称取 100mg（精确到 0.1mg）三聚氰胺标准品于 100mL 容量瓶中，用甲醇水溶液溶解并定容至刻度，配制成浓度为 1mg/mL 的标准储备液，于 4℃ 避光保存。

3. 材料

（1）定性滤纸。

（2）微孔滤膜　0.2μm，有机相。

（3）具塞塑料离心管　50mL。

（4）研钵。

（5）阳离子交换固相萃取柱　混合型阳离子交换固相萃取柱，基质为苯磺酸化的聚苯乙烯-二乙烯基苯高聚物，填料质量为 60mg，体积为 3mL，或相当者。使用前依次用 3mL 甲醇、5mL 水活化。

（6）海砂　化学纯，粒度，0.65~0.85mm，二氧化硅（SiO_2）含量 99%。

（7）氮气　纯度≥99.999%。

任务实施

1. 试样提取

称取 2g（精确至 0.01g）鲜乳于 50mL 具塞塑料离心管中，加入 15mL 三氯乙酸溶液和 5mL 乙腈，超声提取 10min，再振荡提取 10min。上清液经三氯乙酸溶液润湿的滤纸过滤后，用三氯乙酸溶液定容至 25mL，移取 5mL 滤液，加入 5mL 水混匀后作待净化液。

2. 试样净化

将上步中的待净化液转移至固相萃取柱中，依次用 3mL 水和 3mL 甲醇洗涤，抽至近干后，用 6mL 氨化甲醇溶液洗脱，整个固相萃取过程流速不超过 1mL/min，洗脱液于 50℃ 下用氮气吹干，残留物（相当于 0.4g 样品）用 1mL 流动相定容，涡旋混匀 1min，过微孔滤膜后，供 HPLC 测定。

三聚氰胺的检测——提取　　三聚氰胺的检测——净化

3. 高效液相色谱参考条件

（1）色谱柱　C_8 柱，250mm×4.6mm（内径），5μm，或者相当者。

　　　　　　C_{18} 柱，250mm×4.6mm（内径），5μm，或者相当者。

(2) 流动相　C_8 柱，离子对试剂缓冲液-乙腈（85+15，体积比），混匀。

　　　　　　C_{18} 柱，离子对试剂缓冲液-乙腈（90+10，体积比），混匀。

(3) 流速　1.0mL/min。

(4) 柱温　40℃。

(5) 波长　240nm。

(6) 进样量　20μL。

4. 绘制标准曲线

用流动相将三聚氰胺标准储备液逐级稀释得到的浓度为 0.8，2，20，40，80μg/mL 的标准系列溶液，浓度由低到高进样检测，以峰面积-浓度作图，得到标准曲线回归方程。基质匹配加标三聚氰胺的样品 HPLC 色谱图见图 6-1。

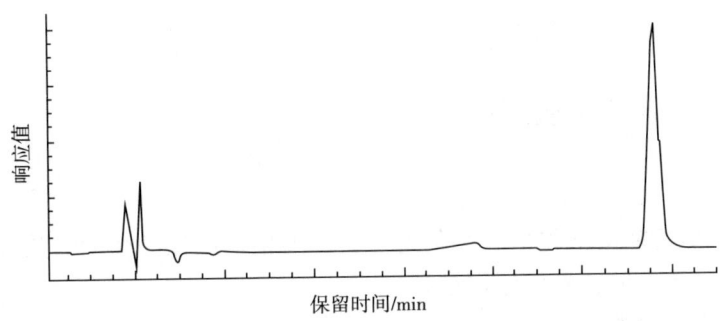

图 6-1　基质匹配加标三聚氰胺的样品 HPLC 色谱图

（检测波长 240nm，保留时间 13.6min，C_8 色谱柱）

5. 定量测定

待测样中三聚氰胺的响应值应在标准曲线线性范围内，超过线性范围则应稀释后再进行分析。

6. 结果计算

试样中三聚氰胺的含量由色谱数据处理软件或按式（6-1）计算获得：

$$X = \frac{A \times c \times V \times 1000}{A_S \times m \times 1000} \times f \quad (6-1)$$

式中　X——试样中三聚氰胺的含量，mg/kg；

A——样液中三聚氰胺的峰面积；

c——标准溶液中三聚氰胺的浓度，μg/mL；

V——样液最终定容体积，mL；

A_S——标准溶液中三聚氰胺的峰面积；

m——试样的质量，g；

f——稀释倍数。

在线测试

项目六 任务一 在线测试

知识拓展

原料乳与乳制品中三聚氰胺的检测方法除了前面介绍的高效液相色谱法外，常用的分析方法还有：液相色谱-质谱/质谱法和快速检测法等。

一、液相色谱-质谱/质谱法（LC-MS/MS法）

（一）原理

试样用三氯乙酸溶液提取，经阳离子交换固相萃取柱净化后，用液相色谱-质谱/质谱法测定和确证，外标法定量。

（二）试剂与材料

除非另有说明，所有试剂均为分析纯，水为GB/T 6682—2008《分析实验室用水规格和试验方法》规定的一级水。

（1）乙酸。

（2）乙酸铵。

（3）乙酸铵溶液（10mmol/L） 准确称取0.772g乙酸铵于1L容量瓶中，用水溶解并定容至刻度，混匀后备用。

（4）其他试剂同高效液相色谱法。

（三）仪器和设备

（1）液相色谱-质谱/质谱（LC-MS/MS） 配有电喷雾离子源（ESI）。

（2）其他同高效液相色谱法。

（四）样品处理

1. 提取

（1）液态乳、乳粉、酸乳、冰淇淋和奶糖等 称取1g（精确至0.01g）试样于50mL具塞塑料离心管中，加入8mL三氯乙酸溶液和2mL乙腈，超声提取10min，再振荡提取10min后，以不低于4000r/min离心10min。上清液经三氯乙酸溶液润湿的滤纸过滤后，作待净化液。

（2）奶酪、奶油和巧克力等 称取1g（精确至0.01g）试样于研钵中，加入适量海砂（试样质量的4~6倍）研磨成干粉状，转移至50mL具塞塑料离心管中，加入用8mL三氯乙酸溶液分数次清洗研钵，清洗液转入离心管中，再往离心管中加入2mL乙腈，余下操作同（1）中"超声提取10min……作待净化液"。若样品中脂肪含量较高，可用三氯乙酸溶液饱和的正己烷液-液分配除脂后再用固相萃取柱净化。

2. 净化

将上步中的待净化液转移至固相萃取柱中，依次用3mL水和3mL甲醇洗涤，抽至近干后，用6mL氨化甲醇溶液洗脱，整个固相萃取过程流速不超过1mL/min，洗脱液于50℃下用氮气吹干，残留物（相当于1g样品）用1mL流动相定容，涡旋混合1min，过微孔滤膜后，供LC-MS/MS测定。

（五）液相色谱-质谱/质谱测定

1. LC参考条件

（1）色谱柱　强阳离子交换与反相C_{18}混合填料，混合比例（1∶4），150mm×2.0mm（内径），5μm，或相当者。

（2）流动相　等体积的乙酸铵溶液和乙腈充分混合，用乙酸调节至pH 3.0后备用。

（3）进样量　10μL。

（4）柱温　40℃。

（5）流速　0.2mL/min。

2. MS/MS参考条件

（1）电离方式　电喷雾电离，正离子。

（2）离子喷雾电压　4kV。

（3）雾化气　氮气，2.815kg/cm^2（0.28MPa）。

（4）干燥气　氮气，流速10L/min，温度350℃。

（5）碰撞气　氮气。

（6）分辨率　Q1（单位）Q3（单位）。

（7）扫描模式　多反应监测（MRM），母离子（m/z=127），定量子离子（m/z=85），定性子离子（m/z=68）。

（8）停留时间　0.3s。

（9）裂解电压　100V。

（10）碰撞能量　m/z 127>85为20V，m/z 127>68为35V。

3. 标准曲线的绘制

取空白样品按样品方法进行处理，用所得的样品溶液将三聚氰胺标准储备液逐级稀释得到的浓度为0.01，0.05，0.1，0.2，0.5μg/mL的标准工作液，浓度由低到高进行检测，以定量子离子峰面积-浓度作图，得到标准曲线回归方程。基质匹配加标三聚氰胺的样品LC-MS/MS多反应监测质量色谱图如图6-2所示。

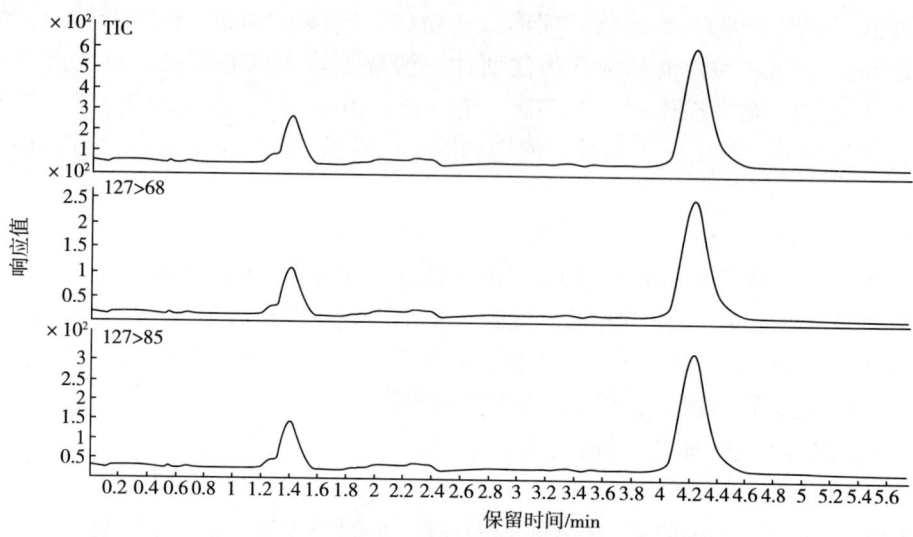

图 6-2 基质匹配加标三聚氰胺的样品 LC-MS/MS 多反应监测质量色谱图
（保留时间 4.2min，定性离子 m/z 127>85 和 m/z 127>68）

4. 定量测定

待测样液中三聚氰胺的响应值应在标准曲线线性范围内，超过线性范围则应稀释后再进行分析。

5. 定性判定

按照上述条件测定试样和标准工作液，如果试样中质量色谱峰保留时间与标准工作溶液一致（变化范围在±2.5%）；样品中目标化合物的两个子离子的相对丰度与浓度相当标准溶液的相对丰度一致，相对丰度偏差不超过表 6-2 的规定，则可判断样品中存在三聚氰胺。

表 6-2 定性离子相对丰度的最大允许偏差

相对离子丰度	>50%	20%~50%	10%~20%	≤10%
允许的相对偏差	±20%	±25%	±30%	±50%

6. 结果计算

同高效液相色谱测定。

（六）空白试验

除不称取样品外，均按照上述测定条件和步骤进行。

（七）方法定量限

本方法的定量限为 0.01mg/kg。

（八）回收率

在添加浓度 0.01~0.5mg/kg 范围内，回收率在 80%~110%，相对标准偏差小于 10%。

（九）允许差

在重复性条件下获得两次独立测定结果的绝对差值不得超过算术平均值的 15%。

二、三聚氰胺胶体金速测法

（一）适用范围

用于鲜牛乳、原料乳、纯乳粉或饲料中三聚氰胺的快速筛查。

（二）方法原理

基于竞争法胶体金免疫层析技术，检测液中的三聚氰胺与金标垫上的抗体结合形成复合物，通过色线显示浓度范围。

（三）灵敏度

0.2mg/L。

（四）实验材料

速测卡 10 片，滴管 10 支，三聚氰胺对照液 1 瓶。

（五）样品处理

（1）预包装市售鲜牛乳　预包装市售鲜牛乳出厂前一般都经过一些处理，再用离心机离心很难再分层，此时可以用此牛乳直接加样检测。

（2）原料乳　取生产用原料乳（牲畜乳房中挤出的分泌物）1mL 加入到 1.5mL 离心管中，7000r/min 离心 3~4min 至分离出脂肪层。脂肪层下 5mm 处液体即为待测液。

（3）乳粉或饲料　取 1g 样品于试管中，加入 5mL 纯净水，将试管放入一杯开水中，摇动使样品溶解，离心使其分层，稀溶液为待测液。

（六）测试步骤

取出速测卡于平台上，用吸管吸取 3~4 滴常温下的预包装市售鲜牛乳或处理后的原料乳、乳粉或饲料待测液于加样孔中，5~10min 内判断结果。如果环境温度低于 20℃时，可以延长 10min 判断结果。检测结果如图 6-3 所示。

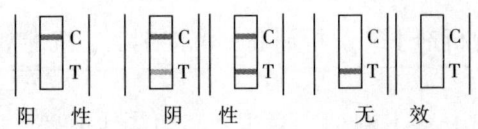

图 6-3　胶体金速测法测三聚氰胺结果判定示意图

（七）结果解释

（1）阴性　C 线显色，T 线肉眼可见，无论颜色深浅均判为阴性。

(2) 阳性　C 线显色，T 线不显色，判为阳性。
(3) 无效　C 线不显色，无论 T 线是否显色，该试纸均判为无效。
(4) 如果牛乳样品检测结果为阳性，说明样品中三聚氰胺含量大于 0.2mg/L，此时可取 1mL 样品加入 11.5mL 纯净水，摇匀后再行点样测定，如果结果仍为阳性，此样品中三聚氰胺的含量即已超出国家标准规定值 2.5mg/L。
(5) 如果乳粉是婴幼儿配方乳粉，结果为阳性，此样品中三聚氰胺的含量即已超出国家标准规定值 1.0mg/L。
(6) 如果是普通乳粉样品结果为阳性，再取待测液 1mL，加入 1.5mL 纯净水稀释，摇匀后再行点样测定，如果结果仍为阳性，此样品中三聚氰胺的含量即已超出国家标准规定值 2.5mg/kg。

（八）方法验证

取 100mg/L 的三聚氰胺对照液 1.0mL，用已知不含三聚氰胺成分的牛乳稀释至 10.0mL，从中取出 1.0mL，再用牛乳稀释至 10.0mL 得到 1mg/L 的三聚氰胺对照样，混匀，取 3 滴于速测卡加样孔中，5～10min 内观察应为阳性结果。未加三聚氰胺对照液的样品应为阴性结果。

（九）注意事项

(1) 速测卡启封后 1h 内使用。
(2) 速测卡为一次性产品，请勿重复使用。
(3) 样品不需要放入冰箱冷藏，室温保存即可。

三、配位化学法

（一）适用范围

本方法适用于液态乳、生鲜乳、液态成品乳等三聚氰胺定性检测。

（二）检测原理

样品中的三聚氰胺经特异性富集、净化后，选择性地和配位沉淀剂形成难溶配合物，在水中可以产生明显的浑浊现象，从而可以判断某一限量三聚氰胺的存在与否。

（三）实验材料

试剂：吸附剂、解析剂Ⅰ、解析剂Ⅱ、沉淀剂 A、沉淀剂 B。

（四）仪器

器材：磁子、自制 1.8mL 漏勺、漏斗、小勺、注射器、试管、烧杯、洗液瓶、恒温水浴锅。

（五）测定方法

(1) 用量筒量取待测牛乳样品 30mL 于 50mL 烧杯中，用漏勺从试剂瓶中取出 1.8mL（约 1.5g）吸附剂移至上述烧杯中，加入棒状磁子，在电磁搅拌器上常温搅拌至少10min。

（2）将烧杯中的物品用装有蒸馏水的洗液瓶边冲洗边倒入漏斗中并取出磁子，用洗液瓶充分清洗漏斗中的吸附剂至其表面完全没有乳液，将漏斗中的吸附剂倒入另一干净的烧杯内，备用。

（3）加入1mL解析剂Ⅰ同时再加入60~80mg解析剂Ⅱ（约三小勺），再将烧杯稍倾斜置于60℃以上的水浴锅中加热至少3min（烧杯倾斜确保解析液没过吸附剂，其间不停用玻璃棒搅拌），用注射器将上述烧杯中的解析液吸入注射器中，将注射器中的解析液（此时为混浊液）移入干净的试管中。

（4）用滴管向试管中加入0.25mL（约5滴）沉淀剂A，振荡得到更为浑浊的液体，用加入针头的另一注射器将上述试管中的沉淀剂A吸入注射器中，将针头换成微孔过滤膜，至（12mm×100mm）试管，通过微孔过滤膜时慢慢地过滤得到澄清液。

（5）用滴管向上述试管中加入0.20mL（约4滴）沉淀剂B，振荡（所用滴管与上述滴管不可混用）。

（六）结果判断与表述

不变浑浊表示三聚氰胺元素低于2mg/kg；变浑浊表示含有三聚氰胺。

四、试剂盒定量检测法快速测定三聚氰胺

（一）检测原理

酶联免疫吸附测定法定量测定三聚氰胺残留。利用萃取液通过均质及振荡的方式提取样品中的三聚氰胺进行免疫测定。先将三聚氰胺酶标记物、样品萃取物及标准加入到已经包被有三聚氰胺抗体的微孔中开始反应。在30min的孵育过程中，样品萃取物中的三聚氰胺与三聚氰胺酶标记物，竞争结合微孔中的三聚氰胺抗体，孵育30min后洗掉小孔中所有没有结合的三聚氰胺及三聚氰胺酶标记物。在用去离子水清洗结束后，每孔中加入清澈的底物溶液，结合的酶标记物将无色的底物转化为蓝色的物质。孵育30min后停止此反应，根据各孔颜色深浅进行数据读取。依据标准的颜色得出样品中三聚氰胺的浓度值。

（二）实验材料

（1）试剂盒　在2~8℃贮存（不要冷冻），请于盒上标注日期前用完。

（2）蒸馏水或去离子水。

（3）可吸取150μL、50μL、100μL的移液器及吸头。

（4）吸水纸或相当的吸水材料。

（5）450nm的酶标仪。

（6）吐温20　化学纯。

（7）20mmol/L PBS　0.62g $NaH_2PO_4-2H_2O$+5.73g $Na_2HPO_4-12H_2O$+9g NaCl，蒸馏水定容到1000mL。

（8）清洗液　0.62g NaH$_2$PO$_4$-2H$_2$O+5.73g Na$_2$HPO$_4$-12H$_2$O+9g NaCl，蒸馏水定容到1000mL+0.5mL吐温20。

（9）10%甲醇/20mmol/L PBS　吸取10mL甲醇用20mmol/L PBS定容至100mL。

（10）60%甲醇/水溶液　取60mL甲醇定容至100mL。

（三）测定方法

（1）将所有试剂及样品回升至室温20~28℃，但不要放置超过24h。

（2）从铝箔袋中拿出要求数量的微孔条，放入干燥剂并重新封好袋子以免微孔条受潮。

（3）吸取150μL标准、样品到对应微孔中，必须保证每种溶液使用干净的吸头吸取，避免交叉污染。加入50μL三聚氰胺酶标记溶液到每个小孔中。

（4）混合60s，20~28℃下孵育30min。

（5）将微孔中的溶液倒入水槽中，用清洗液完全充满微孔，振荡后倒掉，重复三次，总共四次洗板。

（6）在吸水纸上拍打，尽可能将水拍干。

（7）每个微孔中加入100μL底物溶液。

（8）混合60s，20~28℃下孵育30min。

（9）每个微孔中加入100μL停止液。

（10）450nm下读板。

（11）在分析软件中进行数据处理，得到最终样品浓度值。

（四）结果判断与表述

定量分析需要绘制以标准样的吸光率为Y轴，以标准样的浓度的半对数为X轴的曲线图，依据标准样吸光率的点画成一条直线，如此样品的吸光率可在线上找到，与此相应的X轴则为样品的浓度。样品吸光率范围应比标准样的最低范围高，比最高范围低。

（五）结果讨论

三种方法的特点不同如表6-3所示。试剂盒半定量检测属于定量分析法，而配位化学法与三聚氰胺胶体金试纸卡法属于定性分析法，但针对原乳收购环节必须迅速冷藏这一特性，三聚氰胺胶体金试纸卡法更为可观有效。

表6-3　结果检出限和检测时间

检测方法	最低检出限	检测时间
配位化学法	2mg/kg	1h/样品
试剂盒半定量检测法	500μg/kg	2.5~3h/样品
三聚氰胺胶体金试纸卡法	0.2μg/mL	5min/样品

任务二 瘦肉精的检测

任务导入

海关部门从美国 AA Meat Products Inc.（注册编号为 44904）企业输华牛肉中检出莱克多巴胺。依据《中华人民共和国食品安全法》《中华人民共和国进出口食品安全管理办法》规定，暂停该企业自 2022 年 6 月 15 日后启运的肉类产品进口申报。上述信息已通报美国农业部。（来源：中华人民共和国海关总署）

瘦肉精案例导入

任务要求

"瘦肉精"是一类药物统称，而不是一种特定的物质。瘦肉精是非法添加物，严禁在食品中添加。本任务要求学生按照国标要求对送检样品进行制备、预处理、检测并提供有关"瘦肉精"的准确、可信的数据报告。

必备知识

一、瘦肉精概述

β-受体激动剂是肾上腺素 β 受体激动剂的简称，包括非选择性的 β 受体激动剂（如异丙肾上腺素）及选择性心脏 $\beta 1$ 受体激动剂（如多巴酚丁胺），选择性 $\beta 2$ 受体激动剂（如沙丁胺醇）。一些 $\beta 2$ 受体激动剂，比如克伦特罗、莱克多巴胺、沙丁胺醇等，可以促进动物体内蛋白质合成，加速脂肪的转化和分解。因此，常被不法分子添加入饲料中以提高瘦肉率，俗称"瘦肉精"。瘦肉精能让动物的单位经济价值提升，但它们可残留在动物的组织中，尤其是残留于肝脏中，并通过食物链危害人类的健康，因而在全球遭到禁止。长期食用含有"瘦肉精"残留的畜禽，药物在人体内蓄积到一定的量时，会导致人体出现各种不良反应。

二、瘦肉精的危害特性

不法分子把"瘦肉精"添加到饲料中，使用剂量为人用药剂量的 10 倍以上，才能达到提高瘦肉率的效果。因为用量大、使用时间长、代谢慢，所以从屠宰前到上市，在动物体内残量大。动物体内残留通过食物进入人体，造成人体蓄积中毒。如果摄入量过大，就会产生异常生理反应的中毒现象。例如，①急性中毒。

出现心悸，面颈、四肢肌肉颤动，手指震颤，足有沉感甚至不能站立，头痛、头晕、恶心、呕吐和乏力，脸部潮红，皮肤过敏性红色丘疹。②诱发疾病。原有高血压、冠心病、甲状腺功能亢进者上述症状更易发生。如果机体耐受不良，长期有压力因素，患者猝死的概率就会升高。③心律失常。与糖皮质激素一起使用会引起低血钾，诱发心律失常。④恶性肿瘤。持续长期食用，会导致人体代谢紊乱，有可能导致染色体畸变，甚至会诱发恶性肿瘤。

三、液相色谱串联质谱法测定动物源性食品中多种 β-受体激动剂残留量原理

试样中的残留物经酶解，用高氯酸调节 pH，沉淀蛋白后离心，上清液用异丙醇-乙酸乙酯提取，再用阳离子交换柱净化，液相色谱-串联质谱法测定，内标法定量。

■ 任务准备

除非另有说明，本法所有试剂均为分析纯，水为去离子水，符合 GB/T 6682—2008《分析实验室用水规格和试验方法》中一级水的规定。

GB/T 22286—2008《动物源性食品中多种 β-受体激动剂残留量的测定 液相色谱串联质谱法》

1. 仪器

（1）高效液相色谱-串联质谱联用仪　配有电喷雾离子源（ESI）。

（2）均质器。

（3）涡旋混合器。

（4）离心机　5000r/min 和 15000r/min。

（5）氮吹仪。

（6）水平振荡器。

（7）真空过柱装置。

（8）pH 计。

（9）超声波发生器。

2. 试剂

（1）甲醇　色谱纯。

（2）乙酸钠。

（3）0.2mol/L 乙酸钠缓冲液　称取 13.6g 乙酸钠，溶解于 500mL 水中，用适量乙酸调节 pH 至 5.2。

（4）高氯酸　70%~72%。

（5）0.1mol/L 高氯酸　移取 8.7mL 高氯酸，用水稀释至 100mL。

（6）氢氧化钠。

（7）10mol/L 氢氧化钠溶液　称取 40g 氢氧化钠，用适量水溶解冷却后，用水

稀释至100mL。

（8）饱和氯化钠溶液。

（9）异丙醇-乙酸乙酯（6+4，体积比）。

（10）甲酸水溶液 2%。

（11）氨水甲醇溶液 5%。

（12）0.1%甲酸水溶液-甲醇溶液（95+5，体积比）。

（13）β-葡萄糖醛苷酶/芳基硫酸酯酶 10000units/mg。

（14）沙丁胺醇、特布他林半硫酸盐、塞曼特罗、塞布特罗、莱克多巴胺盐酸盐、克伦特罗盐酸盐、溴布特罗、苯氧丙酚胺盐酸盐、马布特罗、马贲特罗、溴代克伦特罗标准品 纯度大于98%。

（15）标准储备液 准确称取适量的沙丁胺醇、特布他林、塞曼特罗、塞布特罗、莱克多巴胺、克伦特罗、溴布特罗、苯氧丙酚胺、马布特罗、马贲特罗、溴代克伦特罗标准品，用甲醇分别配制成100μg/mL的标准储备液，保存于-18℃冰箱内，可使用1年。

（16）混合标准储备液（1μg/mL） 分别准确吸取1.00mL沙丁胺醇、特布他林、塞曼特罗、塞布特罗、莱克多巴胺、克伦特罗、溴布特罗、苯氧丙酚胺、马布特罗、马贲特罗、溴代克伦特罗标准储备液至100mL容量瓶中，用甲醇稀释至刻度，-18℃避光保存。

（17）同位素内标物 克伦特罗-D9，沙丁胺醇-D3，纯度大于98%。

（18）同位素内标储备液 准确称取适量的克伦特罗-D9、沙丁胺醇-D3，用甲醇配制成100μg/mL的标准储备液，保存于-18℃冰箱内，可使用1年。

（19）同位素内标工作溶液（10ng/mL） 将上述同位素内标储备溶液用甲醇适当稀释。

3. 材料

Oasis MCX 阳离子交换柱：60mg/3mL，使用前依次用3mL甲醇和3mL水活化。

任务实施

1. 试样提取

称取2g（精确到0.01g）经捣碎的样品于50mL离心管中，加入8mL乙酸钠缓冲液，充分混匀，再加50μL β-葡萄糖醛苷酶/芳基硫酸酯酶，混匀后，37℃水浴水解12h。

添加100μL 10ng/mL的内标工作液于待测样品中。加盖置于水平振荡器振荡15min，离心10min（5000r/min），取4mL上清液加入0.1mol/L高氯酸溶液5mL，混合均匀，用高氯酸调节pH到1±0.3。5000r/min离心10min后，将全部上清液（约10mL）转移到50mL离心管中，用10mol/L的氢氧化钠溶液调节pH到11。加入10mL饱和氯化钠溶液和10mL异丙醇-乙酸乙酯（6+4）混合溶液，充分提取，

5000r/min 离心 10min。

转移全部有机相,在40℃水浴下用氮气将其吹干。加入5mL乙酸钠缓冲液,超声混匀,使残渣充分溶解后备用。

瘦肉精的检测——提取

瘦肉精的检测——净化

2. 试样净化

将阳离子交换小柱连接到真空过柱装置。将上述残渣溶液上柱,依次用2mL水、2mL 2%甲酸水溶液和2mL甲醇洗涤柱子并彻底抽干,最后用2mL的5%氨水甲醇溶液洗脱柱子上的待测成分,流速控制在0.5mL/min。洗脱液在40℃水浴下氮气吹干。

准确加入200μL 0.1%甲酸/水-甲醇溶液(95+5),超声混匀。将溶液转移到1.5mL离心管中,15000r/min 离心 10min。

上清液供液相色谱串联质谱测定。

3. 液相色谱-串联质谱参考条件

(1) 色谱柱 Waters Atlantics C_{18} 柱,150mm×2.1mm(内径),粒度,5μm,或相当者。

(2) 流动相 A:0.1%甲酸/水,B:0.1%甲酸/乙腈,梯度淋洗见表6-4。

表6-4 梯度淋洗表

时间/min	A/%	B/%
0	96	4
2	96	4
8	20	80
21	77	23
22	5	95
25	5	95
25.5	96	4

(3) 流速 0.2mL/min。

(4) 柱温 30℃。

(5) 进样量 20μL。

（6）离子源 电喷雾离子源（ESI），正离子模式。

（7）扫描方式 多反应检测（MRM）。

（8）脱溶剂气、锥孔气、碰撞气均为高纯氮气或其他合适的高纯气体；使用前应调节各气体流量以使质谱灵敏度达到检测要求。

（9）毛细管电压、锥孔电压、碰撞能量等电压值应优化至最优灵敏度。

（10）监测离子 监测离子见表6-5。

表6-5 被测物的母离子和离子参数表

被测物	母离子（m/z）	子离子（m/z）	定量子离子（m/z）	被测物	母离子（m/z）	子离子（m/z）	定量子离子（m/z）
沙丁胺醇	240	148、222	148	特布他林	226	152、125	152
塞曼特罗	202	160、143	160	塞布特罗	234	160、143	160
莱克多巴胺	302	164、284	164	克伦特罗	277	203、259	203
溴代克伦特罗	323	249、168	249	溴布特罗	367	293、349	293
苯氧丙酚胺	302	150、284	150	马布特罗	311	237、293	237
马贲特罗	325	237、217	237	克伦特罗-D9	286	204	204
沙丁胺醇-D3	243	151	151				

4. 液相色谱-串联质谱测定

用液相色谱-串联质谱条件测定样品和混合标准工作溶液，以色谱峰面积按内标法定量。在上述色谱条件下沙丁胺醇、特布他林、塞曼特罗、塞布特罗、莱克多巴胺、克伦特罗、溴代克伦特罗、溴布特罗、苯氧丙酚胺、马布特罗、马贲特罗和同位素内标沙丁胺醇-D3、克伦特罗-D9 的参考保留时间分别为6.16，6.24，7.01，11.07，14.65，15.66，16.52，17.47，18.72，18.77，23.11，6.10，15.60min，标准溶液的液相色谱串联质谱图见图6-4。

5. 液相色谱-串联质谱确证

按照液相色谱-串联质谱条件测定样品和标准工作溶液，如果检出的质量色谱峰保留时间与标准样品一致，并且在扣除背景后的样品谱图中，各定性离子的相对丰度与浓度接近的同样条件下得到的标准溶液谱图相比，误差不超过表6-6规定的范围，则可判定样品中存在对应的被测物。

图6-4 沙丁胺醇、特布他林、塞曼特罗、塞布特罗、莱克多巴胺、克伦特罗、溴布特罗、苯氧丙酚胺、马布特罗、马贲特罗和溴代克伦特罗标准物质的多反应监测（MRM）色谱图

表 6-6　定性确证时相对离子丰度的最大允许误差

相对离子丰度	>50%	20%~50%	10%~20%	≤10%
允许的相对误差	±20%	±25%	±30%	±50%

6. 空白试验

除不加试样外,均按上述测定步骤进行。

7. 结果计算

按式(6-2)计算样品中沙丁胺醇、特布他林、塞曼特罗、塞布特罗、莱克多巴胺、克伦特罗、溴布特罗、苯氧丙酚胺、马布特罗、马贲特罗或溴代克伦特罗残留量。计算结果需扣除空白值。

沙丁胺醇-D3 作为沙丁胺醇、特布他林和莱克多巴胺的内标物质,克伦特罗-D9 作为其余 β-受体激动剂的内标物质。

$$X = \frac{c \times c_i \times A \times A_{si} \times V}{c_{si} \times A_i \times A_s \times m} \quad (6-2)$$

式中　X——样品中被测物残留量,μg/kg;

　　　c——沙丁胺醇、特布他林、塞曼特罗、塞布特罗、莱克多巴胺、克伦特罗、溴布特罗、苯氧丙酚胺、马布特罗、马贲特罗或溴代克伦特罗标准工作溶液的浓度,μg/L;

　　　c_{si}——标准工作溶液中内标物的浓度,μg/L;

　　　c_i——样液中内标物的浓度,μg/L;

　　　A_s——沙丁胺醇、特布他林、塞曼特罗、塞布特罗、莱克多巴胺、克伦特罗、溴布特罗、苯氧丙酚胺、马布特罗、马贲特罗或溴代克伦特罗标准工作溶液的峰面积;

　　　A——样液中沙丁胺醇、特布他林、塞曼特罗、塞布特罗、莱克多巴胺、克伦特罗、溴布特罗、苯氧丙酚胺、马布特罗、马贲特罗或溴代克伦特罗的峰面积;

　　　A_{si}——标准工作溶液中内标物的峰面积;

　　　A_i——样液中内标物的峰面积;

　　　V——样品定容体积,mL;

　　　m——样品质量,g。

计算结果小于本标准检出限 0.5μg/kg 时,视为未检出。

8. 确保精密度

在重复性条件下获得的两次独立测定结果的绝对差值不得超过算术平均值的 30%。

在线测试

项目六　任务二　在线测试

知识拓展

盐酸克伦特罗的测定酶联免疫吸附法

一、原理

利用抗原抗体特异性结合的特性和酶的高效催化作用,通过化学方法将辣根过氧化物酶(HRP)与克伦特罗(CL)偶联,形成辣根过氧化物酶标记克伦特罗。将固相载体上已包被的抗体(羊抗兔 IgG 抗体)与特异性的抗克伦特罗抗体结合,使抗克伦特罗抗体固相化,然后加入待测克伦特罗和辣根过氧化物酶标记克伦特罗,它们竞争性地与克伦特罗抗体结合,洗涤后加显色剂,根据显色剂的颜色变化计量待测克伦特罗量。若待测克伦特罗多,则被结合的酶标记克伦特罗少,显色剂颜色浅,反之则深。用目测法或比色法测定样品中的克伦特罗含量,比色的最佳波长为 450nm。

二、试剂与材料

以下所用的试剂和水,除特别注明者外均为分析纯试剂,水为符合 GB/T 6682—2008《分析实验室用水规格和试验方法》中规定的三级水。

(1) 克伦特罗酶联免疫法测试盒组成。

①包被羊抗兔 IgG 抗体的聚苯乙烯微量反应板,24 孔、48 孔或 96 孔。

②克伦特罗抗体:多抗或单抗。多抗可以由兔或羊血清获得,效价应>5000(间接 ELISA 法),或有效抗体含量应>5mg/mL;IC_{50}<1.0(间接竞争 ELISA 法)。单抗由鼠腹水获得,效价应>5000(间接 ELISA 法),或有效抗体含量应>5mg/mL;IC_{50}<1.0(间接竞争 ELISA 法)。

③盐酸克伦特罗的标准溶液,6 个浓度:0、0.1、0.3、0.9、2.7、8.1ng/mL。

④辣根过氧化物酶标记克伦特罗:交联比为(6~12):1,以偶联物浓溶液保

存，使用前需用辣根过氧化酶标记克伦特罗稀释液稀释。

⑤辣根过氧化物酶标记克伦特罗稀释液：含 0.01~0.05mol/L pH 7.5 磷酸钠缓冲液（PBS），加入 0.05%吐温-20，0.1%牛血清白蛋白。

⑥洗涤缓冲液：含 0.01~0.05mol/L pH 7.5 磷酸钠缓冲液（PBS），加入 0.05%吐温-20。

⑦底物液：过氧化氢，浓度为 0.3%。

⑧显色剂液：用 pH 5.0 乙酸钠-柠檬酸缓冲液配制 0.2g/L 的四甲基联苯胺溶液。

⑨终止液：2mol/L。

（2）甲醇。

（3）盐酸溶液　$c(HCl) = 0.1mol/L$。

（4）氢氧化钠溶液　$c(NaOH) = 1mol/L$。

三、仪器、设备

（1）实验室常用仪器、设备。

（2）分析天平　感量 0.0001g。

（3）酶标仪　带有 450nm 滤光片。

（4）离心机　10000r/min。

（5）振荡器。

（6）超声波发生器。

（7）微量移液器　20μL，50μL，100μL，200μL。

四、样品的制备与处理

1. 样品制备

取具代表性的样品，用四分法缩减分取 200g 左右，粉碎过 0.45mm（40 目）孔径的筛，充分混匀，装入磨口瓶中备用。

2. 样品处理

称取约 1g 样品，精确到 0.0001g，放入 15mL 离心管中。加入 1mL 盐酸溶液，混匀，加入 9mL 水混匀。在超声波发生器中超声 20min，得到试样提取溶液，在离心机上 2000r/min 离心 20min。取 0.5mL 上清液置于 15mL 离心管中，用氢氧化钠溶液调节 pH 至 7~9；对于矿物质预混料等偏酸性样品，可用更浓的氢氧化钠溶液调节 pH 至 7~9，避免中和用碱溶液体积过大。加水定容至 10mL，混匀。在离心机上 2000r/min 离心 20min。取 2mL 上清液置于 10mL 试管中，加入 3mL 水，混匀，此溶液为待测溶液。

五、测定

1. 限量测定

（1）酶联免疫反应　准备包被抗体的聚苯乙烯微量反应板。根据待测样品数量和标准样品（每个样品2个平行），决定微孔的使用量，将微孔从冰箱中取出，放在室温（25±4）℃下回温90~120min。每个微孔中加入100μL克伦特罗的抗体，室温下放置15min。将微孔内液体垂直倒掉，加入250μL洗涤缓冲液，轻轻晃动半分钟，垂直倒掉，再重复洗涤微孔3~4次，在滤纸上用力垂直磕掉残留在壁上的液体。每个微孔加入20μL克伦特罗标准溶液或待测样品溶液。每个微孔加入100μL辣根酶标记克伦特罗，在室温下放置30min。将微孔内液体垂直倒掉，加入250μL洗涤缓冲液，轻轻晃动半分钟，垂直倒掉，再重复洗涤微孔3~4次，在滤纸上用力垂直磕掉残留在壁上的液体。每个微孔加入50μL底物液和50μL显色剂液，混合后室温下黑暗放置15min。然后，每个微孔加入100μL终止液。

（2）结果判定

①定性方法：必须在白色背景下进行。先比较阴性对照和阳性对照孔的颜色，两者颜色应有明显差异，前者深后者浅。如果待测样品的颜色与阴性对照孔接近或更深，则判定该样品不含克伦特罗；如果待测样品比阴性对照孔浅，比限量孔深，则判定该样品疑似含有克伦特罗，但浓度低于限量；如果待测样品比阳性对照浅，则判定该样品疑似含有克伦特罗且浓度高于限量；如果待测样品与阳性对照相同或接近，则判定该样品疑似含有克伦特罗且浓度等于限量。所有与阳性对照孔相比疑似含有克伦特罗的均应以 NY 438—2001《饲料中盐酸克伦特罗的测定》中的 GC/MS 方法进行确认。

②半定量方法：用酶标仪在波长 $\lambda 450nm$ 处用空气作参比调零后测定标准孔及试样孔吸光度 A 值，$A_{阴性对照}$ 与 $A_{阳性对照}$ 间差值至少大于 0.2；若 $A_{待测样品} < A_{阴性对照}$，则判定该样品不含克伦特罗，若 $A_{阴性对照} > A_{待测样品} > A_{阳性对照}$，则判定该样品疑似含有克伦特罗，但浓度低于限量；若 $A_{待测样品} < A_{阳性对照}$，则判定该样品疑似含有克伦特罗且浓度高于限量；若 $A_{待测样品} = A_{阳性对照}$，则判定该样品疑似含有克伦特罗且浓度等于限量。

2. 定量测定

将6个浓度的盐酸克伦特罗的标准溶液（0，0.1，0.3，0.9，2.7，8.1ng/mL）和待测溶液按限量法测定步骤测定得相应的吸光度。以 0 浓度的吸光度 A_0 值为分母，其他标准浓度的吸光度 A 值为分子的比值，再乘以 100，获得吸光度的百分比。以此吸光度百分比为纵坐标，对应的5个盐酸克伦特罗标准浓度为横坐标，在半对数坐标上绘制标准曲线。该定标模型在 0.1~10ng/mL 范围内是线性的。在标准曲线中获得待测溶液中盐酸克伦特罗含量。

样品中盐酸克伦特罗的含量 X，以质量分数（μg/kg）表示，按式（6-3）进行计算：

$$X = \frac{rVN}{m} \tag{6-3}$$

式中　r——从标准曲线上查得的待测溶液中盐酸克伦特罗含量，ng/mL；
　　　V——试样提取溶液体积，mL；
　　　N——试样稀释倍数；
　　　m——试样的质量，g。

六、重复性

对于定量分析，每个试样最少应取两份平行样进行分析，结果允许相对偏差见表6-7。

表6-7　相对偏差表

样品中盐酸克伦特罗含量/(μg/kg)	允许相对偏差
>1000	<10%
10~1000	<15%
<10	<20%

任务三　苏丹红的检测

任务导入

"苏丹红"事件是由于意大利食品监管机构发现从英国第一食品公司出口的调味品中含有可能致癌的红色素"苏丹红一号"引发的。

国外，2004年6月，欧盟颁布了《有关辣椒及辣椒产品紧急措施的决定》。要求禁止进口含掺有苏丹红染料的辣椒产品。2004年6月14日，英国食品标准管理局就此前在超市一批新食品中发现含有潜在致癌物的"苏丹红一号"色素，向消费者和贸易机构发出了警示，并要求食品生产厂商必须继续警惕红色污染，严禁使用含有潜在致癌物、禁用产品目录中的"苏丹红一号"。2005年2月18日，英国最大食品制造商产品中发现了被欧盟禁用的苏丹红一号色素，下架食品达到500多种。

国内，2005年2月23日，中国国家质量监督检验检疫总局发布了《关于加强对含有苏丹红（一号）食品检验监管的紧急通知》，要求清查在国内销售的食品，特别是进口食品，防止含有苏丹红的食品在市场上销售。2005年3月4日，北京

苏丹红案例导入

有关方面在某辣椒酱中检出"苏丹红一号"。不久,湖南长沙某调料食品有限公司生产的"辣椒萝卜"也被检出含有"苏丹红一号"。2005年3月15日,某快餐店新奥尔良烤翅和新奥尔良烤鸡腿堡调料中发现了微量苏丹红(1号)成分。随后,北京有关部门在检查中再次发现,在"香辣鸡腿堡""辣鸡翅""劲爆鸡米花"3种产品上的"辣腌泡粉"中含有"苏丹红一号"。2005年4月5日,国家质检总局宣布,在对全国18个省、市、区可能含有苏丹红的食品展开专项检查后发现,30家生产企业的88种食品及添加剂含有苏丹红。2005年4月9日,公安部门刑拘广州田洋食品有限公司的两个主要涉案人员谭伟棠、冯永华,因该公司一直使用"苏丹红一号"含量高达98%的工业色素"油溶黄"生产辣椒红一号食品添加剂,而此食品添加剂正是此次苏丹红事件的源头。(来源:百度百科)

■ 任务要求

苏丹红是非法添加物,严禁在食品中添加。本任务要求学生按照专业水平对送检样品进行制备、预处理、检测并提供有关苏丹红的准确、可信的数据报告。

■ 必备知识

一、苏丹红概述

苏丹红学名苏丹,共分为苏丹红Ⅰ、苏丹红Ⅱ、苏丹红Ⅲ和苏丹红Ⅳ。苏丹红为亲脂性偶氮染料,主要用于油彩、机油、蜡和鞋油等产品的染色。由于用苏丹红染色后的食品颜色非常鲜艳且不易褪色,能引起人们强烈的食欲,一些不法食品企业把苏丹红添加到食品中。常见的添加苏丹红的食品有辣椒粉、辣椒油、红豆腐、红心禽蛋等。

二、苏丹红危害特性

苏丹红进入到人体内后最终在体内代谢反应生成对应的胺类化合物,经过了肝脏和肝外腺体组织微粒体、肝粒细胞质的还原酶和胃肠道中微生物还原酶发生代谢反应。人体内代谢生成的胺类化合物可能就是导致苏丹红拥有致癌性和致突变性的罪魁祸首。苏丹红Ⅰ、苏丹红Ⅱ、苏丹红Ⅲ和苏丹红Ⅳ被国际癌症研究机构(IARC)归为三类致癌物。

三、高效液相色谱检测苏丹红原理

样品经溶剂提取、固相萃取净化后,用反相高效液相色谱-紫外可见光检测器进行色谱分析，采用外标法定量。

任务准备

除非另有说明，本法所有试剂均为分析纯，水为去离子水，符合 GB/T 6682—2008《分析实验室用水规格和试验方法》二级水的规定。

GB/T 19681—2005
《食品中苏丹红染料的检测方法
高效液相色谱法》

1. 仪器

（1）高效液相色谱仪　配有紫外可见光检测器或二极管阵列检测器。

（2）分析天平　感量 0.1mg。

（3）旋转蒸发仪。

（4）均质机。

（5）离心机。

2. 试剂

（1）乙腈　色谱纯。

（2）丙酮　色谱纯、分析纯。

（3）甲酸　分析纯。

（4）乙醚　分析纯。

（5）正己烷　分析纯。

（6）无水硫酸钠　分析纯。

（7）5%丙酮的正己烷液　吸取 50mL 丙酮用正己烷定容至 1L。

（8）标准物质　苏丹红Ⅰ、苏丹红Ⅱ、苏丹红Ⅲ、苏丹红Ⅳ；纯度≥95%。

（9）标准储备液　分别称取苏丹红Ⅰ、苏丹红Ⅱ、苏丹红Ⅲ及苏丹红Ⅳ各 10.0mg（按实际含量折算），用乙醚溶解后用正己烷定容至 250mL。

3. 材料

（1）有机滤膜　0.45μm。

（2）氧化铝层析柱　中性 100~200 目。

任务实施

1. 样品制备

将液体、浆状样品混合均匀，固体样品需要磨细。

2. 样品处理

（1）红辣椒粉等粉状样品　称取 1~5g（准确至 0.001g）样品于锥形瓶中，加入 10~30mL 正己烷，超声 5min，过滤，用 10mL 正己烷洗涤残渣数次，至洗出液无色，合并正己烷液，用旋转蒸发仪浓缩至 5mL 以下，慢慢加入氧化铝层析柱中，为保

苏丹红的检测——
样品制备

证层析效果,在柱中保持正己烷液面为 2mm 左右时上样,在全程的层析过程中不应使柱干涸,用正己烷少量多次淋洗浓缩瓶,一并注入层析柱,控制氧化铝表层吸附的色素带宽小于 0.5cm,待样液完全流出后,视样品中含油类杂质的多少加入 10~30mL 正己烷洗柱,直至流出液无色,弃去全部正己烷淋洗液,用含 5%丙酮的正己烷液 60mL 洗脱,洗脱液经收集、浓缩后,用丙酮转移并定容至 5mL,经 0.45μm 有机滤膜过滤后待测。

(2) 红辣椒油、火锅料、奶油等油状样品　称取 0.5~2g(准确至 0.001g)样品于小烧杯中,加入适量正己烷溶解(1~10mL),难溶解的样品可于正己烷中加温溶解。按红辣椒粉样品中"慢慢加入氧化铝层析柱……过滤后待测"操作。

(3) 辣椒酱、番茄沙司等含水量较大的样品　称取 10~20g(准确至 0.01g)样品于离心管中,加入 10~20mL 水将其分散成糊状,含增稠剂的样品多加水,加入 30mL 正己烷-丙酮混合液(3∶1,体积比),匀浆 5min,3000r/min 离心 10min,吸出正己烷层,于下层再加入 20mL×2 次正己烷匀浆,离心,合并 3 次正己烷,加入无水硫酸钠 5g 脱水,过滤后于旋转蒸发仪上蒸干并保持 5min,用 5mL 正己烷溶解残渣后,按红辣椒粉样品中"慢慢加入氧化铝层析柱……过滤后待测"操作。

(4) 香肠等肉制品　称取粉碎样品 10~20g(准确至 0.01g)于锥形瓶中,加入 60mL 正己烷充分匀浆 5min,滤出清液,再以 20mL×2 次正己烷匀浆,过滤。合并 3 次滤液,加入 5g 无水硫酸钠脱水,过滤后于旋转蒸发仪上蒸至 5mL 以下,按红辣椒粉样品中"慢慢加入氧化铝层析柱……过滤后待测"操作。

3. 绘制标准曲线

吸取标准储备液 0、0.1、0.2、0.4、0.8、1.6mL,用正己烷定容至 25mL,此标准系列溶液浓度为 0、0.16、0.32、1.28、2.56μg/mL,绘制标准曲线。

苏丹红的检测——
标准溶液配制

4. 高效液相色谱参考条件确定

(1) 色谱柱　C_{18} 柱,150mm×4.6mm(内径),3.5μm,或者相当型号色谱柱。

(2) 柱温　30℃。

(3) 流速　1.0mL/min。

(4) 检测波长　苏丹红Ⅰ 478nm;苏丹红Ⅱ、苏丹红Ⅲ、苏丹红Ⅳ 520nm。

(5) 进样量　10μL。

(6) 流动相　A:0.1%甲酸的水溶液:乙腈=85∶15;B:0.1%甲酸的乙腈溶液:丙酮=80∶20。

(7) 洗脱方式　梯度洗脱,梯度表见表 6-8。

表 6-8　梯度淋洗表

时间/min	A/%	B/%
0	25	75
10.0	25	75
25.0	0	100
32.0	0	100
35.0	25	75
40.0	25	75

5. 结果计算

按式（6-4）计算：

$$R = C \times \frac{V}{m} \tag{6-4}$$

式中　R——样品中苏丹红含量，mg/kg；
　　　C——由标准曲线得出的样液中苏丹红的浓度，μg/mL；
　　　V——样液定容体积，mL；
　　　m——样品质量，g。

■ 在线测试

项目六　任务三　在线测试

■ 知识拓展

苏丹红快速检测法

苏丹红快速检测试剂盒组成有层析纸 1 袋，展开剂 2 瓶，毛细管 1 管，苏丹红 Ⅰ、Ⅱ、Ⅲ、Ⅳ号对照液各 1 支；需自备试材：乙酸乙酯（分析纯）。

本方法适用于非食用色素苏丹红（Ⅰ、Ⅱ、Ⅲ、Ⅳ号）的现场快速检测。

一、样品处理

取约 1g 样品于试管中，加入 2~5mL 乙酸乙酯，振摇提取 1min，静置 5min。

取一张层析纸，在端底向上 1cm 处、平行相隔 1cm，用铅笔画出将要点样的五个"十"字线或点五个小点。用四支毛细管分别沾取苏丹红Ⅰ、Ⅱ、Ⅲ、Ⅳ号对照液少许（毛细管尖端不多于 0.5cm 容积距离）点在层析纸Ⅰ、Ⅱ、Ⅲ、Ⅳ号"十"字线上，另取 1 支毛细管沾取静置后已经染色的乙酸乙酯样品溶液（体积不限），将其点在层析纸 5 号"十"字线上。（溶液的颜色较浅时，可在每次点样斑点挥干后重复点样），斑点直径控制在 5mm 内。

二、样品测定

取一个约 200mL 的烧杯，加入约 5mL 展开剂，将层析纸（样品端朝下）插入展开剂中靠在杯壁上，待展开剂沿层析纸向上平行展开至约 7cm 处时取出层析纸，观察结果。

三、判断

在本实验条件下，如果样品在展开轨迹中出现斑点，其斑点展开（向上跑）的距离与某一对照液展开后的斑点距离相等、形状相同、颜色虽浅却相近时，即可判断样品中加入了这一色素。

四、说明

（1）本方法能够判定样品中是否加入了目视可见的苏丹红（Ⅰ、Ⅱ、Ⅲ、Ⅳ号），同时对判断样品中是否加入了其他非食用色素也有一定的参考价值，论据在于国家标准允许使用的辣椒红天然色素以及允许使用的合成色素在本方法展开过程中不会形成斑点，对出现异常斑点的样品，可用高效液相色谱仪进一步确证。注意：国家允许使用的红曲天然色素在展开后的前沿顶端会形成斑点，需要时可用对照液做对比实验。

（2）苏丹红对照液的点样量不要太多，否则会产生拖尾现象。在用毛细管沾取对照液后，可在棉花球或一张废弃的层析纸上沾弃多余的溶液，使毛细管尖端留有不超过 0.5cm 距离的溶液，将其一次性点到层析纸"十"字线上。

（3）展开剂的使用应适量，液面高度应控制在斑点以下，展开过程中层析纸不能倾倒，每展一张层析纸最好更换一次展开剂。

（4）环境温度会影响斑点的展开距离。温度低时，斑点的展开距离短；温度高时，斑点的展开距离长；当斑点展开距离较短（2cm 以内）时，可在展开剂中加入乙酸乙酯（5mL 展开剂加数滴乙酸乙酯）；当斑点距离过大，达到顶端时，应换一个温度较低的环境操作。

(5) 检测的样品数量较多时，不必每张层析纸上都点对照液，可一次点 5 个样品，当展开过程中出现斑点后，需要重复实验时再点对照液。

(6) 现场检测出的阳性样品应送实验室确认，精确定量采用高效液相色谱仪。

任务四　吊白块的检测

任务导入

2014 年 5 月，据北京市食品药品监督管理局通报，标称河南某豆制品厂生产的腐竹，检测出了不得检出的甲醛次硫酸氢钠，也就是俗称的"吊白块"，数值高达 109.4μg/g。

国家明文规定严禁在食品加工中使用吊白块，而不法商贩添加吊白块，一是为了增加腐竹的韧性和延展性，二是为了漂白，颜色好看。这样的产品颜色黄中发白，色泽光亮且耐腐，煮食时富有韧性，口感较好，容易吸引消费者购买。但吊白块分解产生的有毒气体可使人头痛、乏力、食欲差，甚至导致鼻咽癌等疾病。（来源：新华网）

吊白块案例导入

任务要求

甲醛次硫酸氢钠，也就是俗称的"吊白块"，是非法添加剂，严禁在食品中添加。本任务要求学生按照专业水平对送检样品进行制备、预处理、检测并提供有关甲醛次硫酸氢钠的准确、可信的数据报告。

必备知识

一、吊白块概述

吊白块是一种对人体有害的物质，国家早已明文规定禁止其在食品中添加，但近年来一些食品经销单位和个人，把有毒的工业用增白剂当作食品添加剂，用于馒头、凉皮、粉条、腐竹、米粉等食品以达到增白及增重的目的。吊白块是印染行业常用的一种漂白剂，如应用在食品中，会使食品中残留有害物质甲醛，甲醛进入人体后，可使蛋白质凝固，人的致死量为 10g。吊白块水溶液在 60℃以上就开始分解出有害物质。

二、吊白块的危害特性

大鼠经口 LD_{50}（半数致死量）>2g/kg 体重。吊白块的毒性与其分解时产生的甲醛有关。甲醛急性中毒时可表现为头晕、头痛、乏力、呕吐等。随着病情加重，出现声音嘶哑、胸痛、呼吸困难等症状，严重者出现喉水肿及窒息、肺水肿、昏迷、休克。长期皮肤接触可引起接触性皮炎。口服中毒者表现为胃肠道黏膜损伤、出血、穿孔，还可出现脑水肿、代谢性酸中毒等，吊白块也是致癌物质之一。

根据资料显示，面粉及粉丝中检测出的甲醛浓度虽尚不足以引起使用者发生严重的急性中毒，但其长期、潜在的影响应引起人们的高度重视。最近，各地卫生行政部门也已开始对当地面粉市场进行全面整顿。

三、检测原理

在酸性溶液中，样品中残留的甲醛次硫酸氢钠分解释放出的甲醛被水提取，提取后的甲醛与2,4-二硝基苯肼发生加成反应，生成黄色的2,4-二硝基苯腙。用正己烷萃取后，经高效液相色谱分析仪分离，与标准甲醛衍生物的保留时间对照定性，用标准曲线法定量。

GB/T 21126—2007
《小麦粉与大米粉及其制品中甲醛次硫酸氢钠含量的测定》

▎任务准备

1. 试剂

所用化学试剂中，正己烷为色谱纯，其余均为分析纯。配溶液所用水均为经高锰酸钾处理后的重蒸水。

（1）盐酸-氯化钠溶液　称取20g氯化钠于1000mL容量瓶中，用少量水溶解，加60mL 37%盐酸，加水至刻度。

（2）甲醛标准储备液　取1mL 36%~38%甲醛溶液，用水定容至500mL，使用前按GB/T 2912.1—2009《纺织品　甲醛的测定　第1部分：游离和水解的甲醛（水萃取法）》中的亚硫酸钠法标定甲醛浓度。或者用甲醛标准溶液配制成40μg/mL的甲醛标准使用液，此标准使用液必须使用当天配制。

（3）甲醛标准使用液　准确量取一定量经标定的甲醛标准储备液，配制成2μg/mL的甲醛标准使用液，此标准使用液必须使用当天配制。

（4）磷酸氢二钠溶液　称取18g $Na_2HPO_4 \cdot 12H_2O$，加水溶解并定容至100mL。

（5）2,4-二硝基苯肼（DNPH）纯化　称取约20g 2,4-二硝基苯肼（DNPH）于烧杯中，加167mL乙腈和500mL水，搅拌至完全溶解，放置过夜。用定性滤纸过滤结晶，分别用水和乙醇反复洗涤5~6次后置于干燥器中备用。

（6）衍生剂　称取经过纯化处理的2,4-二硝基苯肼（DNPH）200mg，用乙腈溶解并定容至100mL。

（7）流动相　乙腈+水混合物[V（乙腈）+V（水）=70+30]，用0.45μm孔径的滤膜过滤，备用。

(8) 正己烷。

2. 仪器设备

(1) 具塞锥形瓶　150mL、250mL。

(2) 容量瓶　1000mL、500mL、250mL、100mL。

(3) 比色管　25mL。

(4) 移液管　50mL、5mL、2mL、1mL。

(5) 振荡机。

(6) 高速组织捣碎机。

(7) 高速离心机　最大转速10000r/min。

(8) 恒温水浴锅　50℃。

(9) 高效液相色谱仪　带紫外-可见波长检测器。

任务实施

1. 色谱分析条件确定

化学键合C_{18}柱，4.6mm×250mm，乙腈+水流动相（70+30），流速0.8mL/min；紫外检测器，检测波长355nm。

2. 样品前处理

精确称取小麦粉样品约5g于150mL具塞锥形瓶中，加入50mL盐酸-氯化钠溶液，置于振荡机上振荡提取40min。对于小麦粉制品，称取20g于组织捣碎机中，加200mL盐酸-氯化钠溶液，2000r/min捣碎5min，转入250mL具塞锥形瓶中，置于振荡机上振荡提取40min。将提取液倒入20mL离心管中，于10000r/min离心15min（或4000r/min离心30min），上清液备用。

吊白块的检测
——前处理

3. 标准工作曲线绘制

分别量取0，0.25，0.50，1.00，2.00，4.00mL甲醛标准使用液于25mL比色管中（相当于0，0.5，1.0，2.0，4.0，8.0μg甲醛），分别加入2mL盐酸-氯化钠溶液、1mL磷酸氢二钠溶液、0.5mL衍生剂，然后补加水至10mL，盖上塞子，摇匀。置于50℃水浴中加热40min后，取出用流水冷却至室温。准确加入5.0mL正己烷，将比色管横置，水平方向轻轻振摇3~5次，然后再静置30min，取10μL正己烷萃取液进样。以所取甲醛标准使用液中甲醛的质量（以微克为单位）为横坐标，甲醛衍生物苯腙的峰面积为纵坐标，绘制标准工作曲线。

4. 样品测定

取2.0mL样品处理所得上清液于25mL比色管中，加入1mL磷酸氢二钠溶液、0.5mL衍生剂，补加水至10mL，盖上塞子，摇匀。置于50℃水浴中加热40min后，取出用流水冷却至室温。准确加入5.0mL正己烷，将比色管横置，水平方向轻

吊白块的检测
——上机检测

轻振摇3~5次，然后再静置30min，取10μL正己烷萃取液进样。并与标准曲线比较定量。注意振摇时不宜剧烈，以免发生乳化。如果出现乳化现象，滴加1~2滴无水乙醇。

5. 结果计算

样品中甲醛次硫酸氢钠含量（以甲醛计）按式（6-5）计算。

$$c = \frac{m_1 \times 50}{m \times 2} \tag{6-5}$$

式中　c——样品中甲醛含量，$\mu g/g$；

m_1——按甲醛衍生物苯腙峰面积，从标准工作曲线查得甲醛的质量，μg；

50——样品加提取液体积，mL；

2——测定用样品提取液体积，mL；

m——样品质量，g。

6. 结果报告

甲醛含量计算结果不超过$10\mu g/g$时，报告结果为未检出。

7. 确保精密度

以试验测定结果的算术平均值作为样品的甲醛含量，保留小数点后1位。在重复条件下获得的两次独立测定结果的绝对差值不得超过算术平均值的15%。

在线测试

项目六　任务四　在线测试

知识拓展

知识拓展中一、二、三方法来自卫生部《关于印发面粉、油脂中过氧化苯甲酰测定等检验方法的通知》（卫监发〔2001〕159号）附件2　食品中甲醛次硫酸氢钠的测定方法。

一、分光光度法测定甲醛次硫酸氢钠方法一

（一）原理

在磷酸酸性条件下对样品进行蒸馏，用水吸收，吸收液中的甲醛与乙酰丙酮及铵离子反应生成黄色物质，与标准系列比较定量。

(二) 仪器与试剂

(1) 分光光度计。

(2) 10%（体积分数）磷酸溶液。

(3) 液体石蜡。

(4) 乙酰丙酮溶液　在100mL蒸馏水中加入乙酸铵25g，冰乙酸3mL和乙酰丙酮0.4mL，振摇促溶，储存于棕色瓶中。此液可保存1个月。

(5) 甲醛标准储备液　取甲醛1g放入盛有5mL水的100mL容量瓶中精密称量后，加水至刻度。从该溶液中吸取10.0mL放入碘量瓶中加0.1mol/L碘溶液50mL，1mol/L氢氧化钾溶液20mL，在室温放置15min后，加10%硫酸15mL，用0.1mol/L硫代硫酸钠溶液滴定（以1mL新配制的淀粉溶液为指示剂）。另取水10mL同样操作进行空白实验。

(6) 甲醛标准使用液　将标定后的甲醛标准储备液用水稀释至5μg/mL。

(三) 操作步骤

(1) 样品处理　称取经粉碎的样品5~10g，置于蒸馏瓶中，加入蒸馏水20mL，液体石蜡2.5mL和10%磷酸溶液10mL，立即通水蒸气蒸馏。冷凝管下口应插入事先盛有10mL蒸馏水且置于冰浴的容器中，准确收集蒸馏液150mL。另作空白蒸馏。

(2) 水发食品样品处理　取50g试样，加50mL水后用捣碎机打成匀浆。称取相当于原样质量5~10g的匀浆样于500mL玻璃蒸馏瓶中，加200g/L磷酸2mL，玻璃珠，加水至200mL，于电热器上用温火进行蒸馏。若泡沫较多，可加1~2滴硅酮油消泡（也可加3~5g固体氯化钠）。收集150mL馏出液。同时作试剂空白。

(3) 显色操作　视检品中吊白块含量高低，吸取样品蒸馏液2~10mL，补充蒸馏水至10mL，加入乙酰丙酮溶液1mL混匀，置沸水浴中3min，取出冷却。然后以蒸馏水调"0"，于波长435nm处，以1cm比色杯进行比色，记录吸光度，查标准曲线计算结果。

(4) 标准曲线的制备　吸取甲醛标准使用液0，0.50，1.00，3.00，5.00，7.00mL，补充蒸馏水至10mL，以下从"加乙酰丙酮溶液"起同样操作，减去0管吸光度后，绘制标准曲线。

(四) 计算

$$X = \frac{V_1 \times W_1 \times V_3 \times 5.133}{W_2 \times V_2} \tag{6-6}$$

式中　X——吊白块含量，μg/g；

V_1——样品管相当于标准管体积，mL；

W_1——每毫升甲醛标准液含甲醛量，μg；

V_2——显色操作取蒸馏液体积，mL；

V_3——蒸馏液总体积，mL；

W_2——样品质量，g；

5.133——甲醛换算为吊白块系数。

注意：样品蒸馏液可用于二氧化硫含量的测定，可作为在甲醛存在下确定是否有吊白块的依据。

二、分光光度法测定甲醛次硫酸氢钠方法二

（一）原理

甲醛与变色酸在硫酸溶液中呈紫色化合物，其颜色的深浅与甲醛含量成正比，与标准比较定量。

（二）试剂

（1）盐酸。

（2）盐酸（1+1）。

（3）氢氧化钠溶液（4g/L）。

（4）氢氧化钠溶液（40g/L）。

（5）硫酸（1+35）。

（6）硫酸（1+359）。

（7）淀粉溶液（10g/L）。

（8）碘标准滴定溶液 $[c(1/2I_2) = 0.1\text{mol/L}]$。

（9）硫代硫酸钠标准滴定溶液 $[c(Na_2S_2O_3) = 0.1\text{mol/L}]$。

（10）变色酸溶液　称取0.5g变色酸，溶于少许水中，移入10mL容量瓶中，加水至刻度，溶解后过滤。取5mL放入100mL容量瓶中，慢慢加硫酸至刻度，冷却后缓缓摇匀。

（11）甲醛标准溶液　吸取10mL甲醛（38%~40%）于500mL容量瓶中，加入0.5mL硫酸（1+35），加水稀释至刻度，混匀。然后吸取5mL，置于250mL碘量瓶中，加40mL碘标准溶液（0.1mol/L）、15mL氢氧化钠溶液（40g/L），摇匀，放置10min，加3mL盐酸（1+1）或20mL硫酸（1+35）酸化，再放置10~15min，加入100mL水，摇匀，用硫代硫酸钠标准滴定溶液（0.1mol/L）滴定至草黄色，加入1mL淀粉指示液继续滴定至蓝色消失为终点，同时做试剂空白试验。

计算：

$$X = (V_1 - V_2) \times C \times \frac{15}{5} \tag{6-7}$$

式中　X——甲醛标准溶液的浓度，mg/mL；

V_1——试剂空白滴定消耗硫代硫酸钠标准滴定溶液的体积，mL；

V_2——样品滴定消耗硫代硫酸钠标准滴定溶液的体积，mL；

C——硫代硫酸钠标准滴定溶液的实际浓度，mol/L；

15——与1.0mL碘标准滴定溶液[c(1/2 I_2)=0.1mol/L]相当的甲醛质量，mg；

5——标定用甲醛标准溶液的体积，mL。

（12）甲醛标准使用液　根据上述计算的含量，将甲醛标准溶液稀释至每毫升相当于1.0μg甲醛。

(三) 仪器

可见分光光度计。

(四) 分析步骤

（1）标准曲线制备　吸取0，2.0，4.0，8.0，12.0，16.0，20.0，30.0mL甲醛标准使用液（相当于0，2.0，4.0，8.0，12.0，16.0，20.0，30.0μg甲醛），分别置于200mL容量瓶中各加水至刻度，摇匀。各吸取10mL，分别放入25mL具塞比色管中，各加入10mL变色酸溶液，显色，待冷却至室温，用2cm比色杯，以零管调节零点，于波长575nm处测吸光度，绘制标准曲线。

（2）测定　样品处理方法按方法一处理，吸取10mL，分别放入25mL具塞比色管中，加入10mL变色酸溶液，显色，待冷却至室温，用2cm比色杯，以零管调节零点，于波长575nm处测吸光度。

三、吊白块（甲醛次硫酸氢钠）——甲醛的快速检测

(一) 适用范围

本方法适用于米粉、面粉及由此制作的食品如粉丝等食品中吊白块的分解产物——甲醛的快速检测。

(二) 测定原理

吊白块游离出的甲醛与显色剂反应生成紫色化合物，与比色板比对得出甲醛含量。当甲醛含量较高时再测定二氧化硫含量，当二氧化硫含量超出国家规定限量值时，可推断吊白块的存在。

(三) 测定方法

取1g剪碎的样品于试管中，加纯净水到10mL，振摇20次，放置5min，取1mL上清液至试管（离心管）中，加入4滴1号试剂，再加入4滴2号试剂，盖盖后混匀，1min后，加2滴3号试剂，摇匀，5~10min内与标准色板比对（图6-5），读数乘以10即为样品中甲醛含量（mg/kg）。若颜色超出色板标示含量范围，应将样品用纯净水稀释后重新测定，比色结果再乘以稀释倍数即可。

(四) 注意事项

米粉、面粉、粉丝等食品本底会含有少量的甲醛，大约在20mg/kg，当检测结果显示甲醛含量大于这一数值时，应检测样品中二氧化硫的含量是否大于国家标准规定值（详见二氧化硫快速检测说明书）来确定样品中是否掺入了吊白块成分。

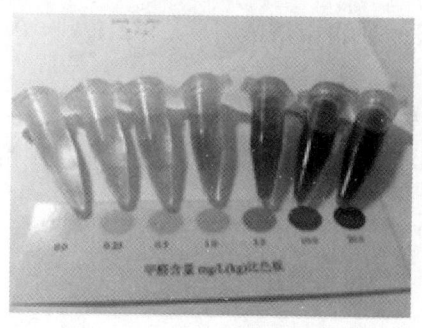

图 6-5　吊白块甲醛测定结果

本方法为现场快速检测方法,精确定量应以国标法为准。

(五) 试剂盒配置

1、2、3 号试液各 1 瓶,比色卡一张,试管(离心管)20 只洗净后可反复多次使用。

(六) 试剂盒贮藏

阴凉干燥处保存,有效期 12 个月。

项目七

食品加工与贮藏过程中产生的有毒有害物质检测

知识目标

1. 归纳食品热加工典型伴生危害物的种类、危害特性及检测方法；
2. 解释食品热加工伴生危害物（杂环胺、丙烯酰胺和反式脂肪酸）检测的原理。

能力目标

1. 能正确熟练地完成标准溶液的配制和标准曲线的制作；
2. 能根据标准色谱峰的响应面积和保留时间对某物质进行定量和定性分析；
3. 能熟练操作离心机、旋转蒸发仪、固相萃取仪、气相色谱、液相色谱–质谱等前处理设备及大型分析仪器，并能熟练操作相关的虚拟仿真软件；
4. 能够独立完成食品热加工伴生危害物（杂环胺、丙烯酰胺和反式脂肪酸）的检测；
5. 能够规范记录实验原始数据并完成工作手册的填写。

素质目标

1. 具有专业使命感、社会责任感以及运用所学知识更好服务社会的能力；
2. 具有严谨的科学态度、精益求精的职业操守；
3. 以国际化的视角客观评价我国食品安全的机遇与挑战；
4. 以社会主义核心价值观、家国情怀为引领，树立正确的食品安全观。

食品在加工、贮藏过程中形成的可能对人体有害的化合物被称为伴生危害物。这些化合物并非人为添加，在富含蛋白质、碳水化合物和脂肪的热加工食品中广泛存在。典型的食品伴生危害物有杂环胺、丙烯酰胺、反式脂肪酸、亚硝胺、糖基化终末产物、氯丙醇、呋喃和多环芳烃等，它们在致癌、致突变、神经毒性、遗传毒性、引发血脂代谢异常相关慢性病等方面表现出一定的危害性。

一、食品热加工

食品加工是指以农、林、牧、渔业产品为主要原料进行不同方式的人为加工，从而获得食物最终产品的过程。通过食品加工可提升食品的有效利用率、延长食品的货架期、减少食品的浪费，对食品的安全性、感官品质和营养价值也会产生一定的影响。根据加工方式的不同，可将食品加工分为热加工和非热加工。其中，热加工是食品工业和家庭烹调中应用最广泛的食品加工方法。

传统的食品热加工是以沸水、油脂等为传热介质对食品进行热烫、水煮、烘焙、煎炸和烟熏等处理。在热加工过程中，食品中各组分反应途径多样，变化复杂。食品中的三大产能营养素（蛋白质、碳水化合物和脂肪）会发生美拉德、油脂氧化、蛋白质变性、淀粉糊化等一系列反应，对食品品质产生重大影响。如高温可使食品熟化，提高人体对各种营养素的消化吸收率、去除食品中的抗营养因子（禽类蛋白中的抗生物素蛋白、豆科植物中的胰蛋白酶抑制素等）、杀灭食源性致病微生物、赋予食品特有的风味和色泽等。但热加工过程中也伴随着部分营养素（维生素、氨基酸等）的损失与破坏。与此同时，食品在热加工过程中还会产生丙烯酰胺、亚硝胺、氯丙醇、呋喃、糖基化终末产物、杂环胺和多环芳烃等危害物，引发癌症、糖尿病、心血管疾病、阿尔兹海默病等，危害人体健康。这些物质并不是食品中天然存在，也并非人为添加，而是在热加工过程中产生的，被称为食品热加工伴生危害物。

近年来，随着对热加工过程发生的美拉德反应、油脂氧化等化学反应认识的深入，越来越多的食品热加工伴生危害物的形成机制被披露。大量的流行病学数据和动物研究都证实了食品热加工伴生危害物在疾病发展中的重要作用。如何有效对食品热加工过程中产生的各种危害物进行安全性控制是亟须解决的问题。与此同时，在新技术、新工艺的推动下，新型食品热加工方式，如微波加热、红外加热和欧姆加热等热加工方式不断地发展，它们可以最大程度地保留食品中的营养素、食品本身的色泽、口感和风味特征，减少食品添加剂的使用，但目前仍然无法完全替代传统热加工技术。因此，从安全、营养的角度推进食品热加工工艺的优化调整，才能够更好地为人们提供安全性更高、营养更丰富的食品。

二、热加工食品中的典型伴生危害物及其危害

热加工是食品加工的主要方式之一，可赋予食品独特的风味与色泽，延长食品的货架期，在食品工业中占据重要地位。但自从2002年瑞典国家食品管理局（SNFA）和斯德哥尔摩大学（Stockholm University）的研究人员报道热加工的高碳水化合物食品中有较高含量的丙烯酰胺后，食品热加工过程导致的食品污染与安

全问题开始引起国际社会的广泛关注。

美拉德反应和油脂氧化是热加工过程中发生的最典型的两类化学反应,彼此独立又相互影响。美拉德反应(Maillard Reaction)是指羰基化合物(还原糖、油脂氧化物等)和氨基化合物(氨基酸、肽和蛋白质等)在高温或者常温条件下发生的一系列复杂反应,赋予了食品诱人的色泽和风味。由于食品组分和反应的复杂性,其反应产物还包括一些具有乳化性、抗氧化性和抗菌性的物质,近年来的研究更发现反应过程中还会伴生一些对人体具有致突变、致癌风险的危害物,如丙烯酰胺、杂环胺、5-羟甲基糠醛和晚期糖基化末端产物等。油脂作为食品加工中的主要原料和加热介质,极易受到光、氧、水、热、微生物等作用而发生水解和氧化,生成醛、酮类羰基化合物,其可与食品体系中的氨基化合物发生反应,对热加工食品体系中多种伴生危害物的形成具有促进作用。

食品热加工伴生危害物广泛地存在于日常膳食中,尤其是在富含蛋白质、碳水化合物和脂肪的热加工食品中。例如富含蛋白质的肉制品在热加工过程中易生成具有致癌性、致突变性和心肌毒性的杂环胺类化合物,其中以2-氨基-1-甲基-6-苯基-咪唑并[4,5-b]吡啶(2-amino-1-methyl-6-phenylimidazo[4,5-b]pyridine,PhIP)在肉制品中的含量最高、最为常见,人体每天从食物中摄入杂环胺的量约为26ng/kg。高碳水化合物食品在经过高温(100℃以上)煎炸、烘烤等热处理(煮沸除外)后会形成大量的丙烯酰胺,它是一种具有神经、生殖毒性和致癌性的小分子化合物。2015年欧盟风险评估报告显示,油炸薯条、咖啡、谷物和小麦制品等日常热加工食品中均检出较高含量的丙烯酰胺,它可能会增加各个年龄组消费者患癌症的风险,其中儿童是丙烯酰胺暴露量最多的年龄组。油脂的氢化、高温精炼、持续或反复加热是反式脂肪酸生成的重要途径。营养学专家认为,食品中的反式脂肪酸对人体的危害甚至大于饱和脂肪酸,长期摄入含反式脂肪酸的食品会对健康造成极大危害。

由于食品是一个多组分同时存在、相互反应的复杂体系,往往一种食品中可能存在多种危害物。迄今为止,还有很多伴生危害物的形成机制仍未透彻明晰,并且随着新的危害物以及危害物转化产物的发现,提出了更多亟待解决的科学问题。其中,伴生危害物的形成、迁移与转化机制的研究和伴生危害物控制技术与工艺开发成为保障食品安全、维护人体健康的关键,而简单、精确、快速、高通量的检测方法将为食品热加工伴生危害物的研究提供便捷的技术手段。

任务一 杂环胺的检测

任务导入

某大学实验室对市售卤肉制品中5种杂环胺的含量进行检测,在两个样品中分别检出了2-氨基-3,4-二甲基咪唑并[4,5-f]喹啉（MeIQ）和2-氨基-3,8-二甲基咪唑并[4,5-f]喹啉（MeIQx），含量分别为0.16μg/kg和0.57μg/kg，其他样品均未检测到杂环胺。[来源：魏晋梅，张丹，李雪，等.固相萃取-液相色谱-串联质谱法测定市售卤肉制品中5种杂环胺含量[J].食品工业科技，2020，41（3）：259-263+269.]

任务要求

国际癌症研究机构（IARC）将杂环胺列为2A和2B类致癌物，精确量化食品中各种杂环胺的含量、减少日常膳食暴露量尤为重要。本任务要求学生按照专业水平对送检样品进行制备、预处理、检测并提供有关杂环胺的准确、可信的数据报告。

必备知识

一、杂环胺简介

杂环胺（Heterocyclic Amines，HAs）是食品在热加工过程中产生的一类具有致癌、致突变性的杂环化合物，其主要存在于经油炸、煎烤、卤煮等高温加热且蛋白质含量丰富的鱼、肉类食品中。1977年，日本科学家首次在烤鱼和烤牛肉制品表面发现杂环胺。迄今为止，我们已经在各类热加工食品中发现了30多种杂环胺，根据其化学结构和产生机制不同，可将其分为氨基咪唑氮杂芳香烃（Amino-imidazo-azaarens，AIAs）和氨基咔啉（Amino-carbolines）两大类。

（一）氨基咪唑氮杂芳香烃（AIAs）

AIAs是由杂环胺的前体物质如肌酸/肌酐、氨基酸和还原糖在150~300℃的高温条件下反应产生，被称为热反应杂环胺，主要有2-氨基-3,4-二甲基咪唑并[4,5-f]喹啉（MeIQ）、2-氨基-3,8-二甲基咪唑并[4,5-f]喹啉（MeIQx）、2-氨基-3,4,8-三甲基咪唑并[4,5-f]喹啉（4,8-DiMeIQx）、2-氨基-3,7,8-三甲基咪唑并[4,5-f]喹啉（7,8-DiMeIQx）、2-氨基-1-甲基-6-苯基-咪唑并[4,5-b]吡啶（PhIP）、2-氨基-3-甲基咪唑并[4,5-f]喹啉（IQ）、2-氨基-3-甲基咪唑并[4,5-f]喹啉（IQx）等。AIAs均含有咪唑环，其α位置上存在一个氨基，能够在体内转化成N-羟基化合物，具有致癌、致突变活性。由于AIAs上的氨基均能耐受2mmol/L亚硝酸钠的重氮化处理，与最早发现IQ性质类似，所以AIAs又被称为IQ型杂环胺，即极性杂环胺。

（二）氨基咔啉（Amino-carbolines）

氨基咔啉是由蛋白质或色氨酸、苯丙氨酸和赖氨酸等氨基酸在300℃以上的高温条件下热裂解产生，被称为热解杂环胺，主要有3-氨基-1,4-二甲基-5H-吡啶并［4,3-b］吲哚（Trp-P-1）、3-氨基-1-甲基-5H-吡啶并［4,3-b］吲哚（Trp-P-2）、2-氨基-9H-吡啶并［2,3-b］吲哚（AαC）、2-氨基-3-甲基-9H-吡啶并［2,3-b］吲哚（MeAαC）、2-氨基-6-甲基二吡啶并［1,2-a：3′2′-d］咪唑（Glu-P-1）、2-氨基-二吡啶并［1,2-a：3′2′-d］咪唑（Glu-P-2）。也有一些氨基咔啉类杂环胺可在100℃生成，如β-咔啉类1-甲基-9H-吡啶并［3,4-b］吲哚（Harman）、9H-吡啶并［3,4-b］吲哚（Norharman）等。氨基咔啉环上的氨基无法耐受2mmol/L亚硝酸钠的重氮化处理，其氨基会脱落转变为C-羟基，失去致癌、致突变活性，因此称为非IQ型杂环胺，即非极性杂环胺，其致癌性与致突变活性相对AIAs较弱。

食品高温烹调过程中杂环胺的形成与烹调温度、时间、方法、前体物浓度、水分含量及pH等因素有关。杂环胺的生成具有温度依赖性，不同温度条件下生成的杂环胺的种类及数量都有所不同。一般来说，烹调温度越高、烹调时间越长，杂环胺的含量越高。食品中的蛋白质、游离氨基酸、葡萄糖、肌酸与肌酐等是杂环胺的前体物，前体物的种类和含量对杂环胺生成也有影响。

日常膳食中如何减少杂环胺的产生

食品中的脂肪在一定程度上可促进杂环胺的生成，但超过一定量的脂肪由于稀释了杂环胺前体物的浓度，而使杂环胺的生成减少；水的存在会抑制杂环胺的生成，当水分蒸发，前体物质暴露在食物表面，在高温作用下会生成大量的杂环胺，由此可知，相对于炸、煎、烤、炒烹饪方式，煮制加工的肉制品产生的杂环胺较少。对食物进行微波预处理、真空低温加热可有效减少杂环胺的生成量，因为杂环胺是在食物表面生成，而微波加热是从食物内部加热，食品表面温度并不高且经微波处理的肉制品水分含量降低，可阻止生成杂环胺的小分子前体物质转移至食物表面。部分抗氧化剂、香辛料对杂环胺的产生具有抑制作用。抗氧化剂具有清除自由基的作用，大蒜、洋葱、红辣椒等香辛料里含有较多的天然抗氧化剂，可抑制引起杂环胺形成的自由基反应，因此添加抗氧化剂或使用香辛料腌制是抑制食品高温烹调过程中杂环胺形成的有效途径之一。

二、杂环胺的危害特性

高蛋白质食品在日常膳食和工业化生产中必不可少，尤其是肉类及其制品。在家庭烹饪过程中肉类的烹调温度一般在170~230℃，处于杂环胺形成的温度范围内。因此，日常膳食中杂环胺类化合物的摄入不可忽略。毒理学研究表明，杂环胺的毒性远远超过典型致癌物黄曲霉毒素B_1、多环芳烃和亚硝酸盐，杂环胺类化合物对人体健康的危害也因此受到广泛的关注。杂环胺是一种前致突变物，经过代谢活化会表现出致癌、致突变性，但杂环胺的代谢也表现出个体依赖性，癌症风险主要与遗传易感性相关。

在日常生活中，我们接触杂环胺的方式多是经口饮食摄入，杂环胺的摄入量与 DNA 加合物形成存在剂量依赖关系。尽管热加工高蛋白食品中杂环胺的含量很低，单位仅为 ng/g，属于痕量物质，但最新的流行病学研究表明，长期食用含有杂环胺的肉制品与患不同癌症之间有直接的相关性。国际癌症研究机构（IARC）将致癌物分为 5 类、4 个级别，包括 1 级、2A 级、2B 级、3 级和 4 级。根据不同杂环胺致癌作用的差异，IARC 将 MeIQx、PhIP、AαC、MeAαC、Trp-P-1 和 Trp-P-2 等 12 种杂环胺列为 2B 类致癌物，即"对人类可能致癌"，将 IQ 列为 2A 类致癌物，即"对人类很可能致癌"，并建议日常减少此类物质的暴露量。

目前，我国制定的关于食品中杂环胺类物质的标准较少，现有 GB 5009.243—2016《食品安全国家标准 高温烹调食品中杂环胺类物质的测定》、SN/T 4140—2015《出口鱼肉香肠和香精中多种杂环胺的测定 液相色谱-质谱/质谱法》及 NY/T 3904—2021《肉及肉制品中杂环胺检测 液相色谱-串联质谱法》，但标准中均未提出杂环胺在食品中的限量要求，国际上也未制定相关限量标准。因此，采取合理的加工方式、有效的检测手段，对降低日常膳食中杂环胺的暴露量、提高食品安全、保障国民身体健康具有积极作用。

三、检测原理

试样采用氢氧化钠/甲醇溶液提取，固相萃取柱净化，液相色谱-串联质谱检测，内标法定量。

本任务依据 GB 5009.243—2016《食品安全国家标准 高温烹调食品中杂环胺类物质的测定》操作。

GB 5009.243—2016
《食品安全国家标准
高温烹调食品中
杂环胺类物质的测定》

任务准备

除非另有说明，所用试剂均为分析纯，水为 GB/T 6682—2008《分析实验室用水规格和试验方法》规定的一级水。

1. 仪器

（1）液相色谱仪-质谱/质谱仪 配有电喷雾离子源。

（2）电子天平 感量为 0.01mg、1mg。

（3）pH 计 感量为 0.01。

（4）高速离心机 转速不低于 10000r/min。

（5）氮气浓缩仪。

（6）固相萃取装置。

（7）均质器。

（8）涡旋振荡器。

2. 试剂

(1) 乙酸铵　纯度≥98%。

(2) 甲醇　色谱纯。

(3) 乙醇　色谱纯。

(4) 正己烷　色谱纯。

(5) 二氯甲烷　色谱纯。

(6) 乙腈　色谱纯。

(7) 冰乙酸　色谱纯。

(8) 氢氧化钠溶液（40g/L）　称取40.0g氢氧化钠，用水溶解并定容至1L。

(9) 氢氧化钠溶液（4g/L）　量取40g/L氢氧化钠溶液50mL，加入450mL水，混合均匀。

(10) 40g/L氢氧化钠-甲醇混合溶液（70+30，体积分数）　量取40g/L氢氧化钠溶液70mL，加入30mL甲醇，混合均匀。

(11) 4g/L氢氧化钠-甲醇混合溶液（45+55，体积分数）　量取4g/L氢氧化钠溶液45mL，加入55mL甲醇，混合均匀。

(12) 乙醇-二氯甲烷混合溶液（10+90，体积分数）　量取10mL乙醇，加入90mL二氯甲烷，混合均匀。

(13) 乙腈-水溶液（5+95，体积分数）　量取5mL乙腈，加95mL水，混合均匀。

(14) 乙酸-乙酸铵缓冲液　称取1.155g乙酸铵，用450mL水溶解，用乙酸调节pH至5.0±0.5，加水定容至500mL。

(15) 乙酸缓冲液-乙腈混合溶液（50+50，体积分数）　量取乙酸-乙酸铵缓冲液50mL，加入50mL乙腈，混合均匀。

(16) 杂环胺标准储备液　将MeIQ、MeIQx、4,8-DiMeIQx、7,8-DiMeIQx、PhIP分别用乙腈配制成浓度为10.0μg/mL的标准储备液。

(17) 内标储备液　将4,7,8-TriMeIQx用乙腈配制成浓度为10.0μg/mL的标准储备液。

(18) 混合标准工作液　吸取杂环胺标准储备液及内标储备液，乙腈-水溶液稀释，得到杂环胺浓度分别为0.5、1.0、5.0、20.0、50.0、100μg/L，内标浓度为20.0μg/L的混合标准工作液。

(19) 内标工作液　吸取适量内标储备液，用乙腈配制成浓度为200μg/L的内标工作液。

3. 材料

(1) 微孔滤膜　0.2μm，有机系。

(2) 苯乙烯二乙烯基苯共聚物固相萃取柱（Lichrolut EN或相当者，3mL，200mg）。

任务实施

1. 试样制备

烤鱼、烤肉及其制品取可食部分，捣碎混匀，标识后-18℃冷冻保存。

2. 提取

称取试样2g（精确到0.01g）于50mL离心管中，加入200μL内标工作液，再加入9.8mL 40g/L氢氧化钠-甲醇混合溶液，均质1min。均质器刀头分别用5.0mL 40g/L氢氧化钠-甲醇混合溶液各洗涤两次，洗涤液合并至样品提取离心管中。试样在10000r/min条件下离心10min，待净化。

3. 净化

固相萃取柱预先依次用2mL甲醇、3mL 4g/L氢氧化钠溶液活化。量取10mL提取液加入固相萃取柱中，弃去流出液后，依次用3mL 4g/L氢氧化钠-甲醇混合溶液、2mL正己烷洗淋，每次淋洗完后都需将柱体内淋洗溶液抽干，最后用1.5mL乙醇-二氯甲烷溶液洗脱，洗脱流速小于1mL/min。洗脱液于35℃水浴下氮气浓缩至近干后，加入1.0mL乙酸缓冲液-乙腈混合溶液，涡旋混匀，微孔滤膜过滤至进样小瓶，待上机分析测定。

4. 仪器参考条件确定

（1）液相色谱条件

①色谱柱：C_{18}柱（100mm×2.1mm，2.5μm）或相当者。

②流动相：A为乙酸-乙酸铵缓冲液，B为乙腈。梯度洗脱程序参见表7-1。

③流速：0.3mL/min。

④柱温：40℃。

⑤进样量：5μL。

表7-1 流动相梯度洗脱程序

时间/min	流动相A/%	流动相B/%
0	95.0	5.0
0.5	95.0	5.0
3.0	70.0	30.0
6.0	40.0	60.0
6.1	5.0	95.0
6.5	5.0	95.0
6.6	95.0	5.0
7.0	95.0	5.0

（2）质谱条件

①电离方式：电喷雾电离正离子模式（ESI+）。

②扫描方式：多反应监测（MRM）。
③毛细管电压：3.0kV。
④离子源温度：100℃。
⑤脱溶剂气温度：350℃。
⑥脱溶剂气（N_2）流量：800L/h。
⑦锥孔气（N_2）流量：50L/h。
⑧其他质谱参数见表7-2。

表7-2　标准物质 MRM 参数表

序号	标准物质	母离子 m/z	子离子 m/z	锥孔电压/V	碰撞电压/V	驻留时间/s
1	MeIQ	212.9	197.1* 198.1	40 40	35 25	0.25
2	MeIQx	213.9	130.9* 199.0	40 40	36 26	0.32
3	4,8-DiMeIQx	227.9	159.8* 212.1	40 40	35 25	0.10
4	7,8-DiMeIQx	227.9	131.0* 213.1	40 40	35 25	0.05
5	PhIP	224.90	182.9 210.0*	40 40	32 25	0.37
6	4,7,8-TriMeIQx（内标）	242.0	200.9 227.2*	40 40	25 25	0.10

*为定量离子

5. 试样溶液测定

通过液相色谱将试样溶液进行分离后注入串联四极杆质谱仪中，得到相应的保留时间及信号响应值，根据标准曲线得到相应目标化合物的浓度。

进行样品测定时，如果检出的质量色谱峰保留时间与标准样品一致，并且在扣除背景后的样品谱图中，各定性离子的相对丰度与浓度接近的同样条件下得到的标准溶液谱图相比，最大允许相对偏差不超过表7-3中规定的范围，则可判断样品中存在对应的待测物。在上述仪器条件下，标准溶液的液相色谱-质谱/质谱多反应监测（MRM）色谱图见图7-1。

表7-3　定性确证时相对离子丰度最大允许偏差

相对离子丰度/%	>50	>20~50	>10~20	≤10
允许的相对偏差/%	±20	±25	±30	±50

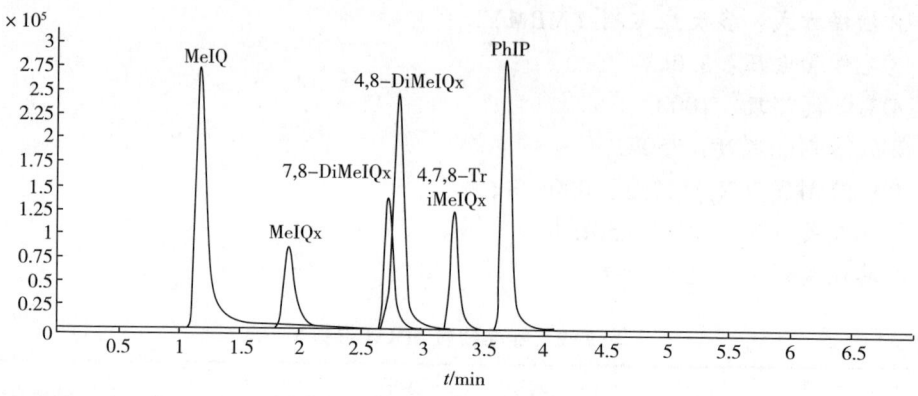

图 7-1 标准溶液 MRM 色谱图

以杂环胺混合标准工作液中杂环胺和内标的浓度比为横坐标，以峰面积比为纵坐标，绘制标准曲线，按照内标法进行定量计算。待测样液中杂环胺的响应值应在标准曲线范围内，超过线性范围则应重新分析。

除不加试样外，均按上述操作步骤进行空白试验。

6. 结果计算

试样中杂环胺含量按式（7-1）计算。计算结果需扣除空白值。

$$X = \frac{c \times V}{m} \tag{7-1}$$

式中 X——试样中杂环胺含量，μg/kg；

c——根据标准曲线上计算得出的样液中杂环胺浓度，μg/L；

V——样液最终定容体积，mL；

m——样液所代表的最终试样的质量，g。

计算结果以重复性条件下获得的两次独立测定结果的算术平均值表示，结果保留两位有效数字。

7. 回收率和精密度

本方法在 0.5~50μg/kg 添加浓度的回收率为 63.3%~124%，精密度范围为 6.26%~18.2%。

8. 其他

方法的检出限和定量限见表 7-4。

表 7-4 检出限和定量限

化合物	检出限/(μg/kg)	定量限/(μg/kg)
MeIQ	0.1	0.5
MeIQx	0.3	1.0
4,8-DiMeIQx	0.2	1.0

续表

化合物	检出限/(μg/kg)	定量限/(μg/kg)
7,8-DiMeIQx	0.2	1.0
PhIP	0.1	0.5

在线测试

项目七 任务一 在线测试

知识拓展

NY/T 3904—2021《肉及肉制品中杂环胺检测 液相色谱-串联质谱法》规定了肉及肉制品中13种杂环胺（Glu-P-2、IQx、MeIQ、Glu-P-1、8-MeIQx、Norharman、4,8-DiMeIQx、7,8-DiMeIQx、Harman、4,7,8-TriMeIQx、PhIP、AαC、Trp-P-1）的液相色谱-串联质谱测定方法。

一、原理

试样采用乙腈提取，分散固相萃取净化，液相色谱-串联四极杆质谱仪检测，外标法定量。

二、仪器和试剂

除另有规定外，所有试剂均为分析纯，水为 GB/T 6682—2008《分析实验室用水规格和试验方法》规定的一级水。

1. 仪器和设备

（1）液相色谱串联四极杆质谱 配有电喷雾离子源。

（2）电子天平 感量 0.0001g 和 0.01g。

（3）离心机 转速≥10000r/min。

（4）pH 计 感量 0.01。

（5）氮气浓缩仪。

（6）涡旋振荡器。

(7) 均质器。

(8) 色谱柱　Zorbax SB-C$_{18}$ (2.1mm×50mm, 1.8μm)。

2. 试剂

(1) 乙酸 (CH_3COOH)　色谱纯。

(2) 乙腈 (CH_3CN)　色谱纯。

(3) 乙酸铵 (CH_3COONH_4)　纯度≥98%。

(4) 甲醇 (CH_3OH)　色谱纯。

(5) 硫酸镁 ($MgSO_4$)　优级纯。

(6) 无水乙酸钠 (CH_3COONa)　优级纯。

(7) 1%乙酸-乙腈溶液　量取1.0mL乙酸至100mL容量瓶中，用乙腈稀释并定容至刻度，摇匀。

(8) 乙酸-乙酸铵缓冲液　准确称取0.7708g乙酸铵，溶于100mL水中，用乙酸调节pH至2.90，转入1000mL容量瓶中，用水稀释至刻度，摇匀。

(9) 杂环胺标准储备液　分别称取10.0mg Glu-P-2、IQx、MeIQ、Glu-P-1、8-MeIQx、Norharman、4,8-DiMeIQx、7,8-DiMeIQx、Harman、4,7,8-TriMeIQx、PhIP、AαC、Trp-P-1标准品于100mL容量瓶中，用甲醇配制成浓度为100μg/mL的储备液；吸取10.0mL储备液到100mL容量瓶中，用甲醇稀释为10.0μg/mL的标准储备液，-18℃避光保存，有效期1个月。

(10) 混合标准系列溶液　分别吸取0.01，0.02，0.05，0.10，0.20，0.50mL杂环胺标准储备液于100mL容量瓶中，用甲醇稀释，得到杂环胺浓度分别为1.0，2.0，5.0，10.0，20.0，50.0μg/L的混合标准系列溶液，现用现配。

3. 材料

(1) 陶瓷均质子　适用于50mL萃取管。

(2) N-丙基乙二胺 (PSA)　粒径40~60μm。

(3) 封尾C$_{18}$固相萃取填料　粒径40~63μm。

(4) 有机相型微孔滤膜　0.22μm。

三、操作步骤

1. 样品制备

取试样肉及肉制品中可食部分，捣碎混匀，标识后-18℃冷冻保存。

2. 提取

称取捣碎试样2g（精确至0.01g）于50mL离心管中，加入1块陶瓷均质子和10mL水，振荡20min；加入10mL 1%乙酸-乙腈溶液，振荡15min；加入4.0g硫酸镁和1.0g无水乙酸钠，涡旋混合1min。试样提取液在4℃、10000r/min条件下离心10min，分为上、中、下3层，上层为含杂环胺的有机溶液，中层为肉泥，下层为水和陶瓷均质子,取上层有机溶液 6mL 供净化使用。

3. 净化

向离心后 6mL 待净化有机溶液中加入 0.9g 硫酸镁、0.3g N-丙基乙二胺（PSA）和封尾 0.3g C_{18} 固相萃取填料,在 1000r/min 条件下均质 1min,然后在 4℃、10000r/min 条件下离心 5min；离心后取 1.0mL 上清液在 30℃ 条件下氮吹浓缩至近干,加入 0.50mL 甲醇溶液复溶得试样溶液,涡旋混匀,将试样溶液经微孔滤膜过滤至进样瓶,待上机测定。

4. 仪器参考条件

（1）液相色谱参考条件

①色谱柱：Zorbax SB-C_{18}（2.1mm×50mm,1.8μm）；

②流动相：A 为乙酸-乙酸铵缓冲液,B 为乙腈,梯度洗脱程序参见表 7-5；

③流速：0.4mL/min；

④柱温：30℃；

⑤进样量：2.0μL。

表 7-5　流动相梯度洗脱程序

时间/min	流动相 A/%	流动相 B/%
0	95.0	5.0
0.5	95.0	5.0
5.0	85.0	15.0
7.0	73.0	27.0
8.0	45.0	55.0
8.5	73.0	27.0
9.0	95.0	5.0
10.0	95.0	5.0

（2）质谱参考条件

①电离方式：电喷雾电离正离子模式（ESI+）；

②扫描方式：多反应监测（MRM）；

③干燥气温度：200℃；

④干燥气流量：10L/min；

⑤雾化气压力：40V；

⑥鞘气温度：260℃；

⑦鞘气流量：11L/min；

⑧毛细管电压：正电压 4000V；

⑨喷嘴电压：正电压0V；
⑩定性离子对、定量离子对、锥孔电压和碰撞能量见表7-6。

表7-6 13种杂环胺的参考质谱参数

序号	标准物质	保留时间/min	母离子 m/z	子离子 m/z	锥孔电压 /V	碰撞能量 /eV
1	Glu-P-2	1.066	185.10	78.05* 158.10	120	37 25
2	IQx	1.588	200.08	185.12* 132.14	120	30 30
3	MeIQ	1.862	213.11	198.09* 145.15	120	27 29
4	Glu-P-1	2.819	199.10	92.10* 172.14	120	36 30
5	8-MeIQx	2.912	214.10	131.07* 173.18	120	41 25
6	Norharman	3.912	169.06	115.09* 89.05	120	33 48
7	4,8-DiMeIQx	4.015	228.10	213.09* 187.09	120	30 30
8	7,8-DiMeIQx	4.015	228.10	131.13* 187.15	120	40 30
9	Harman	4.659	183.09	115.15* 89.09	120	34 49
10	4,7,8-TriMeIQx	5.133	242.13	145.09* 201.21	120	42 26
11	PhIP	5.742	225.10	210.05* 140.08	120	30 30
12	AαC	6.283	184.07	140.13* 167.07	120	33 24
13	Trp-P-1	6.382	212.12	195.14* 168.09	120	30 25

* 为定量离子。

5. 测定

（1）定性测定 通过液相色谱将试样溶液进行分离后注入串联四极杆质谱仪

中，得到相应的保留时间及信号响应值。试样中目标化合物色谱峰的保留时间与相应标准色谱峰的保留时间相比较，变化范围应在±2.5%。每种化合物的质谱定性离子必须出现，至少应包括一个母离子和两个子离子，而且同一检测批次，同一化合物，样品中目标化合物的两个子离子的相对丰度比与浓度相当的标准溶液相比，其允许偏差不超过表7-7规定的范围。

表7-7 定性相对离子丰度的最大允许偏差

相对离子丰度/%	>50	20~50	10~20	≤10
允许的相对偏差/%	±20	±25	±30	±50

（2）定量测定 以杂环胺混合标准系列溶液中杂环胺的浓度为纵坐标，以峰面积（响应值）为横坐标，绘制标准曲线，按照外标法进行定量。通过液相色谱将试样溶液进行分离后注入串联四极杆质谱仪中，得到相应的响应值，根据标准曲线得到目标化合物的浓度。待测试样溶液中杂环胺的响应值应在标准曲线范围内，超过线性范围则应重新分析。重新分析时，根据超出线性范围倍数估算稀释倍数，用甲醇稀释使试样溶液浓度尽量处于线性范围中部。杂环胺标准溶液的液相色谱图见图7-2。

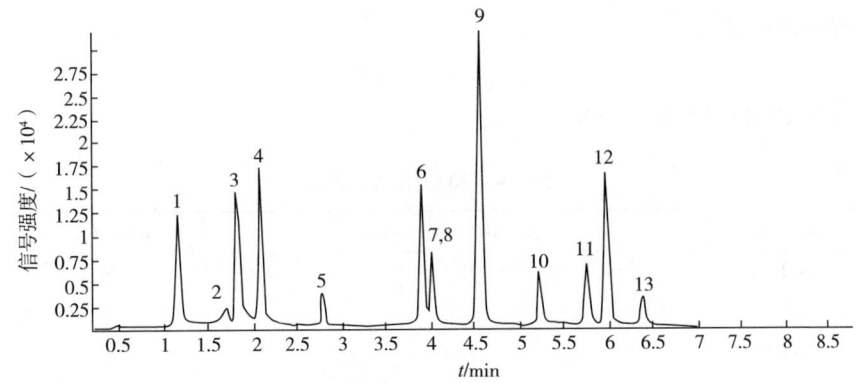

图7-2 13种杂环胺标准溶液液相色谱图（50.0μg/L）
1—Glu-P-2 2—IQx 3—MeIQ 4—Glu-P-1 5—8-MeIQx 6—Norharman
7,8—7,8-DiMeIQx 9—Harman 10—4,7,8-TriMeIQx 11—PhIP 12—AαC 13—Trp-P-1

（3）空白试验 除不加试样外，采用上述步骤进行平行操作。

四、结果计算

试样中杂环胺含量按式（7-2）计算。

$$X = 10 \times n \times \frac{c \times V}{m} \qquad (7-2)$$

式中　X——试样中杂环胺含量，$\mu g/kg$；

　　　n——待测试样溶液稀释倍数；

　　　c——根据标准曲线上计算得出的试样溶液中杂环胺浓度，$\mu g/L$；

　　　V——复溶后试样溶液的体积，L；

　　　m——试样质量，kg。

五、结果标示

计算结果需扣除空白值，测定结果用平行测定的算数平均值表示，保留3位有效数字。

六、精密度

在3~30μg/kg添加浓度范围内的回收率为65%~100%，批间相对标准偏差≤15%，批间相对标准偏差≤15%。

七、检出限和定量限

检出限和定量限见表7-8。

表7-8　检出限和定量限

化合物	检出限/(μg/kg)	定量限/(μg/kg)
Glu-P-2	0.1	0.5
IQx	1.0	3.0
MeIQ	0.1	0.5
GIu-P-1	0.1	0.5
8-MeIQx	0.3	1.0
Norharman	0.3	1.0
4,8-DiMeIQx	0.1	0.5
7,8-DiMeIQx	0.3	1.0
Harman	0.1	0.5
4,7,8-TriMeIQx	0.3	1.0
PhIP	0.1	0.5
AαC	1.0	3.0
Trp-P-1	0.1	1.0

任务二 丙烯酰胺的检测

任务导入

湖南省食品质量监督检验研究院对市售食品中丙烯酰胺的污染情况进行调查,实验室靶向性采集610份可能含有丙烯酰胺的食品样品,涉及糕点、饼干、薯类食品、膨化食品等8类食品。检测结果显示,有73个样品检出丙烯酰胺,检出率达12.0%,其中薯类食品、饼干、糕点等食品存在不同程度的丙烯酰胺污染,而马铃薯片中丙烯酰胺污染情况较为明显,检出率达47.5%,丙烯酰胺平均含量为1315μg/kg,具有较为突出的食品安全风险隐患。[来源:黄燕,宋晟,徐文泱,等. 市售食品中丙烯酰胺污染现状风险分析 [J]. 食品与机械,2021,37(7):81-86.]

任务要求

丙烯酰胺广泛存在于高碳水化合物的热加工食品中,对人体具有一定的毒害作用,丙烯酰胺引起的食品安全问题受到世界各国的广泛关注。检测食品中的丙烯酰胺的含量是消除食品安全隐患、保护消费者健康的措施之一。本任务要求学生按照专业水平对送检样品进行制备、预处理、检测并提供有关丙烯酰胺的准确、可信的数据报告。

必备知识

一、丙烯酰胺简介

丙烯酰胺(Acrylamide,AA)是一种高水溶性的小分子有机化合物,化学式为 C_3H_5NO,白色片状结晶粉末,有毒。在酸性条件下稳定性较好,保存时应注意避光,其结构式如图7-3所示。由于丙烯酰胺中含有酰胺基团,因此易溶于极性溶剂,尤其在水和乙醇等溶液中的溶解度较高。丙烯酰胺是一种工业化学品,其单体和聚合物广泛应用于建筑工程灌浆、城市污水处理、土壤稳定剂与改良剂、化妆品及部分生活用品添加剂等。

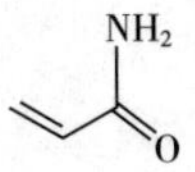

图7-3 丙烯酰胺结构式

2002年，瑞典科学家首次在一些经过高温油炸、焙烤等高碳水化合物食品中检测出丙烯酰胺，其质量浓度远远超过世界卫生组织（World Health Organization，WHO）规定的饮用水中丙烯酰胺的限量值0.5μg/L，引起了世界各国的广泛关注。食品中丙烯酰胺的形成是一个复杂的多阶段反应过程，其产生途径主要包括天冬酰胺途径和丙烯醛途径。

（一）天冬酰胺途径

美拉德反应（Maillard Reaction）赋予了食品独特的色泽和风味，但大量研究表明，食品中丙烯酰胺的产生主要是通过美拉德反应中的天冬酰胺途径。在模拟食品热加工过程中发现，天冬酰胺与还原糖反应体系中能检测到大量丙烯酰胺，若只对还原糖进行加热，则没有丙烯酰胺产生，与此同时，同位素（^{13}C和^{15}N）示踪研究结果也证明丙烯酰胺分子中的碳原子和氮原子均来自天冬酰胺。

在食品热处理过程中，食品原料中的天冬酰胺在还原糖的存在下通过热脱羧和脱氨可转化成丙烯酰胺，其含量受原料成分、热处理时间、温度、pH和水分影响。根据中华人民共和国国家卫生健康委员会食品污染物监测结果，高温加工的淀粉类食品（如油炸薯片和油炸薯条等）中丙烯酰胺含量较高，其中薯类油炸食品中丙烯酰胺平均含量高出谷类油炸食品4倍。以马铃薯为例，马铃薯块茎中的天冬氨酸与还原糖含量较高，其中天冬氨酸含量为3~10mg/L，占总游离氨基酸的20%~50%；葡萄糖（还原糖）含量为1.19g/100g、果糖（还原糖）含量为0.80g/100g。因此，马铃薯片在油炸过程中易生成大量的丙烯酰胺。由于很多食品原料本身含有天冬酰胺和还原糖，因此在高温加工过程（温度大于120℃，低水分含量条件下）中丙烯酰胺的监测需特别注意，例如以下几类食品。

以马铃薯为主要原料的制品：新鲜马铃薯切制或以马铃薯粉为主要原料加工成片、块、条等形状，经油炸或烘烤而成的马铃薯制品；

以谷物为主要原料的制品：面包、早餐谷物（不含粥）、饼干、谷物棒等；

以咖啡为主要原料的制品：烘焙咖啡、速溶咖啡或咖啡替代品。

（二）丙烯醛途径

高油脂食品在热加工过程中可通过丙烯醛途径产生丙烯酰胺。食品中的油脂在高温下降解生成甘油和脂肪酸，甘油进一步脱水氧化形成丙烯醛和丙烯酸；此外，食品蛋白质中的部分氨基酸也可分解产生少量丙烯醛。丙烯醛和丙烯酸均可在高温条件下与其他氨基酸分解产生的氨发生反应生成丙烯酰胺。如何减少或抑制热加工食品中丙烯酰胺的产生是亟须解决的问题。

日常膳食中如何减少丙烯酰胺的产生

二、丙烯酰胺的危害特性

丙烯酰胺具有较强的组织渗透性，可通过皮肤、黏膜、呼吸道、消化道等途径进入体内，经体液循环传播并蓄积在身体各个组织中，其中日常饮食经口摄入被认为是人体吸收丙烯酰胺最快速、完整的途径。经口摄入后，丙烯酰胺能被胃肠道迅速而完全地吸收，并且通过血液循环分布到周围组织，甚至可通过血液-胎盘、血液-乳腺屏障进入胎盘和母乳中。

丙烯酰胺进入人体被吸收代谢后，可引起细胞内活性氧、活性氮等增多，引发线粒体功能障碍等氧化损伤，诱导细胞凋亡；还可攻击体内的DNA，导致显著的DNA损伤，诱发基因突变。基于大量的细胞实验、动物实验、人类流行病学分析和病例对照研究发现，丙烯酰胺对人体具有神经、生殖、肝脏、免疫和遗传毒性。1994年，国际癌症研究机构（IARC）将其评定为2A类致癌物，即"对人很可能致癌"。

自2002年瑞典科学家发现热加工高碳水化合物类食品中含有较多的丙烯酰胺后，这一结果在很多国家迅速得到验证。欧盟食品安全委员会（European Food Safety Authority，EFSA）建议对马铃薯制品、面包、饼干、咖啡和婴幼儿食品等特定食品中丙烯酰胺的含量进行监测。2015年EFSA的膳食暴露评估显示，丙烯酰胺在日常饮食摄入的平均暴露水平为0.4~1.9μg/(kg体重·d)。2017年EFSA正式通过2017/2158号法规［Commission Regulation（EU）2017/2158］，法规中制定了部分食品加工过程中减少丙烯酰胺污染的措施，提供了部分食品中允许的丙烯酰胺基准水平，具体见表7-9。这些基准水平并不是安全值，而是为了敦促食品生产企业密切监测产品中的丙烯酰胺的含量并积极采取措施使其降低。若发现某食品中丙烯酰胺的含量超过该法规中规定的基准水平，该成员国主管当局需对食品企业经营者所使用的生产和加工方法进行调查。

表7-9 各类食品中的丙烯酰胺基准水平

食品种类	丙烯酰胺基准水平/(μg/kg)
炸薯条（即食）	500
由新鲜马铃薯和马铃薯面团制作的薯片	
马铃薯薄脆饼干	750
由马铃薯面团制成的其他马铃薯产品	
软面包	
小麦面包	50
除小麦面包外的软面包	100
早餐麦片（不包括粥）	
麸皮制品和全谷物，膨化谷物	300
小麦和黑麦制品*	300
玉米、燕麦、斯佩尔特小麦、大麦和大米制品*	150

续表

食品种类	丙烯酰胺基准水平/(μg/kg)
饼干和薄饼	350
咸饼干（土豆饼干除外）	400
薄脆饼干	350
姜饼	800
与该类别中的其他产品类似的产品	300
现磨咖啡	400
速溶咖啡	850
咖啡替代品	
纯谷物咖啡替代品	500
由谷物和菊苣混合制成的咖啡替代品	**
完全由菊苣制成的咖啡替代品	4000
婴儿食品、婴幼儿加工谷类食品（不包括饼干和薯条）	40
婴幼儿用饼干和薯条***	150

注：* 非全谷物和/或非麸皮谷物。数量最多的谷物决定食品种类。
　　** 对由谷物和菊苣混合而成的咖啡替代品中丙烯酰胺的基准水平需考虑了这些成分在最终产品中的占比。
　　*** 根据第 609/2013 号法规（欧盟）的定义

目前全球范围内关于食品中丙烯酰胺的法律法规尚无统一的管理办法，我国的国家食品安全标准和其他相关标准也暂未对食品中丙烯酰胺的含量作出规定。FAO/WHO 食品添加剂联合专家委员会（JECFA）根据各国的调查资料，认为人类的丙烯酰胺平均摄入量大致为 $1\mu g/(kg$ 体重 $\cdot d)$，而高消费人群大致为 $4\mu g/(kg$ 体重 $\cdot d)$，其中包括儿童。我国是一个以粮谷类食物为主食的国家，采用油炸、烘烤、膨化等高温加工工艺制作的糕点、饼干、薯类食品较多，食用人群广，长期低剂量接触丙烯酰胺，有潜在危害。2019 年，我国食品安全监管部门再次在全国范围内启动食品中丙烯酰胺含量的食品安全风险监测工作，此项工作为掌握各类食品中丙烯酰胺的含量、制定相关食品安全国家标准提供有力的数据支撑。与此同时，国家食品安全标准《食品中丙烯酰胺污染控制规范》草案已完成，以期通过规范生产，预防和控制食品热加工过程中丙烯酰胺的形成。

三、检测原理

本标准应用稳定性同位素稀释技术，在试样中加入 $^{13}C_3$ 标记的丙烯酰胺内标溶液，以水为提取溶剂，经过固相萃取柱或基质固相分散萃取净化后，以液相色谱-

质谱/质谱的多反应离子监测（MRM）或选择反应监测（SRM）进行检测，内标法定量。

本任务依据 GB 5009.204—2014《食品安全国家标准 食品中丙烯酰胺的测定》操作。

任务准备

除非另有说明，本方法所用试剂均为分析纯，水为 GB/T 6682—2008《分析实验室用水规格和试验方法》规定的一级水。

1. 仪器

(1) 液相色谱-质谱/质谱联用仪（LC-MS/MS）。

(2) HLB 固相萃取柱　6mL、200mg，或相当产品。

(3) Bond Elut-Accucat 固相萃取柱　3mL、200mg，或相当产品。

(4) 组织粉碎机。

(5) 旋转蒸发仪。

(6) 氮气浓缩器。

(7) 振荡器。

(8) 玻璃层析柱　柱长 30cm，柱内径 1.8cm。

(9) 涡旋混合器。

(10) 超纯水装置。

(11) 分析天平：感量为 0.1mg。

(12) 离心机：转速≤10000r/min。

2. 试剂

(1) 甲酸（HCOOH）　色谱纯。

(2) 甲醇（CH_3OH）　色谱纯。

(3) 正己烷（$n\text{-}C_6H_{14}$）　分析纯，重蒸后使用。

(4) 乙酸乙酯（$CH_3COOC_2H_5$）　分析纯，重蒸后使用。

(5) 无水硫酸钠（Na_2SO_4）　400℃，烘烤 4h。

(6) 硫酸铵 [$(NH_4)_2SO_4$]。

(7) 硅藻土　Extrelut^{TM}20 或相当产品。

(8) 丙烯酰胺标准储备液（1000mg/L）　准确称取丙烯酰胺标准品，用甲醇溶解并定容，使丙烯酰胺浓度为 1000mg/L，置-20℃冰箱中保存。

(9) 丙烯酰胺中间溶液（100mg/L）　移取丙烯酰胺标准储备液 1mL，加甲醇稀释至 10mL，使丙烯酰胺浓度为 100mg/L，置-20℃冰箱中保存。

(10) 丙烯酰胺工作溶液 I（10mg/L）　移取丙烯酰胺中间溶液 1mL，用 0.1%甲酸溶液稀释至 10mL，使丙烯酰胺浓度为 10mg/L。临用时配制。

(11) 丙烯酰胺工作溶液 II（1mg/L）　移取丙烯酰胺工作溶液 I 1mL，用

0.1%甲酸溶液稀释至10mL,使丙烯酰胺浓度为1mg/L。临用时配制。

(12) $^{13}C_3$-丙烯酰胺内标储备溶液(1000mg/L) 准确称取$^{13}C_3$-丙烯酰胺标准品,用甲醇溶解并定容,使$^{13}C_3$-丙烯酰胺浓度为1000mg/L,置-20℃冰箱保存。

(13) 内标工作溶液(10mg/L) 移取内标储备溶液1mL,用甲醇稀释至100mL,使$^{13}C_3$-丙烯酰胺浓度为10mg/L,置-20℃冰箱保存。

(14) 标准系列溶液 取6个10mL容量瓶,分别移取0.1,0.5,1mL丙烯酰胺工作溶液Ⅱ(1mg/L)和0.5,1,3mL丙烯酰胺工作溶液Ⅰ(10mg/L)与内标工作溶液(10mg/L) 0.1mL,用0.1%甲酸溶液稀释至刻度。标准系列溶液中丙烯酰胺的浓度分别为10,50,100,500,1000,3000μg/L,内标浓度为100μg/L。临用时配制。

3. 材料

(1) 微孔滤膜 0.22μm,水系。
(2) 微孔滤膜 0.45μm,水系。

任务实施

1. 试样提取

取50g试样,经粉碎机粉碎,-20℃冷冻保存。准确称取试样1~2g(精确到0.001g),加入10mg/L $^{13}C_3$-丙烯酰胺内标工作溶液10μL(或20μL),相当于100ng(或200ng)的$^{13}C_3$-丙烯酰胺内标,再加入超纯水10mL,振摇30min后,于4000r/min离心10min,取上清液待净化。

2. 试样净化

任选下列一种方法净化。

(1) 基质固相分散萃取方法 在试样提取的上清液中加入硫酸铵15g,振荡10min,使其充分溶解,于4000r/min离心10min,取上清液10mL,备用。如上清液不足10mL,则用饱和硫酸铵补足。取洁净玻璃层析柱,在底部填少许玻璃棉并压紧,依次填装10g无水硫酸钠、2g硅藻土。称取5g硅藻土Extrelut™20与上述试样上清液搅拌均匀后,装入层析柱中。用70mL正己烷淋洗,控制流速为2mL/min,弃去正己烷淋洗液。用70mL乙酸乙酯洗脱丙烯酰胺,控制流速为2mL/min,收集乙酸乙酯洗脱溶液,并在45℃水浴中减压旋转蒸发至近干,用乙酸乙酯洗涤蒸发瓶残渣三次(每次1mL),并将其转移至已加入1mL 0.1%甲酸溶液的试管中,涡旋振荡。在氮气流下吹去上层有机相后,加入1mL正己烷,涡旋振荡,于3500r/min离心5min,取下层水相经0.22μm水相滤膜过滤,待LC-MS/MS测定。

(2) 固相萃取柱净化 在试样提取的上清液中加入5mL正己烷,振荡萃取10min,于10000r/min离心5min,除去有机相,再用5mL正己烷重复萃取一次,迅速取水相6mL经0.45μm水相滤膜过滤,待进行HLB固相萃取柱净化处理。HLB固相萃取柱使用前依次用3mL甲醇、3mL水活化。取上述滤液5mL上HLB固相萃取柱,收集流出液,并用4mL 80%的甲醇水溶液洗脱,收集全部洗脱液,并与流出液合并待进行 Bond Elut-Accucat 固相萃取柱净化；Bond Elut-Accucat 固相萃取柱依次用 3mL 甲醇、3mL 水活化后，将 HLB 固相萃取柱净化的全部洗脱液上样，在重力作用下流出，收集全部流出液，在氮气流下将流出液浓缩至近干，用 0.1% 甲酸溶液定容至 1.0mL，待 LC-MS/MS 测定。

3. 仪器参考条件

（1）色谱条件

①色谱柱为 Atlantis C_{18} 柱 [150mm×2.1mm（内径），5μm] 或等效柱。

②预柱：C_{18} 保护柱 [30mm×2.1mm（内径），5μm] 或等效柱。

③流动相：甲醇/0.1%甲酸（10:90，体积比）。

④流速：0.2mL/min。

⑤进样体积：25μL。

⑥柱温：26℃。

（2）质谱参数

①三重四极串联质谱仪

a. 检测方式：多反应离子监测（MRM）。

b. 电离方式：阳离子电喷雾电离源（ESI+）。

c. 毛细管电压：3500V。

d. 锥孔电压：40V。

e. 射频透镜 1 电压：30.8V。

f. 离子源温度：80℃。

g. 脱溶剂气温度：300℃。

h. 离子碰撞能量：6eV。

i. 丙烯酰胺：母离子（$m/z=72$）、子离子（$m/z=55$）、子离子（$m/z=44$）。

j. $^{13}C_3$-丙烯酰胺：母离子（$m/z=75$）、子离子（$m/z=58$）、子离子（$m/z=45$）。

k. 定量离子：丙烯酰胺（$m/z=55$），$^{13}C_3$-丙烯酰胺（$m/z=58$）。

②离子阱串联质谱仪

a. 检测方式：选择反应离子监测（SRM）。

b. 电离方式：阳离子电喷雾电离源（ESI+）。

c. 喷雾电压：5000V。

d. 加热毛细管温度：300℃。

e. 鞘气：N_2，40Arb。

f. 辅助气：N_2，20Arb。

g. 碰撞诱导解离（CID）：10V。

h. 碰撞能量：40V。

i. 丙烯酰胺：母离子（$m/z=72$）、子离子（$m/z=55$）、子离子（$m/z=44$）。

j. $^{13}C_3$-丙烯酰胺：母离子（$m/z=75$）、子离子（$m/z=58$）、子离子（$m/z=45$）。

k. 定量离子：丙烯酰胺（$m/z=55$），$^{13}C_3$-丙烯酰胺（$m/z=58$）。

4. 标准曲线制作

将标准系列溶液分别注入液相色谱-质谱/质谱系统，测定相应的丙烯酰胺及其内标的峰面积，以各标准系列溶液的丙烯酰胺进样浓度（μg/L）为横坐标，以丙烯酰胺（$m/z=55$）和$^{13}C_3$-丙烯酰胺内标（$m/z=58$）的峰面积比为纵坐标，绘制标准曲线。

5. 试样溶液测定

将试样溶液注入液相色谱-质谱/质谱系统中，测得丙烯酰胺（$m/z=55$）和$^{13}C_3$-丙烯酰胺内标（$m/z=58$）的峰面积比，根据标准曲线得到待测液中丙烯酰胺进样浓度（μg/L），平行测定次数不少于两次。

6. 质谱分析

分别将试样和标准系列工作液注入液相色谱-质谱/质谱仪中，记录总离子流图和质谱图（图7-4~图7-5）及丙烯酰胺和内标的峰面积，以保留时间及碎片离子的丰度定性，要求所检测的丙烯酰胺色谱峰信噪比（S/N）大于3，被测试样中目标化合物的保留时间与标准溶液中目标化合物的保留时间一致，同时被测试样中目标化合物的相应监测离子丰度比与标准溶液中目标化合物的色谱峰丰度比一致，允许的偏差见表7-10。

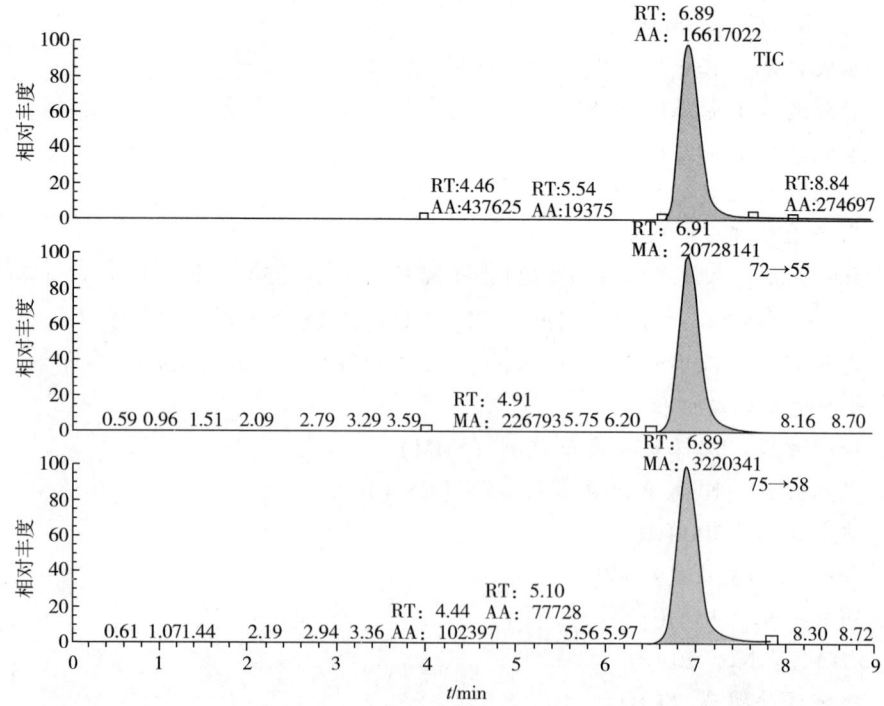

图7-4 薯片中丙烯酰胺及同位素内标$^{13}C_3$-丙烯酰胺的质量色谱图

注：从上至下依次为总离子流图（TIC），丙烯酰胺选择离子流图（72→55）和$^{13}C_3$-丙烯酰胺内标选择离子流图（75→58）。

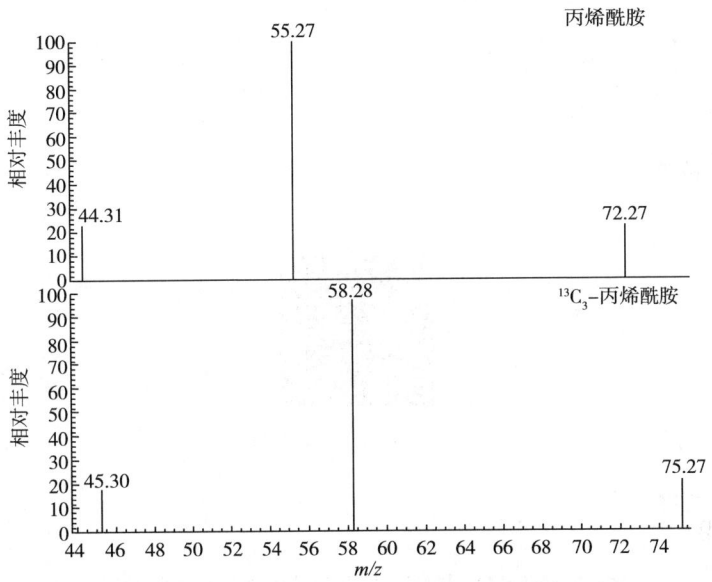

图 7-5　丙烯酰胺及内标 $^{13}C_3$-丙烯酰胺的质谱图

表 7-10　定性测定时相对离子丰度的最大允许偏差

相对离子丰度（基线峰的%）	允许的相对偏差（RSD）
>50%	±20%
20%~50%	±25%
10%~20%	±30%
≤10%	±50%

7. 结果计算

试样中丙烯酰胺含量按式（7-3）内标法计算。

$$X = \frac{A \times f}{M} \tag{7-3}$$

式中　X——试样中丙烯酰胺的含量，μg/kg；

　　　A——试样中丙烯酰胺（$m/z=55$）色谱峰与 $^{13}C_3$-丙烯酰胺内标（$m/z=58$）色谱峰的峰面积比值对应的丙烯酰胺质量，ng；

　　　f——试样中内标加入量的换算因子（内标为 10μL 时 $f=1$ 或内标为 20μL 时 $f=2$）；

　　　M——加入内标时的取样量，g。

计算结果以重复性条件下获得的两次独立测定结果的算术平均值表示，结果保留三位有效数字（或小数点后 1 位）。

在重复性条件下获得的两次独立测定结果的绝对差值不得超过算术平均值

的20%。

8. 其他

方法定量限为10μg/kg。

在线测试

项目七 任务二 在线测试

知识拓展

稳定性同位素稀释的气相色谱-质谱法

一、原理

本方法应用稳定性同位素稀释技术,在试样中加入$^{13}C_3$标记的丙烯酰胺内标溶液,以水为提取溶剂,试样提取液采用基质固相分散萃取净化、溴试剂衍生后,采用气相色谱-串联质谱仪的多反应离子监测(MRM)或气相色谱-质谱仪的选择离子监测(SIM)进行检测,内标法定量。本方法定量限为10μg/kg。

二、仪器和试剂

除非另有说明,本方法所用试剂均为分析纯,水为超纯水。

1. 仪器和设备

(1) 气相色谱-四极杆质谱联用仪(GC-MS)。

(2) 色谱柱 DB-5ms柱[30m×0.25mm(内径),0.25μm]或等效柱。

(3) 组织粉碎机。

(4) 旋转蒸发仪。

(5) 氮气浓缩器。

(6) 振荡器。

(7) 玻璃层析柱 柱长30cm,柱内径1.8cm。

(8) 涡旋混合器。

(9) 超纯水装置。

(10) 分析天平　感量为 0.1mg。

(11) 离心机　转速≤10000r/min。

2. 试剂

(1) 正己烷（n-C_6H_{14}）　分析纯，重蒸后使用。

(2) 乙酸乙酯（$CH_3COOC_2H_5$）　分析纯，重蒸后使用。

(3) 无水硫酸钠（Na_2SO_4）　400℃，烘烤 4h。

(4) 氢溴酸（HBr）　含量>48.0%。

(5) 超纯水　电导率（25℃）≤0.01mS/m。

(6) 硅藻土　Extrelut™20 或相当产品。

(7) 饱和溴水　量取 100mL 超纯水，置于 200mL 的棕色试剂瓶中，加入 8mL 溴，4℃避光放置 8h，上层为饱和溴水溶液。

(8) 溴试剂　称取溴化钾 20.0g，加超纯水 50mL，使完全溶解，再加入 1.0mL 氢溴酸和 16.0mL 饱和溴水，摇匀，用超纯水稀释至 100mL，4℃避光保存。

(9) 硫代硫酸钠溶液（0.1mol/L）　称取硫代硫酸钠（$Na_2S_2O_3 \cdot 5H_2O$）2.48g，加超纯水 50mL，使完全溶解，用超纯水稀释至 100mL，4℃避光保存。

(10) 饱和硫酸铵溶液　称取 80g 硫酸铵晶体 [$(NH_4)_2SO_4$]，加入超纯水 100mL，超声溶解，室温放置。

(11) 丙烯酰胺标准储备液（1000mg/L）　准确称取丙烯酰胺标准品，用甲醇溶解并定容，使丙烯酰胺浓度为 1000mg/L，置-20℃冰箱中保存。

(12) 丙烯酰胺中间溶液（100mg/L）　移取丙烯酰胺标准储备液 1mL，加甲醇稀释至 10mL，使丙烯酰胺浓度为 100mg/L，置-20℃冰箱中保存。

(13) 丙烯酰胺工作溶液Ⅰ（10mg/L）　移取丙烯酰胺中间溶液 1mL，用 0.1%甲酸溶液稀释至 10mL，使丙烯酰胺浓度为 10mg/L。临用时配制。

(14) 丙烯酰胺工作溶液Ⅱ（1mg/L）　移取丙烯酰胺工作溶液Ⅰ1mL，用 0.1%甲酸溶液稀释至 10mL，使丙烯酰胺浓度为 1mg/L。临用时配制。

(15) $^{13}C_3$-丙烯酰胺内标储备溶液（1000mg/L）　准确称取 $^{13}C_3$-丙烯酰胺标准品，用甲醇溶解并定容，使 $^{13}C_3$-丙烯酰胺浓度为 1000mg/L，置-20℃冰箱保存。

(16) 内标工作溶液（10mg/L）　移取内标储备溶液 1mL，用甲醇稀释至 100mL，使 $^{13}C_3$-丙烯酰胺浓度为 10mg/L，置-20℃冰箱保存。

(17) 标准系列溶液　取 5 个 10mL 容量瓶，分别移取 0.1，0.5，2mL 丙烯酰胺工作溶液Ⅱ（1mg/L）和 0.5mL，1mL 丙烯酰胺工作溶液Ⅰ（1mg/L）与 0.5mL 内标工作溶液（1mg/L），用超纯水稀释至刻度。标准系列溶液中丙烯酰胺浓度分别为 10，50，200，500，1000μg/L，内标浓度为 50μg/L。临用时配制。

三、操作步骤

1. 样品提取

取 50g 试样,经粉碎机粉碎,-20℃冷冻保存。准确称取试样 2g（精确到 0.001g），加入 10.0mg/L $^{13}C_3$-丙烯酰胺内标溶液 10μL（或 20μL），相当于 100ng（或 200ng）的 $^{13}C_3$-丙烯酰胺内标，再加入超纯水 10mL，振荡 30min 后，于 4000r/min 离心 10min，取上清液备用。

2. 样品净化

在试样提取的上清液中加入硫酸铵 15g，振荡 10min，使其充分溶解，于 4000r/min 离心 10min，取上清液 10mL，备用。如上清液不足 10mL，则用饱和硫酸铵补足。取洁净玻璃层析柱，在底部填少许玻璃棉，压紧，依次填装无水硫酸钠 10g、Extrelut™20 硅藻土 2g。称取 5g Extrelut™ 20 硅藻土与上述备用的试样上清液搅拌均匀后，装入层析柱中。用 70mL 正己烷淋洗，控制流速为 2mL/min，弃去正己烷淋洗液。用 70mL 乙酸乙酯洗脱，控制流速为 2mL/min，收集乙酸乙酯洗脱溶液，并在 45℃水浴下减压旋转蒸发至近干，用乙酸乙酯洗涤蒸发瓶残渣三次（每次 1mL），并将其转移至已加入 1mL 超纯水的试管中，涡旋振荡。在氮气流下吹去上层有机相后，加入 1mL 正己烷，涡旋振荡，于 3500r/min 离心 5min，取下层水相备用衍生。

3. 衍生

试样的衍生：在试样提取液中加入溴试剂 1mL，涡旋振荡，4℃放置至少 1h 后，加入 0.1mol/L 硫代硫酸钠溶液约 100μL，涡旋振荡除去剩余的衍生剂；加入 2mL 乙酸乙酯，涡旋振荡 1min，于 4000r/min 离心 5min，吸取上层有机相转移至加有 0.1g 无水硫酸钠试管中，加入乙酸乙酯 2mL 重新萃取，合并有机相；静置至少 0.5h，转移至另一支试管，在氮气流下吹至近干，加 0.5mL 乙酸乙酯溶解残渣（注意：根据仪器的灵敏度，调整溶解残渣的乙酸乙酯体积，通常情况下，采用串联质谱仪检测，其使用量为 0.5mL，采用单级质谱仪检测，其使用量为 0.1mL），备用。

标准系列溶液的衍生：量取标准系列溶液各 1.0mL，按照上述试样衍生方法同步操作。

4. 仪器参考条件

（1）色谱条件

①色谱柱：DB-5 ms 柱 [30m×0.25mm（内径），0.25μm] 或等效柱。

②进样口温度：120℃保持 2min，以 40℃/min 速度升至 240℃，并保持 5min。

③色谱柱程序温度：65℃保持 1min，以 15℃/min 速度升至 200℃，再以 40℃/min 的速度升至 240℃，并保持 5min。

④载气：高纯氦气（纯度>99.999%），柱前压为69KPa。
⑤不分流进样，进样体积1μL。

（2）质谱条件
①检测方式：选择离子扫描（SIM）采集。
②电离模式：电子轰击源（EI），能量为70eV。
③传输线温度：250℃。
④离子源温度：200℃。
⑤溶剂延迟：6min；质谱采集时间：6～12min。
⑥丙烯酰胺监测离子（m/z=106，133，150，152），定量离子（m/z=150）。
⑦$^{13}C_3$-丙烯酰胺内标监测离子（m/z=108，136，153，155），定量离子（m/z=155）。

5. 测定

将衍生的标准系列工作液分别注入气相色谱-质谱系统，测定相应的丙烯酰胺及其内标的峰面积，以各标准系列工作液的丙烯酰胺进样浓度（μg/L）为横坐标，以丙烯酰胺及其内标$^{13}C_3$-丙烯酰胺定量离子质量色谱图上测得的峰面积比为纵坐标，绘制线性曲线。

将衍生的试样溶液注入气相色谱-质谱系统中，得到丙烯酰胺和内标$^{13}C_3$-丙烯酰胺的峰面积比，根据标准曲线得到待测液中丙烯酰胺进样浓度（μg/L），平行测定次数不少于两次。

分别将试样和标准系列溶液注入气相色谱-质谱仪中，记录总离子流图和质谱图（图7-6～图7-7）及丙烯酰胺和内标的峰面积，以保留时间及碎片离子的丰度定性，要求所检测的丙烯酰胺色谱峰信噪比（S/N）大于3，被测试样中目标化合物的保留时间与标准溶液中目标化合物的保留时间一致，同时被测试样中目标化合物的相应监测离子丰度比与标准溶液中目标化合物的色谱峰丰度比一致，允许的偏差见表7-10。

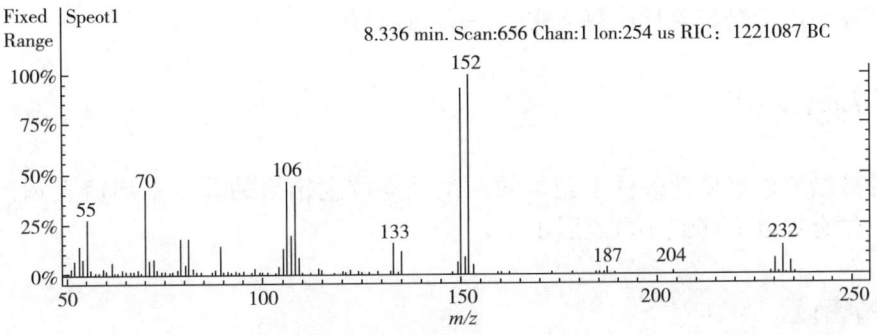

图7-6 标准溶液的溴代衍生物GC-MS全扫描质谱图
注：丙烯酰胺

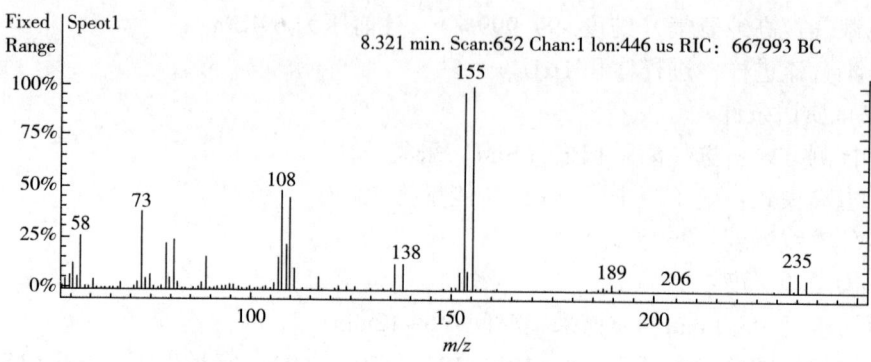

图 7-6 标准溶液的溴代衍生物 GC-MS 全扫描质谱图（续）

注：$^{13}C_3$-丙烯酰胺。

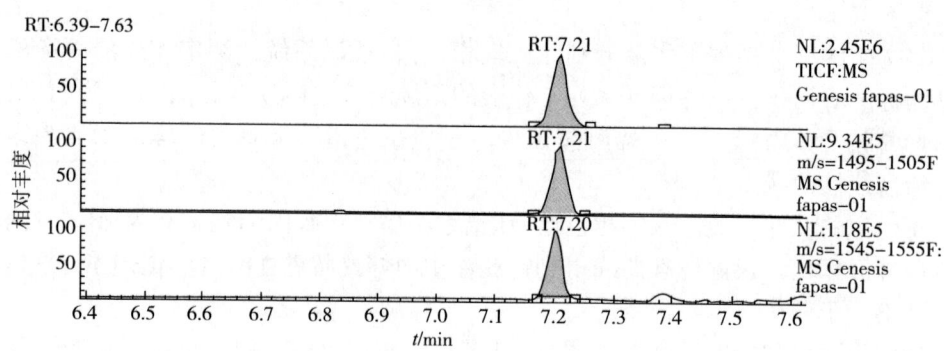

图 7-7 薯片样品的 GC-MS 质谱图（四极杆）

注：从上至下依次为总离子流图、丙烯酰胺衍生物 m/z 150 及 $^{13}C_3$-丙烯酰胺衍生物 m/z 155 的质谱图。

四、结果计算

试样中丙烯酰胺含量按前文式（7-3）计算。

五、结果表示

计算结果以重复性条件下获得的两次独立测定结果的算术平均值表示，结果保留三位有效数字（或小数点后 1 位）。

六、精密度

在重复性条件下获得的两次独立测定结果的绝对差值不得超过算术平均值

的 20%。

任务三　反式脂肪酸的检测

任务导入

2021年8月上海市消费者权益保护委员会对15款网红冷饮开展了比较试验。结果显示，仅有1款样品未检出反式脂肪酸。大部分雪糕和冰淇淋在制作过程中加入了乳制品，有的还加入了代可可脂等，这些原料或多或少存在天然或工业反式脂肪酸。15款样品的反式脂肪酸的实测值在0.038～0.39g/100g，其中2款样品的反式脂肪酸实测值超过0.3g/100g。（来源：食品伙伴网）

任务要求

检测食品中的反式脂肪酸可为其监督管理、限量指标制订和营养健康教育开展提供基础数据。本任务要求学生按照专业水平对送检样品进行制备、预处理、检测并提供有关反式脂肪酸的准确、可信的数据报告。

必备知识

一、反式脂肪酸简介

反式脂肪酸（Trans Fatty Acid，TFA）是分子中含有一个或多个反式双键的非共轭不饱和脂肪酸的总称，为人体非必需脂肪酸。其与顺式脂肪酸的主要区别在于碳碳双键（C=C）的空间结构不同，如果与碳碳双键上两个碳原子相结合的两个氢原子在碳链同侧，则为顺式脂肪酸，天然的不饱和脂肪酸主要以顺式结构存在；反之，如果与碳碳双键上两个碳原子相结合的两个氢原子在碳链的两侧，则为反式脂肪酸，如图7-8所示。

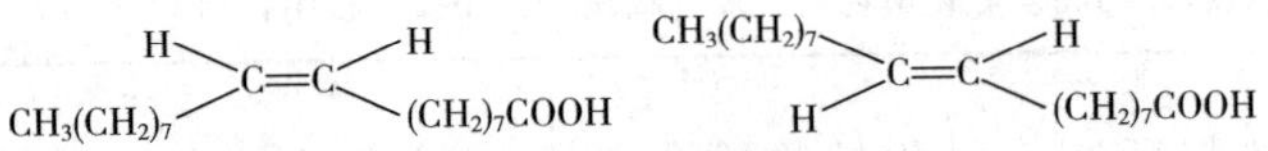

$$\underset{CH_3(CH_2)_7}{H}\!\!\diagup\!\!\underset{(CH_2)_7COOH}{\overset{H}{C\!=\!C}}\qquad\underset{H}{CH_3(CH_2)_7}\!\!\diagup\!\!\underset{(CH_2)_7COOH}{\overset{H}{C\!=\!C}}$$

图 7-8　顺式脂肪酸与反式脂肪酸结构简式（以油酸和反油酸为例）
注：左边为顺式油酸，右边为反式油酸

根据来源不同，反式脂肪酸可分为天然反式脂肪酸和工业反式脂肪酸。天然反式脂肪酸主要存在于反刍动物的乳和脂肪中，如牛、羊乳及其制品，牛、羊肉及其制品，其含量较低，一般为总脂肪的2.5%～5.0%，是由饲料中的部分不饱和脂肪酸经反刍动物瘤胃中微生物的生物氢化作用生成。工业反式脂肪酸主要来自于油脂部分氢化、精炼脱臭等工艺和高温烹调中持续、反复加热等过程。植物油被部分氢化时,碳碳双键会由顺式变为反式,生成大量的反式脂肪酸,占总脂肪60%左右;与普通的植物油相比,氢化植物油可增加食品酥脆的口感、维持食品美观的外形、延长食品的货架期、成本低廉、便于贮存和运输,成为全球食品加工生产不可或缺的原料。食品生产企业应用各种不同规格氢化植物油,如人造奶油、起酥油、精炼植物油替代传统油脂,用于下列各类加工食品中。

(1) 烘焙食品 如面包、饼干、蛋黄派、起酥点心等。

(2) 油炸食品 如油炸薯条、油炸方便面、炸鸡块、炸麻花等。

(3) 酱类食品 如色拉酱、花生酱等。

(4) 饮品类 如奶茶、咖啡伴侣等。

(5) 糖果类 如代可可脂巧克力、奶糖等。

(6) 冷冻食品类 如雪糕、冰淇淋。

除氢化反应外,油脂在精炼的脱臭过程中经高温处理,反式脂肪酸的含量也会增加;家庭烹调中若常将烹调油加热到冒烟或反复煎炸食物,食用油中不饱和脂肪酸氧化裂解和异构化会导致反式结构的形成,油脂及食物中反式脂肪酸含量也会增加。

二、反式脂肪酸的危害特性

2021年,国家食品安全风险评估专家委员会对我国居民反式脂肪酸的摄入水平进行评估,结果显示加工食品是我国居民膳食反式脂肪酸的主要来源。随着食品加工工艺的进步、生产链条和销售链条的延长,加工食品在我国居民日常膳食中出现的频次也越来越高,居民膳食中反式脂肪酸的含量呈现升高趋势。以某品牌蛋黄派为例,其配料表如下。

	****蛋黄派
配料表	鸡蛋、小麦粉、白砂糖、起酥油、食品添加剂、麦芽糖浆、低聚异麦芽糖、全脂乳粉、蛋黄粉、奶油、氢化植物油、麦芽糊精、食用盐、食用香精。

配料表中的起酥油、氢化植物油中都含有较多的工业反式脂肪酸。在日常膳食中,工业反式脂肪酸的摄入量一般可达到总能量摄入量的9.0%,而天然反式脂肪酸的摄入量一般不超过总能量的0.5%,因此,与天然反式脂肪酸相比,工业反式脂肪酸在食物中的能量占比更高,摄入量更大,对健康的影响也更显著。

天然反式脂肪酸对人体是否有害,目前尚未定论,但摄入过多的工业反式脂肪酸会对人体健康造成诸多负面影响,其可增高低密度脂蛋白(有害胆固醇),降低高密度脂蛋白（有益胆固醇），从而引起高脂血症等血脂代谢异常相关疾病。

此外，反式脂肪酸会降低人体抗癌酶系统活性，是多种癌症的危险因素，最新研究表明过多摄入反式脂肪酸会增加乳腺癌和结肠癌的发病率；反式脂肪酸可影响胰岛素受体功能，降低其对胰岛素的敏感性，从而导致2型糖尿病的发生；反式脂肪酸对大脑和神经系统也有不良影响，在阿尔兹海默病的发生和随年龄增长而认知能力下降的过程中起着重要作用；高反式脂肪酸摄入（能量消耗>1%）也是不孕不育的一个危险因素，并且会对妊娠期及婴幼儿产生不利影响，因为胎儿和婴幼儿可以通过胎盘或乳汁间接摄入反式脂肪酸；长期摄入反式脂肪酸还会影响必需脂肪酸的代谢，从而影响儿童的生长发育和神经系统健康。《中国居民膳食营养素参考摄入量（2022）》中明确提出，"我国2岁以上儿童和成人膳食来源于食品工业加工产生的反式脂肪酸最高限量为膳食总能量的1%"，大致相当于2g。

根据世界卫生组织（WHO）的估算数据显示，反式脂肪酸每年导致超过50万人死亡。WHO敦促全球范围内禁用反式脂肪酸并计划于2023年之前在全球食品供应中停用反式脂肪酸。因此世界各国都出台了相应的政策限制加工食品中反式脂肪酸的含量。我国的GB 28050—2011《食品安全国家标准 预包装食品营养标签通则》中规定"食品配料含有或生产过程中使用了氢化和（或）部分氢化油脂时，在营养成分表中应标示出反式脂肪（酸）的含量"。如果每100g或100mL食品中，反式脂肪酸的含量低于0.3g，可以标注"0反式脂肪酸"，如果超过0.3g，必须标注相应的数值。与此同时，各油脂加工企业纷纷改进生产工艺，研发低反式脂肪酸和零反式脂肪酸的产品，从源头上减少反式脂肪酸的产生、使用和摄入。

预包装食品营养标签

三、检测原理

动植物油脂试样或经酸水解法提取的食品试样中的脂肪，在碱性条件下与甲醇进行酯交换反应生成脂肪酸甲酯，并在强极性固定相毛细管色谱柱上分离，用配有氢火焰离子化检测器的气相色谱仪进行测定，面积归一化法定量。

本任务依据GB 5009.257—2016《食品安全国家标准 食品中反式脂肪酸的测定》操作。

GB 5009.257—2016《食品安全国家标准 食品中反式脂肪酸的测定》

任务准备

除非另有说明，本方法所用试剂均为分析纯，水为GB/T 6682—2008《分析实验室用水规格和试验方法》规定的二级水。

1. 仪器

(1) 气相色谱仪　配氢火焰离子化检测器。

(2) 恒温水浴锅。

(3) 涡旋振荡器。

(4) 离心机　转速在 0~4000r/min。

(5) 具塞试管　10mL、50mL。

(6) 分液漏斗　125mL。

(7) 圆底烧瓶　200mL，使用前于 100℃ 烘箱中烘干至恒重。

(8) 旋转蒸发仪。

(9) 天平　感量为 0.1g、0.1mg。

2. 试剂

(1) 盐酸（HCl，ρ_{20}=1.19）　含量 36%~38%。

(2) 乙醚（$C_4H_{10}O$）。

(3) 石油醚　沸程 30~60℃。

(4) 无水乙醇（C_2H_6O）　色谱纯。

(5) 无水硫酸钠　使用前于 650℃ 灼烧 4h，贮存于干燥器中备用。

(6) 异辛烷（C_8H_{18}）　色谱纯。

(7) 甲醇（CH_3OH）　色谱纯。

(8) 氢氧化钾（KOH）　含量 85%。

(9) 硫酸氢钠（$NaHSO_4$）。

(10) 氢氧化钾-甲醇溶液（2mol/L）　称取 13.2g 氢氧化钾，溶于 80mL 甲醇中，冷却至室温，用甲醇定容至 100mL。

(11) 石油醚-乙醚溶液（1+1）　量取 500mL 石油醚与 500mL 乙醚混合均匀后备用。

(12) 脂肪酸甲酯标准储备液　分别准确称取反式脂肪酸甲酯标准品各 100mg（精确至 0.1mg）于 25mL 烧杯中，分别用异辛烷溶解并转移入 10mL 容量瓶中，准确定容至 10mL，此标准储备液的浓度为 10mg/mL。在（-18±4）℃下保存。

(13) 脂肪酸甲酯混合标准中间液（0.4mg/mL）　准确吸取标准储备液各 1mL 于 25mL 容量瓶中，用异辛烷定容，此混合标准中间液的浓度为 0.4mg/mL，在（-18±4）℃下保存。

(14) 脂肪酸甲酯混合标准工作液　准确吸取标准中间液 5mL 于 25mL 容量瓶中，用异辛烷定容，此标准工作溶液的浓度为 80μg/mL。

3. 材料

(1) 微孔滤膜　0.45μm，有机系。

(2) 塑料离心管　10mL。

任务实施

1. 试样制备

（1）固态样品　取有代表性的供试样品500g，于粉碎机中粉碎混匀，均分成两份，分别装入洁净容器中，密封并标识，于0~4℃下保存。

（2）半固态脂质类样品　取有代表性的样品500g，置于烧杯中，于60~70℃水浴中融化，充分混匀，冷却后均分成两份，分别装入洁净容器中，密封并标识，于0~4℃下保存。

（3）液态样品　取有代表性的样品500g，充分混匀后均分成两份，分别装入洁净容器中，密封并标识，于0~4℃下保存。

2. 试样提取

（1）动植物油脂　称取60mg油脂，置于10mL具塞试管中，加入4mL异辛烷充分溶解，加入0.2mL氢氧化钾-甲醇溶液，涡旋混匀1min，放至试管内混合液澄清。加入1g硫酸氢钠中和过量的氢氧化钾，涡旋混匀30s，于4000r/min下离心5min，上清液经0.45μm滤膜过滤，滤液作为试样待测液。

（2）含油脂食品（除动植物油脂外）

①食品中脂肪的测定

固体和半固态脂类试样：称取均匀的试样2.0g（精确至0.01g，对于不同的食品称样量可适当调整，保证食品中脂肪量不小于0.125g）置于50mL试管中，加入8mL水充分混合，再加入10mL盐酸混匀。

液态试样：称取均匀的试样10.00g置于50mL试管中，加入10mL盐酸混匀。将上述试管放入60~70℃水浴中，每隔5~10min振荡一次，40~50min至试样完全水解。取出试管，加入10mL乙醇充分混合，冷却至室温。

将混合物移入125mL分液漏斗中，以25mL乙醚分两次润洗试管，洗液一并倒入分液漏斗中。待乙醚全部倒入后，加塞振摇1min，小心开塞，放出气体，并用适量的石油醚-乙醚溶液（1+1）冲洗瓶塞及瓶口附着的脂肪，静置10~20min至上层醚液清澈。将下层水相放入100mL烧杯中，上层有机相放入另一干净的分液漏斗中，用少量石油醚-乙醚溶液（1+1）洗萃取用分液漏斗，收集有机相，合并于分液漏斗中。将烧杯中的水相倒回分液漏斗，再用25mL乙醚分两次润洗烧杯，洗液一并倒入分液漏斗中，按前述萃取步骤重复提取两次，合并有机相于分液漏斗中，将全部有机相过适量的无水硫酸钠柱，用少量石油醚-乙醚溶液（1+1）淋洗柱子，收集全部流出液于100mL具塞量筒中，用乙醚定容并混匀。

精准移取50mL有机相至已恒重的圆底烧瓶内，50℃水浴下旋转蒸去溶剂后，置（100±5）℃下恒重，计算食品中脂肪含量；另50mL有机相于50℃水浴下旋转蒸去溶剂后，用于反式脂肪酸甲酯的测定。

②脂肪酸甲酯的制备：准确称取 60mg 经上一步骤提取的脂肪［未经（100±5）℃干燥箱加热］，置于 10mL 具塞试管中，按（1）规定的步骤操作，得到试样待测液。

3. 仪器参考条件

（1）毛细管气相色谱柱　SP-2560 聚二氰丙基硅氧烷；柱长 100m×0.25mm，膜厚 0.2μm，或性能相当者。

（2）检测器　氢火焰离子化检测器。

（3）载气　高纯氦气 99.999%。

（4）载气流速　1mL/min。

（5）进样口温度　250℃。

（6）检测器温度　250℃。

（7）程序升温　初始温度 140℃，保持 5min，以 1.8℃/min 的速率升至 220℃，保持 20min。

（8）进样量　1μL。

（9）分流比　30∶1。

4. 定量测定

将标准工作溶液和试样待测液分别注入气相色谱仪中，根据标准溶液色谱峰响应面积，采用归一化法定量测定。

5. 定性确证

在 3 测定条件下，样液中反式脂肪酸的保留时间应在标准溶液保留时间的 ±0.5% 范围内，标准品的气相色谱图见图 7-9，各反式脂肪酸的参考保留时间如表 7-11 所示。

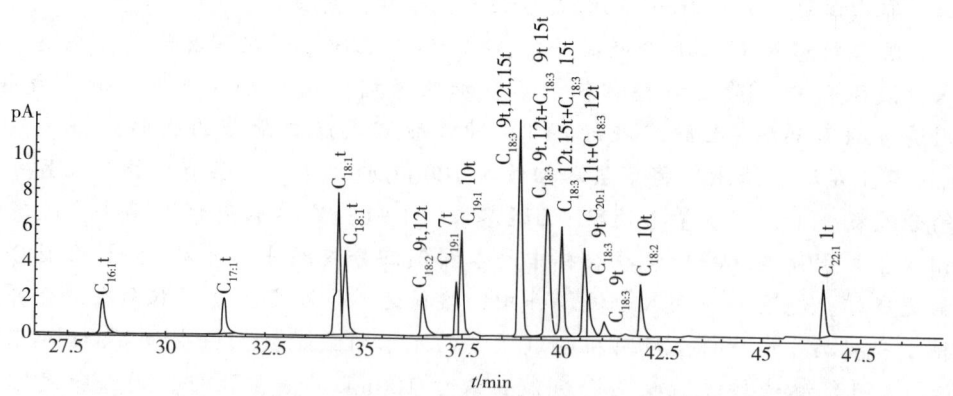

图 7-9　反式脂肪酸甲酯混合标准溶液气相色谱图（$C_{16:1}$ 9t~$C_{22:1}$ 13t）

（SP-2560 色谱柱，100m×0.25mm×0.2μm）

表 7-11 反式脂肪酸的参考保留时间

反式脂肪酸甲酯	参考保留时间/min
$C_{16:1}$ 9t	28.402
$C_{18:1}$ 6t	34.165
$C_{18:1}$ 9t	34.384
$C_{18:1}$ 11t	34.567
$C_{18:2}$ 9t, 12t	36.535
$C_{18:3}$ 9t, 12t, 15t	38.773
$C_{18:3}$ 9t, 12t, 15c+$C_{18:3}$ 9t, 12c, 15t	39.459
$C_{18:3}$ 9c, 12t, 15t+$C_{18:3}$ 9c, 12c, 15t	39.883
$C_{18:3}$ 9c, 12t, 15c	40.400
$C_{18:3}$ 9t, 12c, 15c	40.518
$C_{20:1}$ 11t	40.400
$C_{22:1}$ 13t	46.571

6. 结果计算

反式脂肪酸含量是以反式脂肪（%，质量分数）报告，反式脂肪含量是以反式脂肪酸甲酯百分比含量的形式进行计算。

（1）食品中脂肪的质量分数的计算　食品中脂肪的质量分数按式（7-4）计算：

$$\omega_Z = \frac{m_1 - m_0}{m_2} \times 100\% \tag{7-4}$$

式中　ω_Z——试样中脂肪的质量分数，%；

m_1——圆底烧瓶和脂肪的质量，g；

m_0——圆底烧瓶的质量，g；

m_2——试样的质量，g；

（2）相对质量分数的计算　各组分的相对质量分数按式（7-5）计算：

$$\omega_X = \frac{A_X \times f_X}{A_t} \times 100\% \tag{7-5}$$

式中　ω_X——归一化法计算的反式脂肪酸组分 X 脂肪酸甲酯相对质量分数，%；

A_X——组分 X 脂肪酸甲酯峰面积；

f_X——组分 X 脂肪酸甲酯的校准因子，化合物的校正因子见表7-12；

A_t——所有峰校准面积的总和，除去溶剂峰。

表 7-12　FID 响应因子和 FID 校准因子

脂肪酸碳原子数	M_x	n_x-1	F_x	f_x
$C_{4:0}$	102.13	4	2.216	1.51
$C_{6:0}$	130.19	6	1.087	1.28
$C_{8:0}$	158.24	8	1.647	1.17
$C_{9:0}$	172.27	9	1.594	1.13
$C_{10:0}$	186.30	10	1.551	1.10
$C_{11:0}$	200.32	11	1.516	1.08
$C_{12:0}$	214.35	12	1.487	1.06
$C_{13:0}$	228.37	13	1.463	1.04
$C_{14:0}$	242.40	14	1.442	1.02
$C_{15:0}$	256.42	15	1.423	1.01
$C_{16:0}$	270.46	16	1.407	1.00（参比）
$C_{17:0}$	284.49	17	1.393	0.99
$C_{18:0}$	298.52	18	1.381	0.98
$C_{20:0}$	326.57	20	1.360	0.97
$C_{21:0}$	340.57	21	1.350	0.96
$C_{22:0}$	354.62	22	1.342	0.95
$C_{23:0}$	368.62	23	1.334	0.95
$C_{24:0}$	382.68	24	1.382	0.94
$C_{14:1}$	240.40	14	1.430	1.02
$C_{16:1}$	268.43	16	1.397	0.99
$C_{18:1}$	296.48	18	1.371	0.97
$C_{20:1}$	324.53	20	1.351	0.96
$C_{22:1}$	352.58	22	1.334	0.95
$C_{24:1}$	380.68	24	1.321	0.94
$C_{18:2}$	294.46	18	1.302	0.97
$C_{20:2}$	322.57	20	1.343	0.95
$C_{22:2}$	350.62	22	1.327	0.94
$C_{18:3}$	292.15	18	1.333	0.96

续表

脂肪酸碳原子数	M_x	$n_x - 1$	F_x	f_x
$C_{20:3}$	320.57	20	1.335	0.95
$C_{20:4}$	318.57	20	1.326	0.94
$C_{20:5}$	316.57	20	1.318	0.94
$C_{22:6}$	346.62	22	1.312	0.93

注：M_x 为组分脂肪酸甲酯的相对摩尔质量；

n_x 为组分脂肪酸甲酯所含碳原子数；

F_x 为组分脂肪酸甲酯的 FID 响应因子；

f_x 为组分脂肪酸甲酯的校准因子。

（3）计算脂肪中反式脂肪酸的含量　脂肪中反式脂肪酸的质量分数按式（7-6）计算：

$$\omega_t = \sum w_X \tag{7-6}$$

式中　ω_t——脂肪中反式脂肪酸的质量分数，%；

ω_X——归一化法计算的组分 X 脂肪酸甲酯相对质量分数，%。

（4）计算食品中反式脂肪酸的含量　食品中反式脂肪酸的质量分数按式（7-7）计算：

$$\omega = \omega_t \times \omega_z \tag{7-7}$$

式中　ω——食品中反式脂肪酸的质量分数，%；

ω_t——脂肪中反式脂肪酸的质量分数，%；

ω_z——食品中脂肪的质量分数，%。

计算结果以重复性条件下获得的两次独立测定结果的算术平均值表示，大于1.0%的结果保留三位有效数字，小于等于1.0%的结果保留两位有效数字。

在重复条件下获得的两次独立测定结果的绝对差值不得超过算术平均值的15%。

7. 其他

本方法的检出限为0.012%（以脂肪计），定量限为0.024%（以脂肪计）。

■ 在线测试

项目七　任务三　在线测试

▎知识拓展

GB 5413.36—2010《食品安全国家标准 婴幼儿食品和乳品中反式脂肪酸的测定》适用于婴幼儿食品和乳品中反式脂肪酸的测定。检出限为：反式脂肪酸总含量30mg/kg。

一、原理

试样中的脂肪用溶剂提取。提取物在碱性条件下与甲醇反应生成脂肪酸甲酯，用配有氢火焰离子化检测器的气相色谱仪分离顺式脂肪酸甲酯和反式脂肪酸甲酯，外标法定量。

二、仪器和试剂

除非另有规定，本方法所用试剂均为分析纯，水为GB/T 6682—2008《分析实验室用水规格和试验方法》中规定的一级水。

1. 仪器和设备

（1）气相色谱仪 带氢火焰离子化检测器。

（2）旋转蒸发器。

（3）恒温水浴 40~80℃。

（4）涡旋振荡器。

（5）离心机 转速≥4000r/min。

（6）毛氏抽脂瓶。

（7）毛氏抽脂瓶摇混器。

（8）脂肪收集瓶 圆底烧瓶，与旋转蒸发仪配套。

（9）天平 感量为0.1mg。

2. 试剂

（1）石油醚 沸程30~60℃。

（2）乙醚（$C_4H_{10}O$）。

（3）乙醇（C_2H_6O） 体积分数为95%。

（4）正己烷（C_6H_{14}） 色谱纯。

（5）氨水（$NH_3·H_2O$） 25%~28%。

（6）淀粉酶 活力单位：1.5U/mg，根据活力单位大小调整用量。

（7）无水硫酸钠（Na_2SO_4）。

（8）氢氧化钾-甲醇溶液（4mol/L） 称取26.4g氢氧化钾，溶于约80mL甲醇中。冷却至室温，用甲醇定容至100mL，加入约5g无水硫酸钠，充分搅拌后过滤，保留滤液。

（9）脂肪酸甲酯标准品　十八酸甲酯（$C_{18:0}$）、反-9-十八碳一烯酸甲酯（$C_{18:1}$ 9t）、顺-9-十八碳一烯酸甲酯（$C_{18:1}$ 9c）、反-9,12-十八碳二烯酸甲酯（$C_{18:2}$ 9t, 12t）、顺-9,12-十八碳二烯酸甲酯（$C_{18:2}$ 9c, 12c），放入冰箱在-15℃以下保存。

（10）反式脂肪酸甲酯标准储备液　浓度分别为10.0mg/mL。称取500mg（精确到0.1mg）反-9-十八碳一烯酸甲酯标准品和反-9,12-十八碳二烯酸甲酯标准品，分别用正己烷溶解并定容至50.0mL。放入冰箱在-15℃以下保存。

（11）反式脂肪酸甲酯标准中间液　浓度分别为1.0mg/mL。分别吸取两种反式脂肪酸甲酯标准储备液10.0mL于同一100mL容量瓶中并用正己烷定容。临用前配制。亦作为标准曲线最高浓度。

（12）反式脂肪酸甲酯标准系列溶液　临用前配制。分别吸取反式脂肪酸甲酯标准中间液0、2.0、4.0、6.0、8.0、10.0mL于10mL容量瓶中，用正己烷定容，此浓度即为0、0.2、0.4、0.6、0.8、1.0mg/mL的标准系列溶液。

（13）脂肪酸甲酯标准混合液　将脂肪酸甲酯标准品用正己烷配制成脂肪酸甲酯标准混合溶液，其中每种成分的浓度为0.05~0.5mg/mL。用于进行顺反脂肪酸甲酯分离程度及定性的鉴定。

（14）刚果红溶液　称取1g刚果红溶解稀释至100mL。

三、操作步骤

1. 样品处理

（1）含淀粉的试样　称取混合均匀的固体试样约1.5g，液体试样约5g（精确到0.1mg）于毛氏抽脂瓶中，加入约0.1g淀粉酶（酶活力1.5U/mg），混合均匀后，加入8~10mL（45±2）℃的水，摇匀。盖上瓶塞置于（55±2）℃水浴中2h，每隔10min摇混一次。加入两滴约0.1mol/L的碘溶液，检验淀粉是否水解完全。若无蓝色出现，则水解完全，否则将毛氏抽脂瓶重新置于水浴中，直至蓝色消失，取出冷却至室温。

（2）不含淀粉的试样　称取混合均匀的固体试样约1.5g，液体试样约10g（精确到0.1mg）于毛氏抽脂瓶中，加入10mL（45±2）℃的水，将试样洗入毛氏抽脂瓶的小球中，充分混合，直到试样完全散开，冷却至室温。

2. 脂肪提取

向毛氏抽脂瓶中加入3.0mL氨水，混匀。置于（60±2）℃水浴中15~20min，冷却至室温。加入10mL乙醇和1滴刚果红溶液，混匀。再加入25mL乙醚，塞上软木塞，放到毛氏抽脂瓶摇混器上振荡1min，也可采用手动振摇方式，再加入25mL石油醚，振荡1min，不低于4000r/min离心分层。倾出上清液于脂肪收集瓶中，为第一次提取。在剩余试样液中再加入 5mL 乙醇、25mL 乙醚、25mL 石油醚，按上述操作步骤进行第二次提取。用离心机离心分层后倾出上清液与第一次的上清液合并。将脂肪收集瓶置于旋转蒸发器上，在（60±2）℃通入氮气条件下旋转蒸发除去溶剂，保留残渣，即为脂肪。

3. 制备脂肪酸甲酯

将上述脂肪用正己烷溶解并定容至 10.0mL，取出 3.0mL 于 10mL 具塞试管中，加入 0.3mL 氢氧化钾-甲醇溶液。盖紧瓶盖，涡旋振荡器上剧烈振摇 2min，4000r/min 离心 5min 后将上清液转入气相色谱试样瓶中，此为试样测定液。

4. 参考色谱条件

（1）色谱柱　填料为氰丙基芳基聚硅氧烷的毛细管柱，柱长 100m，内径 0.25mm，膜厚 0.2μm；或同等性能的色谱柱。

（2）进样口温度　250℃；

（3）载气（N_2）。

（4）检测器温度　300℃。

（5）分流比　10∶1。

（6）进样量　1.0μL。

（7）程序升温　如表 7-13 所示。

表 7-13　程序升温条件

升温速率/(℃/min)	温度/℃	保持时间/min
	120	0
10	175	10
5	210	5
5	230	5

5. 测定

在仪器最佳工作条件下，对反式脂肪酸甲酯标准系列溶液分别进样，以峰面积为纵坐标，标准系列溶液浓度为横坐标绘制标准工作曲线。

对脂肪酸甲酯标准混合溶液进样，进行顺反脂肪酸甲酯分离程度及定性的鉴定。反十八碳一烯酸甲酯和反十八碳二烯酸甲酯色谱峰的位置见图 7-10。

将试样测定液注入气相色谱仪，试样测定液中反式脂肪酸甲酯峰位置见图 7-10。分别测定区域 $C_{18:1}$ t 和区域 $C_{18:2}$ t 的峰面积，查标准曲线得到试样测定液中反十八碳一烯酸甲酯和反十八碳二烯酸甲酯的质量浓度。

四、结果计算

试样中反十八碳一烯酸和反十八碳二烯酸含量分别计为 X_1 和 X_2，按式（7-8）

分别计算：

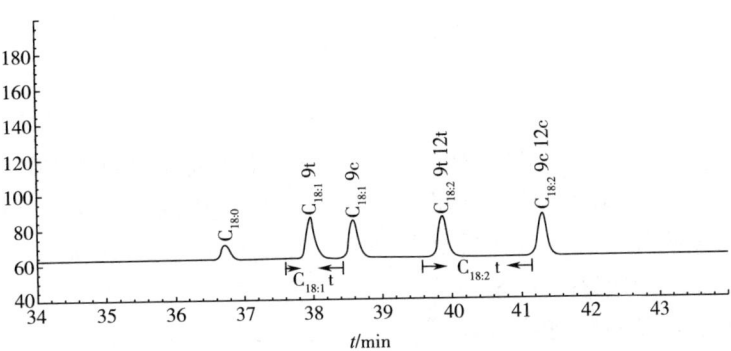

图7-10　反式脂肪酸混合标准溶液气相色谱图

$$X_{(1或2)} = \frac{c_i \times V \times M_{ai}}{m \times M_{bi}} \times 100 \tag{7-8}$$

式中　$X_{(1或2)}$——试样中反十八碳一烯酸或反十八碳二烯酸含量，mg/100g；
　　　V——试样的定容体积，mL；
　　　m——试样质量，g；
　　　c_i——试样测定液中反十八碳一烯酸甲酯或反十八碳二烯酸甲酯的质量浓度，mg/mL；
　　　M_{ai}——反十八碳一烯酸或反十八碳二烯酸的相对分子质量；
　　　M_{bi}——反十八碳一烯酸甲酯或反十八碳二烯酸甲酯的相对分子质量。

试样中反式脂肪酸的总含量X，按式（7-9）计算：

$$X = X_1 + X_2 \tag{7-9}$$

式中　X——反式脂肪酸的总含量，mg/100g；
　　　X_1——试样中反十八碳一烯酸的含量，mg/100g；
　　　X_2——试样中反十八碳二烯酸的含量，mg/100g。

五、结果表示

以重复性条件下获得的两次独立测定结果的算术平均值表示，结果保留三位有效数字。

六、精密度

在重复性条件下获得两次独立测定结果的绝对差值不得超过算术平均值的10%。

参考文献

[1] 蔚慧,等. 食品分析检测技术[M]. 北京:中国商业出版社,2018.

[2] 刘志宏,等. 农产品质量检测技术[M]. 北京:中国农业大学出版社,2012.

[3] 人力资源和社会保障部教材办公室. 食品检验工(基础知识)[M]. 北京:中国劳动社会保障出版社,2015.

[4] 王燕. 食品检验技术(理化部分)[M]. 北京:中国轻工业出版社,2008.

[5] 栗亚琼,等. 食品理化分析[M]. 北京:中国科学技术出版社,2013.

[6] 杜淑霞,王一帆. 食品理化检验技术[M]. 北京:科学出版社,2019.

[7] 谢昕. 食品仪器分析技术(第二版)[M]. 大连:大连理工大学出版社,2019.

[8] 栗亚琼,郝莉花. 食品理化分析[M]. 北京:中国科学技术出版社,2013.

[9] 夏清华. 柑橘果实中有机磷类农药残留监测及其受加工处理的影响研究[D]. 西南大学,2020.

[10] 毛雪金. 果蔬及食用油中有机磷和拟除虫菊酯类农药高效分析新方法研究[D]. 南昌大学,2020.

[11] 贾浩. 农药残留快速检测技术在基层农产品质量安全检测中的应用研究[J]. 中国农业文摘-农业工程,2021,33(4):23-25.

[12] 刘丽文. 基于分子印迹和金属有机骨架的有机磷农药多残留分析方法研究[D]. 烟台大学,2021.

[13] 吴曼曼. 巢湖蚌类有机氯农药和重金属的积累与空间分布研究[D]. 安徽大学,2021.

[14] 朱国繁. 土著菌群和蚯蚓肠道菌群协同抵御有机氯农药毒害机制[D]. 合肥工业大学,2021.

[15] 宋静芑. 典型拟除虫菊酯杀虫剂不同窗口期低剂量复合暴露对雌性小鼠卵巢功能的影响[D]. 浙江大学,2021.

[16] 张鹤耀,国菲,贾振军,李鹏. 拟除虫菊酯类农药残留检测技术研究进展[J/OL]. 分析试验室,2022.

[17] 边旭. 基于荧光光谱的氨基甲酸酯类农药混合物检测方法研究[D]. 燕山大学,2019.

[18] 张双灵. 食品安全及理化检验[M]. 北京:化学工业出版社,2018:76-88.

[19] 李道敏. 食品理化检验[M]. 北京:化学工业出版社,2020:176-178.

[20] 黎源倩,叶蔚云. 食品理化检验[M]. 北京:人民卫生出版社,2015:100-128.

[21]王世平．食品理化检验技术[M]．北京：中国林业出版社，2009：90-108．

[22]杜淑霞．食品理化检验技术[M]．北京：科学出版社，2019：90-108．

[23]国家食品安全风险评估中心，食品安全国家标准评审委员会秘书处．食品安全国家标准汇编（通用标准）[M]．北京：中国人口出版社，2014：90-108．

[24]陈毅鸿．简论食品漂白剂——亚硫酸及其盐[J]．山西食品工业，2005，(2)：18-19+37．

[25]刘瑾，王雪．浅谈食品添加剂与食品安全[J]．现代食品，2020，(23)：159-161．

[26]蔡灵利，许晶冰．食品中二氧化硫残留量检测方法分析[J]．食品安全导刊，2021，(27)：171-172．

[27]张静，马占玲，汪莹，等．食品中亚硫酸盐的毒性和检测方法综述[J]．食品安全质量检测学报，2015，6(8)：3211-3216．

[28]李雪莲，杨丽，陈鸿平，等．食品中亚硫酸盐研究进展[J]．亚太传统医药，2015，11(3)：34-37．

[29]肖菁，吴卫国，彭思敏．食用油抗氧化剂及其安全性研究进展[J]．粮食与油脂，2021，34(9)：10-13+17．

[30]余以刚，黄伟，林华山，等．特丁基对苯二酚（TBHQ）应用与检测[J]．粮食与油脂，2003，(3)：42-43．

[31]陈健敏，冉梦楠，王美霞．亚硫酸盐在食品中的研究进展[J]．核农学报，2021，35(7)：1639-1647．

[32]孙宝国．食品添加剂[M]．北京：化学工业出版社，2021．

[33]段丽丽．食品安全快速检测[M]．北京：北京师范大学出版社，2014．

[34]王燕．食品检验技术（理化部分）[M]．北京：中国轻工业出版社，2014．

[35]句荣辉．农产品质量安全检测[M]．北京：北京师范大学出版社，2015．

[36]米建萍，徐远金，朱平川，等．液质联用技术在滥用食品添加剂及食品中违法添加物测定中的应用及研究进展[J]．基因组学与应用生物学，2015，34(7)：1579-1586．

[37]邓浩，朱梦，尹青春，等．超高效液相色谱法测定乳及液态乳制品中三聚氰胺的含量[J]．食品科技，2020，45(12)：291-295．

[38]梁莉，李皓晨．动物源性食品中的"瘦肉精"残留危害和检测分析方法[J]．食品安全导刊，2021(27)：149+151．

[39]王晗瑜，王慧利，李捷意，等．瘦肉精的预处理和检测方法研究进展[J]．食品安全导刊，2021，(28)：185-186+188．

[40]陈洁．高效液相色谱法测定蛋制品中苏丹红含量[J]．现代食品，2021，(15)：147-150．

[41]麦妙，何耀湘．粉类及其制品中甲醛次硫酸氢钠的含量测定[J]．中国药

业,2013,(12):85-86.

[42]任学坤,殷微微,徐文平,等.大米粉中吊白块检测方法的研究[J].黑龙江农业科学,2010,(12):112-114.

[43]崔杰,云环,刘鑫.食品中甲醛合次硫酸氢钠的现场快速定性检测[J].分析仪器,2018,(6):41-45.

[44]李琳,苏健裕,李冰,等.食品热加工过程安全原理与控制[M].北京:化学工业出版社,2017.

[45]阚建全.食品化学(第2版)[M].北京:中国农业大学出版社,2008.

[46]中国营养学会.中国居民膳食指南[M].北京:人民卫生出版社,2016.

[47]李永.烤肉及其模拟体系中杂环胺和晚期基化终末产物的联动效应研究[D].无锡:江南大学,2022.

[48] European Food Safety Authority, Commission Regulation (EU) 2017/2158. Luxembourg:Publications Office of the European Union,2017.

[49]金成.油炸马铃薯制品高丙烯酰胺暴露的成因及危害物综合防控[D].杭州:浙江大学,2015.

[50]姚梦莹,梁倩,崔岩岩,等.不饱和脂肪酸经氧化反应形成反式脂肪酸机理研究进展[J].中国粮油学报,2020,35(2):170-178.

食品质量安全检测工作手册

中国轻工业出版社

目 录

项目一　样品采集、制备及前处理 ··· 1
　　任务一~二　样品采集　样品制备 ·· 1
　　任务三　样品前处理 ··· 6

项目二　食品中重金属检测 ··· 10
　　任务一~二　铅的检测　镉的检测 ·· 10
　　任务三~四　汞的检测　砷的检测 ·· 16

项目三　食品中农药残留检测 ·· 23
　　任务一　有机磷类农药残留的检测 ·· 23
　　任务二~三　有机氯和拟除虫菊酯类农药残留的检测
　　　　　　　　氨基甲酸酯类农药残留的检测 ····························· 28

项目四　食品中兽药残留检测 ·· 35
　　任务一~二　磺胺类兽药残留的检测　硝基呋喃类兽药残留的检测 ···· 35
　　任务三~四　四环素类兽药残留的检测　氟喹诺酮类兽药残留的检测 ··· 41

项目五　食品添加剂检测 ·· 47
　　任务一~二　防腐剂——苯甲酸和山梨酸的检测
　　　　　　　　护色剂——亚硝酸盐及硝酸盐的检测 ······················ 47
　　任务三~四　抗氧化剂——BHA、BHT和TBHQ的检测
　　　　　　　　漂白剂——亚硫酸盐的检测 ································· 54
　　任务五~六　甜味剂——环己基氨基磺酸钠（甜蜜素）的检测
　　　　　　　　着色剂——胭脂红和栀子黄的检测 ························· 61

项目六　食品中非法添加物检测 ··· 69
　　任务一~二　三聚氰胺的检测　瘦肉精的检测 ···························· 69

任务三~四　苏丹红的检测　吊白块的检测 …………………………… 75

项目七　食品加工与贮藏过程中产生的有毒有害物质检测 …………… 82
　　任务一　杂环胺的检测 ……………………………………………………… 82
　　任务二~三　丙烯酰胺的检测　反式脂肪酸的检测 …………………… 88

项目一　　样品采集、制备及前处理

任务一~二　样品采集　样品制备

一、小组讨论，设计实验方案

实验任务						
样品名称		保存地点				
实验时间		实验地点		预估耗时		
参考标准						
实验原理						
画出详细的实验流程图						
任务分工	姓名		任务			
	（组长）					

二、样品、耗材、仪器的准备及回收单

1. 样品准备及回收

序号	样品名称 (括号内标注浓度)	用量/ (g/mL)	采样方法	完成情况[①]	垃圾分类[②]	处理方式[②]

注：①样品采集完成后，请在完成情况一列的相应位置打勾"√"。
②垃圾分类和处理方式参考"SN/T 3592—2013《实验室化学药品和样品处理的标准指南》"中的相关规定。

2. 耗材配备及回收

序号	耗材名称 (括号内标注规格)	数量/ 个	是否准备完毕 (实验前)	回收数量 (实验后)	是否清洗并清除 标记（实验后）	是否归回原位 (实验后)
				弃去（　）个， 保留（　）个		

注："是否准备完毕""是否清洗并清除标记"及"是否归回原位"三列，在相应位置打勾"√"或"×"。

3. 工具准备及整理

工具名称	厂家及型号	是否能熟练操作* （实验前、实验后）	使用前情况	使用后情况	整理要求 （实验后）	是否达到整理要求
		□　□				
		□　□				
		□　□				
		□　□				
		□　□				

注：*结合各小组的实际情况，在相应方框内打勾"√"或"×"。

三、实验实施及原始数据记录

食品质量安全例行监测抽样工作单

样品名称			样品编号		
商标			等级		
包装	（　）有　（　）无		标识	（　）有　（　）无	
型号规格			执行标准		
生产日期或批号					
产品认证情况	（　）无公害农产品　（　）绿色食品　（　）有机农产品　（　）其他				
证书编号					
抽样数量			抽样基数		
抽样场所	（　）生产基地/企业　（　）屠宰场　（　）农贸市场 （　）批发市场　（　）超市　（　）其他				
受检单位情况	受检单位名称				
	通讯地址		邮编		
	法定代表人				
	联系人		电话		传真
受检人情况	姓名		电话		传真
生产单位情况	（　）生产（　）进货单位名称		产地		
	通讯地址		邮编		
	联系人		电话		传真

续表

抽样单位情况	单位名称		联系人	
	单位地址		邮政编码	
	联系电话、传真		E-mail	

监测任务依据：	
受检人签字：	抽样人签字：
受检单位负责人签字：	抽样单位（公章）：
受检单位（公章） 　　　　　　年　　月　　日	抽样日期　　年　　月　　日

备注：

四、采样过程展示及实验反思

实验过程中遇到的问题及解决方式。

五、实验后整理

①按照要求进行实验室废弃物的分类处理，填写"样品准备及回收"表；
②按照要求进行耗材的清洗及回收，填写"耗材配备及回收"表；
③按照要求进行工具的整理，填写"工具准备及整理"表；
④按照要求进行实训室打扫，主要包括桌面清理、桌椅摆放、地面清洁、垃圾倾倒等。

六、评价与反馈

自我评价表　　　　　　　　　　　　年　　月　　日

序号	评价内容	自我评价评语	参考分	实际分
1	理论学习		30	
2	实践操作		40	
3	实验结果		10	
4	小组协作		10	
5	实验整理		10	
	合　计		100	

组内评价表   年　月　日

序号	评价内容	参考分	组员1	组员2	组员3	组员4	组员5	组员6	平均分
1	理论学习	30							
2	实践操作	40							
3	实验结果	10							
4	小组协作	10							
5	实验整理	10							
6	合计	100							

教师评价表   年　月　日

序号	考核内容		考核标准	参考分值	实际得分
1	知识考核	采、制样方法	对采样方法的理解与运用	10	
2		采、制样流程	能绘制整个实验的采样流程	10	
3	能力考核	制定方案	根据安排和要求，查阅相关资料，制定采样方案	15	
4		工作准备	根据需要和实际情况准备所需采样工具	10	
5		采、制样过程	按采样规范进行不同样品的采集，时刻注意安全	10	
6		采样工作单的填写/样品分装	采样工具操作、规范采样，发现问题及时解决，书写采样工作单。分样方法的正确选择、规范分样，发现问题及时解决	15	
7		实验后整理	及时收拾清洁采样工具，垃圾分类有环保意识	5	
8	素养考核	职业道德	能通过国家标准进行规范采样，数据真实	10	
9		学习与工作态度	态度端正，学习认真，方法多样，积极主动，责任心强，出满勤	5	
10		团队协作	服从安排，顾全大局，积极与小组成员合作，共同完成工作任务	10	
	合计			100	

任务三　样品前处理

一、小组讨论，设计实验方案

实验任务					
样品名称		保存地点			
实验时间		实验地点		预估耗时	
参考标准					
实验原理					
画出详细的流程图					

	姓名	任务
任务分工	（组长）	

二、试剂、耗材、仪器的准备及回收单

1. 试剂配制及回收

序号	试剂名称 （括号内标注浓度）	用量/ mL	配制方法	完成情况①	垃圾分类②	处理方式②

注：①试剂配制完成后，请在完成情况一列的相应位置打勾"√"。
②垃圾分类和处理方式参考"SN/T 3592—2013《实验室化学药品和样品处理的标准指南》"中的相关规定。

2. 耗材配备及回收

序号	耗材名称 （括号内标注规格）	数量/ 个	是否准备完毕 （实验前）	回收数量 （实验后）	是否清洗并清除 标记（实验后）	是否归回原位 （实验后）
				弃去（　）个， 保留（　）个		

注："是否准备完毕""是否清洗并清除标记"及"是否归回原位"三列，在相应位置打勾"√"或"×"。

3. 前处理设备准备及整理

前处理设备名称	厂家及型号	是否能熟练操作*（实验前、实验后）		使用前情况	使用后情况	整理要求（实验后）	是否达到整理要求
		□	□				
		□	□				
		□	□				
		□	□				
		□	□				

注：*结合各小组的实际情况，在相应方框内打勾"√"或"×"。

三、实验实施及原始数据记录

四、样品前处理过程展示及实验反思

实验过程中遇到的问题及解决方式。

五、实验后整理

①按照要求进行实验室废弃物的分类处理，填写"试剂配制及回收"表；
②按照要求进行耗材的清洗及回收，填写"耗材配备及回收"表；
③按照要求进行前处理设备的整理，填写"前处理设备准备及整理"表；
④按照要求进行实训室打扫，主要包括桌面清理、桌椅摆放、地面清洁、垃圾倾倒等。

六、评价与反馈

自我评价表　　　　　年　　月　　日

序号	评价内容	自我评价评语	参考分	实际分
1	理论学习		30	
2	实践操作		40	
3	实验结果		10	
4	小组协作		10	
5	实验整理		10	
	合　计		100	

组内评价表　　　　　年　　月　　日

序号	评价内容	参考分	组员1	组员2	组员3	组员4	组员5	组员6	平均分
1	理论学习	30							
2	实践操作	40							
3	实验结果	10							
4	小组协作	10							
5	实验整理	10							
6	合计	100							

教师评价表　　　　　年　　月　　日

序号	考核内容		考核标准	参考分值	实际得分
1	知识考核	前处理方法	对前处理方法的理解与运用	10	
2		前处理流程	能绘制整个实验的前处理流程	10	
3	能力考核	制定方案	根据安排和要求,查阅相关资料,制定前处理方案	15	
4		工作准备	根据需要和实际情况准备所需前处理设备	10	
5		样品前处理	按前处理规范进行样品前处理,时刻注意安全	10	
6		前处理过程数据的填写	前处理设备规范操作、发现问题及时解决,填写前处理过程数据	15	
7	素养考核	实验后整理	及时收拾清洁前处理设备,垃圾分类有环保意识	5	
8		职业道德	能通过国家标准进行规范前处理操作,数据真实	10	
9		学习与工作态度	态度端正、学习认真,方法多样,积极主动,责任心强,出满勤	5	
10		团队协作	服从安排,顾全大局,积极与小组成员合作,共同完成工作任务	10	
	合　计			100	

项目二　　　　食品中重金属检测

任务一~二　铅的检测　镉的检测

一、小组讨论，设计检测方案

检测任务					
样品名称		保存地点			
检测时间		检测地点		预估耗时	
参考标准					
检测原理					
画出详细的检测流程图					

	姓名	任务
任务分工	（组长）	

二、试剂、耗材、仪器的准备及回收单

1. 试剂配制及回收

序号	试剂名称 （括号内标注浓度）	用量/ mL	配制方法	完成情况①	垃圾分类②	处理方式②

注：①试剂配制完成后，请在完成情况一列的相应位置打勾"√"。
②垃圾分类和处理方式参考"SN/T 3592—2013《实验室化学药品和样品处理的标准指南》"中的相关规定。

2. 耗材配备及回收

序号	耗材名称 （括号内标注规格）	数量/ 个	是否准备完毕 （实验前）	回收数量 （实验后）	是否清洗并清除 标记（实验后）	是否归回原位 （实验后）
				弃去（　　）个， 保留（　　）个		

注："是否准备完毕""是否清洗并清除标记"及"是否归回原位"三列，在相应位置打勾"√"或"×"。

3. 仪器准备及整理

仪器或配件名称	厂家及型号	是否能熟练操作*（实验前、实验后）	使用前情况	使用后情况	整理要求（实验后）	是否达到整理要求
		☐ ☐				
		☐ ☐				
		☐ ☐				
		☐ ☐				
		☐ ☐				
		☐ ☐				
		☐ ☐				

注：*结合各小组的实际情况，在相应方框内打勾"√"或"×"。

三、实验实施及原始数据记录

铅的检测原始数据记录表

样品称取	样品名称					
	样品编号	1		2		3
	称取量/(g 或 mL)					
样品前处理方法				样品前处理体积/mL		
标准系列溶液配制	标准储备液浓度			标准使用液浓度		
	标准系列溶液配制表					
	序号	1	2	3	4	5	6
	浓度/(μg/L)						
	标准使用溶液体积/mL						
	定容体积/mL						
	注：配制标准系列溶液时，一定要注意区分"标准储备液"和"标准使用液"						
仪器参考条件	波长/nm			干燥条件		
	狭缝/nm			灰化条件		
	灯电流/mA			原子化条件		

续表

	序号	标准系列溶液						样品			空白
原始数据记录		1	2	3	4	5	6	1	2	3	
	质量浓度/（μg/L）							—	—	—	
	吸光度										
数据处理结果	标准曲线公式及 R^2										
	样品编号							1	2	3	
	样品溶液中待测物质的质量浓度/（μg/L）										
	样品中待测物质的含量/[（mg/kg）或（mg/L）]										
	样品中待测物质的平均含量/[（mg/kg）或（mg/L）]										
	RSD										

镉检测原始数据记录表

	样品名称						
样品称取	样品编号	1		2		3	
	称取量/（g 或 mL）						
样品前处理方法				样品前处理体积/mL			
	标准储备液浓度			标准使用液浓度			
标准系列溶液配制	标准系列溶液配制表						
	序号	1	2	3	4	5	6
	浓度/（ng/mL）						
	标准使用液体积/mL						
	定容体积/mL						
	注：配制标准系列溶液时，一定要注意区分"标准储备液"和"标准使用液"						
仪器参考条件	波长/nm			干燥条件			
	狭缝/nm			灰化条件			
	灯电流/mA			原子化条件			

续表

原始数据记录	序号	标准系列溶液						样品			空白
		1	2	3	4	5	6	1	2	3	
	质量浓度/(ng/mL)							—	—	—	—
	吸光度										
数据处理结果	标准曲线公式及 R^2										
	样品编号							1	2	3	
	样品溶液中待测物质的质量浓度/(ng/mL)										
	样品中待测物质的含量/[（mg/kg）或（mg/L）]										
	样品中待测物质的平均含量/[（mg/kg）或（mg/L）]										
	RSD										

四、数据处理过程展示及实验反思

1. 标准曲线绘制及线性方程（注明 R^2）。

2. 请列出计算公式，并代入数据计算，按要求保留有效数字。

3. 根据 GB 2762—2017《食品安全国家标准 食品中污染物限量》给出检测结论。

4. 实验过程中遇到的问题及解决方式。

五、实验后整理

①按照要求进行实验室废弃物的分类处理，填写"试剂配制及回收"表；
②按照要求进行耗材的清洗及回收，填写"耗材配备及回收"表；
③按照要求进行仪器的整理，填写"仪器准备及整理"表；
④按照要求进行实训室打扫，主要包括桌面清理、桌椅摆放、地面清洁、垃圾倾倒等。

六、评价与反馈

自我评价表　　　　　　年　　月　　日

序号	评价内容	自我评价评语	参考分	实际分
1	理论学习		30	
2	实践操作		40	
3	实验结果		10	
4	小组协作		10	
5	实验整理		10	
	合　计		100	

组内评价表　　　　　　年　　月　　日

序号	评价内容	参考分	组员1	组员2	组员3	组员4	组员5	组员6	平均分
1	理论学习	30							
2	实践操作	40							
3	实验结果	10							
4	小组协作	10							
5	实验整理	10							
6	合计	100							

教师评价表　　　　年　月　日

序号	考核内容		考核标准	参考分值	实际得分
1	知识考核	原理	对检测原理的理解与运用	10	
2		检测流程	能绘制整个实验的检测流程	10	
3	能力考核	制定方案	根据安排和要求，查阅相关资料，制定检测方案	15	
4		工作准备	根据需要和实际情况准备所需器具、试剂、仪器	10	
5		样品预处理	按预处理规范进行样品预处理，时刻注意安全	10	
6		检测及书写检测报告	仪器操作、规范检测，发现问题及时解决，书写检测报告	15	
7	素养考核	实验后整理	及时收拾清洁、回收玻璃器皿及仪器设备，垃圾分类有环保意识	5	
8		职业道德	能通过国家标准进行规范检测，数据真实	10	
9		学习与工作态度	态度端正，学习认真，方法多样，积极主动，责任心强，出满勤	5	
10		团队协作	服从安排，顾全大局，积极与小组成员合作，共同完成工作任务	10	
合计				100	

任务三～四　汞的检测　砷的检测

一、小组讨论，设计检测方案

检测任务					
样品名称		保存地点			
检测时间		检测地点		预估耗时	
参考标准					
检测原理					

续表

画出详细的检测流程图	

	姓名	任务
任务分工	（组长）	

二、试剂、耗材、仪器的准备及回收单

1. 试剂配制及回收

序号	试剂名称（括号内标注浓度）	用量/mL	配制方法	完成情况[①]	垃圾分类[②]	处理方式[②]

注：①试剂配制完成后，请在完成情况一列的相应位置打勾"√"。
②垃圾分类和处理方式参考"SN/T 3592—2013《实验室化学药品和样品处理的标准指南》"中的相关规定。

2. 耗材配备及回收

序号	耗材名称 （括号内标注规格）	数量/个	是否准备完毕 （实验前）	回收数量 （实验后）	是否清洗并清除标记（实验后）	是否归回原位 （实验后）
				弃去（　）个， 保留（　）个		

注："是否准备完毕""是否清洗并清除标记"及"是否归回原位"三列，在相应位置打勾"√"或"×"。

3. 仪器准备及整理

仪器或配件名称	厂家及型号	是否能熟练操作* （实验前、实验后）		使用前情况	使用后情况	整理要求 （实验后）	是否达到整理要求
		□	□				
		□	□				
		□	□				
		□	□				
		□	□				
		□	□				

注：*结合各小组的实际情况，在相应方框内打勾"√"或"×"。

三、实验实施及原始数据记录

汞检测原始记录单

样品称取	样品名称			
	样品编号	1	2	3
	称取量/g			
样品前处理方法			样品前处理体积/mL	

续表

标准系列溶液配制	标准储备液浓度				标准使用液浓度			
	标准系列溶液配制表							
	序号	1	2	3	4	5	6	7
	浓度/(μg/L)							
	标准使用液体积/mL							
	定容体积/mL							
	注：配制标准系列溶液时，一定要注意区分"标准储备液"和"标准使用液"							

仪器参考条件	光电倍增管负高压/V		载气流速/(mL/min)	
	原子化温度/℃		屏蔽气流速/(mL/min)	
	灯电流/mA			

原始数据记录	序号	标准系列溶液							样品			空白
		1	2	3	4	5	6	7	1	2	3	
	质量浓度/(μg/L)								—	—	—	—
	荧光强度											

数据处理结果	标准曲线公式及 R^2			
	样品编号	1	2	3
	样品溶液中待测物质的质量浓度/(μg/L)			
	样品中待测物质的含量/(mg/kg)			
	样品中待测物质的平均含量/(mg/kg)			
	RSD			

砷检测原始数据记录单

样品称取	样品名称			
	样品编号	1	2	3
	称取量/(g 或 mL)			

样品前处理方法		样品前处理体积/mL	

标准系列溶液配制	标准储备液浓度				标准使用液浓度		
	标准系列溶液配制表						
	序号	1	2	3	4	5	6
	浓度/(ng/mL)						
	标准使用液体积/mL						
	定容体积/mL						
	注：配制标准系列溶液时，一定要注意区分"标准储备液"和"标准使用液"						

续表

仪器参考条件	RF 功率/W						载气流速 L/min			
	采样深度/mm						雾化室温度/℃			
	采样锥						截取锥			
原始数据记录	序号	标准系列溶液					样品			空白
		1	2	3	4	5	6	1	2	3	
	质量浓度/(ng/mL)							—	—	—	—
	荧光强度										
数据处理结果	标准曲线公式及 R^2									
	样品编号							1	2	3
	样品溶液中待测物质的质量浓度/(ng/mL)									
	样品中待测物质的含量/[(mg/kg)或(mg/L)]									
	样品中待测物质的平均含量/[(mg/kg)或(mg/L)]									
	RSD									

四、数据处理过程展示及实验反思

1. 标准曲线绘制及线性方程（注明 R^2）。

2. 请列出计算公式，并代入数据计算，按要求保留有效数字。

3. 根据 GB 2762—2017《食品安全国家标准　食品中污染物限量》给出检测结论。

4. 实验过程中遇到的问题及解决方式。

五、实验后整理

①按照要求进行实验室废弃物的分类处理，填写"试剂配制及回收"表；
②按照要求进行耗材的清洗及回收，填写"耗材配备及回收"表；
③按照要求进行仪器的整理，填写"仪器准备及整理"表；
④按照要求进行实训室打扫，主要包括桌面清理、桌椅摆放、地面清洁、垃圾倾倒等。

六、评价与反馈

自我评价表　　　　　　年　　月　　日

序号	评价内容	自我评价评语	参考分	实际分
1	理论学习		30	
2	实践操作		40	
3	实验结果		10	
4	小组协作		10	
5	实验整理		10	
	合　计		100	

组内评价表　　　　　　年　月　日

序号	评价内容	参考分	组员1	组员2	组员3	组员4	组员5	组员6	平均分
1	理论学习	30							
2	实践操作	40							
3	实验结果	10							
4	小组协作	10							
5	实验整理	10							
6	合计	100							

教师评价表　　　　　　年　月　日

序号	考核内容		考核标准	参考分值	实际得分
1	知识考核	原理	对检测原理的理解与运用	10	
2		检测流程	能绘制整个实验的检测流程	10	
3	能力考核	制定方案	根据安排和要求，查阅相关资料，制定检测方案	15	
4		工作准备	根据需要和实际情况准备所需器具、试剂、仪器	10	
5		样品预处理	按预处理规范进行样品预处理，时刻注意安全	10	
6		检测及书写检测报告	仪器操作、规范检测，发现问题及时解决，书写检测报告	15	
7	素养考核	实验后整理	及时收拾清洁、回收玻璃器皿及仪器设备，垃圾分类有环保意识	5	
8		职业道德	能通过国家标准进行规范检测，数据真实	10	
9		学习与工作态度	态度端正，学习认真，方法多样，积极主动，责任心强，出满勤	5	
10		团队协作	服从安排，顾全大局，积极与小组成员合作，共同完成工作任务	10	
	合　计			100	

项目三　　　　　　　　食品中农药残留检测

任务一　有机磷类农药残留的检测

一、小组讨论，设计检测方案

检测任务					
样品名称		保存地点			
检测时间		检测地点		预估耗时	
参考标准					
检测原理					
画出详细的检测流程图					
任务分工	姓名		任务		
	（组长）				

二、试剂、耗材、仪器的准备及回收单

1. 试剂配制及回收

序号	试剂名称 （括号内标注浓度）	用量/ mL	配制方法	完成情况①	垃圾分类②	处理方式②

注：①试剂配制完成后，请在完成情况一列的相应位置打勾"√"。
②垃圾分类和处理方式参考"SN/T 3592—2013《实验室化学药品和样品处理的标准指南》"中的相关规定。

2. 耗材配备及回收

序号	耗材名称 （括号内标注规格）	数量/ 个	是否准备完毕 （实验前）	回收数量 （实验后）	是否清洗并清除 标记（实验后）	是否归回原位 （实验后）
				弃去（　）个， 保留（　）个		

注："是否准备完毕""是否清洗并清除标记"及"是否归回原位"三列，在相应位置打勾"√"或"×"。

3. 仪器准备及整理

仪器或配件名称	厂家及型号	是否能熟练操作*（实验前、实验后）	使用前情况	使用后情况	整理要求（实验后）	是否达到整理要求
		□　□				
		□　□				
		□　□				
		□　□				
		□　□				

注：*结合各小组的实际情况，在相应方框内打勾"√"或"×"。

三、实验实施及原始数据记录

样品称取	样品名称								
	样品编号	1		2			3		
	称取量/(g 或 mL)								
混合标准系列溶液配制	标准储备液浓度				混合标准使用液浓度				
	混合标准系列溶液配制表								
	序号	1	2	3	4	5	6	7	8
	浓度/(mg/L)								
	标准使用液体积/mL								
	定容体积/mL								
	注：配制标准系列溶液时，一定要注意区分"标准储备液"和"标准使用液"								
仪器参考条件	气体流速				色谱柱				
	温度				检测器名称				
	进样量								
原始数据记录	序号	混合标准系列溶液								样品		
		1	2	3	4	5	6	7	8	1	2	3
	浓度									—	—	—
	峰面积											
	峰面积											
	峰面积											

续表

数据处理结果	标准曲线公式及 R^2			
	样品编号	1	2	3
	样品溶液中待测物质的浓度/(mg/L)			
	样品中待测物质的含量/(g/kg)			
	样品中待测物质的平均含量/(g/kg)			
	RSD			

四、数据处理过程展示及实验反思

1. 标准曲线绘制及线性方程（注明 R^2）。

2. 请列出计算公式，并代入数据计算，按要求保留有效数字。

3. 根据国家限量标准给出检测结论。

4. 实验过程中遇到的问题及解决方式。

五、实验后整理

①按照要求进行实验室废弃物的分类处理，填写"试剂配制及回收"表；
②按照要求进行耗材的清洗及回收，填写"耗材配备及回收"表；
③按照要求进行仪器的整理，填写"仪器准备及整理"表；
④按照要求进行实训室打扫，主要包括桌面清理、桌椅摆放、地面清洁、垃圾倾倒等。

六、评价与反馈

自我评价表　　　　年　　月　　日

序号	评价内容	自我评价评语	参考分	实际分
1	理论学习		30	
2	实践操作		40	
3	实验结果		10	
4	小组协作		10	
5	实验整理		10	
	合　计		100	

组内评价表　　　　年　　月　　日

序号	评价内容	参考分	组员1	组员2	组员3	组员4	组员5	组员6	平均分
1	理论学习	30							
2	实践操作	40							
3	实验结果	10							
4	小组协作	10							
5	实验整理	10							
6	合计	100							

教师评价表　　　　年　月　日

序号	考核内容		考核标准	参考分值	实际得分
1	知识考核	原理	对检测原理的理解与运用	10	
2		检测流程	能绘制整个实验的检测流程	10	
3	能力考核	制定方案	根据安排和要求，查阅相关资料，制定检测方案	15	
4		工作准备	根据需要和实际情况准备所需器具、试剂、仪器	10	
5		样品预处理	按预处理规范进行样品预处理，时刻注意安全	10	
6		检测及书写检测报告	仪器操作、规范检测，发现问题及时解决，书写检测报告	15	
7		实验后整理	及时收拾清洁、回收玻璃器皿及仪器设备，垃圾分类有环保意识	5	
8	素养考核	职业道德	能通过国家标准进行规范检测，数据真实	10	
9		学习与工作态度	态度端正，学习认真，方法多样，积极主动，责任心强，出满勤	5	
10		团队协作	服从安排，顾全大局，积极与小组成员合作，共同完成工作任务	10	
	合　计			100	

任务二~三　有机氯和拟除虫菊酯类农药残留的检测　氨基甲酸酯类农药残留的检测

一、小组讨论，设计检测方案

检测任务					
样品名称		保存地点			
检测时间		检测地点		预估耗时	
参考标准					
检测原理					

续表

画出详细的检测流程图	

任务分工	姓名	任务
	（组长）	

二、试剂、耗材、仪器的准备及回收单

1. 试剂配制及回收

序号	试剂名称（括号内标注浓度）	用量/mL	配制方法	完成情况①	垃圾分类②	处理方式②

注：①试剂配制完成后，请在完成情况一列的相应位置打勾"√"。
②垃圾分类和处理方式参考 SN/T 3592—2013《实验室化学药品和样品处理的标准指南》"中的相关规定。

2. 耗材配备及回收

序号	耗材名称 （括号内标注规格）	数量/ 个	是否准备完毕 （实验前）	回收数量 （实验后）	是否清洗并清除 标记（实验后）	是否归回原位 （实验后）
				弃去（　）个， 保留（　）个		

注："是否准备完毕""是否清洗并清除标记"及"是否归回原位"三列，在相应位置打勾"√"或"×"。

3. 仪器准备及整理

仪器或配件 名称	厂家及型号	是否能熟练操作* （实验前、实验后）	使用前 情况	使用后 情况	整理要求 （实验后）	是否达到 整理要求
		□　□				
		□　□				
		□　□				
		□　□				
		□　□				

注：*结合各小组的实际情况，在相应方框内打勾"√"或"×"。

三、实验实施及原始数据记录

有机氯和拟除虫菊酯类农药残留检测原始数据记录单

样品称取	样品名称							
	样品编号	1		2		3		
	称取量/（g 或 mL)							
混合标准 系列溶液 配制	标准储备液浓度				混合标准使用液浓度			
	混合标准系列溶液配制表							
	序号	1	2	3	4	5	6	7	8
	浓度/（mg/L)								
	标准使用液体积/mL								
	定容体积/mL								
	注：配制标准系列溶液时，一定要注意区分"标准储备液"和"标准使用液"							

续表

仪器参考条件	气体流速				色谱柱						
	温度				检测器名称						
	进样量										

	序号	混合标准系列溶液								样品		
原始数据记录		1	2	3	4	5	6	7	8	1	2	3
	浓度									—	—	—
	峰面积											
	峰面积											
	峰面积											

数据处理结果	标准曲线公式及 R^2			
	样品编号	1	2	3
	样品溶液中待测物质的浓度/(mg/L)			
	样品中待测物质的含量/(g/kg)			
	样品中待测物质的平均含量/(g/kg)			
	RSD			

氨基甲酸酯类农药残留检测原始数据记录单

样品称取	样品名称			
	样品编号	1	2	3
	称取量/(g 或 mL)			

	标准储备液浓度				混合标准使用液浓度			
混合标准系列溶液配制	混合标准系列溶液配制表							
	序号	1	2	3	4	5	6	7	8
	浓度/(mg/L)								
	标准使用液体积/mL								
	定容体积/mL								
	注：配制标准系列溶液时，一定要注意区分"标准储备液"和"标准使用液"								

仪器参考条件	气体流速				色谱柱			
	温度				检测器名称			
	进样量							

续表

原始数据记录	序号	混合标准系列溶液								样品		
		1	2	3	4	5	6	7	8	1	2	3
	浓度									—	—	—
	峰面积											
	峰面积											
	峰面积											

数据处理结果	标准曲线公式及 R^2			
	样品编号	1	2	3
	样品溶液中待测物质的浓度/(mg/L)			
	样品中待测物质的含量/(g/kg)			
	样品中待测物质的平均含量/(g/kg)			
	RSD			

四、数据处理过程展示及实验反思

1. 标准曲线绘制及线性方程（注明 R^2）。

2. 请列出计算公式，并代入数据计算，按要求保留有效数字。

3. 根据国家限量标准给出检测结论。

4. 实验过程中遇到的问题及解决方式。

五、实验后整理

①按照要求进行实验室废弃物的分类处理，填写"试剂配制及回收"表；
②按照要求进行耗材的清洗及回收，填写"耗材配备及回收"表；
③按照要求进行仪器的整理，填写"仪器准备及整理"表；
④按照要求进行实训室打扫，主要包括桌面清理、桌椅摆放、地面清洁、垃圾倾倒等。

六、评价与反馈

自我评价表　　　年　月　日

序号	评价内容	自我评价评语	参考分	实际分
1	理论学习		30	
2	实践操作		40	
3	实验结果		10	
4	小组协作		10	
5	实验整理		10	
	合　计		100	

组内评价表　　　年　月　日

序号	评价内容	参考分	组员1	组员2	组员3	组员4	组员5	组员6	平均分
1	理论学习	30							
2	实践操作	40							
3	实验结果	10							
4	小组协作	10							
5	实验整理	10							
6	合计	100							

教师评价表　　　　　　年　月　日

序号	考核内容		考核标准	参考分值	实际得分
1	知识考核	原理	对检测原理的理解与运用	10	
2		检测流程	能绘制整个实验的检测流程	10	
3	能力考核	制定方案	根据安排和要求,查阅相关资料,制定检测方案	15	
4		工作准备	根据需要和实际情况准备所需器具、试剂、仪器	10	
5		样品预处理	按预处理规范进行样品预处理,时刻注意安全	10	
6		检测及书写检测报告	仪器操作、规范检测,发现问题及时解决,书写检测报告	15	
7	素养考核	实验后整理	及时收拾清洁、回收玻璃器皿及仪器设备,垃圾分类有环保意识	5	
8		职业道德	能通过国家标准进行规范检测,数据真实	10	
9		学习与工作态度	态度端正,学习认真,方法多样,积极主动,责任心强,出满勤	5	
10		团队协作	服从安排,顾全大局,积极与小组成员合作,共同完成工作任务	10	
	合　计			100	

项目四　　食品中兽药残留检测

任务一~二　磺胺类兽药残留的检测
　　　　　硝基呋喃类兽药残留的检测

一、小组讨论，设计检测方案

检测任务					
样品名称		保存地点			
检测时间		检测地点		预估耗时	
参考标准					
检测原理					
画出详细的检测流程图					
任务分工	姓名		任务		
	（组长）				

二、试剂、耗材、仪器的准备及回收单

1. 试剂配制及回收

序号	试剂名称 （括号内标注浓度）	用量/ mL	配制方法	完成情况①	垃圾分类②	处理方式②

注：①试剂配制完成后，请在完成情况一列的相应位置打勾"√"。
②垃圾分类和处理方式参考"SN/T 3592—2013《实验室化学药品和样品处理的标准指南》"中的相关规定。

2. 耗材配备及回收

序号	耗材名称 （括号内标注规格）	数量/ 个	是否准备完毕 （实验前）	回收数量 （实验后）	是否清洗并清除 标记（实验后）	是否归回原位 （实验后）
				弃去（　　）个， 保留（　　）个		

注："是否准备完毕""是否清洗并清除标记"及"是否归回原位"三列，在相应位置打勾"√"或"×"。

3. 仪器准备及整理

仪器或配件名称	厂家及型号	是否能熟练操作*（实验前、实验后）	使用前情况	使用后情况	整理要求（实验后）	是否达到整理要求
		☐ ☐				
		☐ ☐				
		☐ ☐				
		☐ ☐				
		☐ ☐				

注：*结合各小组的实际情况，在相应方框内打勾"√"或"×"。

三、实验实施及原始数据记录

磺胺类兽药残留检测原始数据记录表

样品称取	样品名称									
	样品编号	1			2			3		
	称取量/(g 或 mL)									
混合标准系列溶液配制	标准储备液浓度				混合标准工作液浓度					
	混合标准系列溶液配制表									
	序号	1	2	3	4	5	6	7	8	
	浓度/(mg/L)									
	标准工作液体积/mL									
	定容体积/mL									
	注：配制标准系列溶液时，一定要注意区分"标准储备液"和"标准工作液"									
仪器参考条件	流动相				色谱柱					
	流速				检测波长					
	进样量				检测器名称					
原始数据记录	序号	混合标准系列溶液								样品
		1	2	3	4	5	6	7	8	1	2	3
	浓度									—	—	—
	磺胺醋酰峰面积											
	磺胺吡啶峰面积											

续表

数据处理结果	标准曲线公式及 R^2		磺胺醋酰： 磺胺吡啶：					
	样品编号		磺胺醋酰			磺胺吡啶		
			1	2	3	1	2	3
	样品溶液中待测物质的浓度/(mg/L)							
	样品中待测物质的含量/(g/kg)							
	样品中待测物质的平均含量/(g/kg)							
	RSD							

硝基呋喃类兽药残留检测原始数据记录单

样品称取	样品名称						
	样品编号	1		2		3	
	称取量/(g 或 mL)						
仪器参考条件	检测波长						

原始数据记录	序号	标准样				样品				空白样		
		1	2	3	平均值	4	5	6	平均值	1	2	3
	吸光度											

数据处理结果	样品名称		
	编号		
	标准样		
	样品		
	空白样		
	$C \cdot V$		

四、数据处理过程展示及实验反思

1. 标准曲线绘制及线性方程（注明 R^2）。

2. 请列出计算公式，并代入数据计算，按要求保留有效数字。

3. 根据 2002 年农业部颁布的《动物性食品中兽药最高残留限量》限量标准给出检测结论。

4. 实验过程中遇到的问题及解决方式。

五、实验后整理

①按照要求进行实验室废弃物的分类处理，填写"试剂配制及回收"表；
②按照要求进行耗材的清洗及回收，填写"耗材配备及回收"表；
③按照要求进行仪器的整理，填写"仪器准备及整理"表；
④按照要求进行实训室打扫，主要包括桌面清理、桌椅摆放、地面清洁、垃圾倾倒等。

六、评价与反馈

自我评价表　　　　年　　月　　日

序号	评价内容	自我评价评语	参考分	实际分
1	理论学习		30	
2	实践操作		40	
3	实验结果		10	
4	小组协作		10	
5	实验整理		10	
合　计			100	

组内评价表　　　　　年　月　日

序号	评价内容	参考分	组员1	组员2	组员3	组员4	组员5	组员6	平均分
1	理论学习	30							
2	实践操作	40							
3	实验结果	10							
4	小组协作	10							
5	实验整理	10							
6	合计	100							

教师评价表　　　　　年　月　日

序号	考核内容		考核标准	参考分值	实际得分
1	知识考核	原理	对检测原理的理解与运用	10	
2		检测流程	能绘制整个实验的检测流程	10	
3	能力考核	制定方案	根据安排和要求，查阅相关资料，制定检测方案	15	
4		工作准备	根据需要和实际情况准备所需器具、试剂、仪器	10	
5		样品预处理	按预处理规范进行样品预处理，时刻注意安全	10	
6		检测及书写检测报告	仪器操作、规范检测，发现问题及时解决，书写检测报告	15	
7		实验后整理	及时收拾清洁、回收玻璃器皿及仪器设备，垃圾分类有环保意识	5	
8	素养考核	职业道德	能通过国家标准进行规范检测，数据真实	10	
9		学习与工作态度	态度端正，学习认真，方法多样，积极主动，责任心强，出满勤	5	
10		团队协作	服从安排，顾全大局，积极与小组成员合作，共同完成工作任务	10	
	合计			100	

任务三~四　四环素类兽药残留的检测
　　　　　氟喹诺酮类兽药残留的检测

一、小组讨论，设计检测方案

检测任务					
样品名称		保存地点			
检测时间		检测地点		预估耗时	
参考标准					
检测原理					
画出详细的检测流程图					
任务分工	姓名		任务		
	（组长）				

二、试剂、耗材、仪器的准备及回收单

1. 试剂配制及回收

序号	试剂名称 （括号内标注浓度）	用量/ mL	配制方法	完成情况①	垃圾分类②	处理方式②

注：①试剂配制完成后，请在完成情况一列的相应位置打勾"√"。
②垃圾分类和处理方式参考"SN/T 3592—2013《实验室化学药品和样品处理的标准指南》"中的相关规定。

2. 耗材配备及回收

序号	耗材名称 （括号内标注规格）	数量/ 个	是否准备完毕 （实验前）	回收数量 （实验后）	是否清洗并清除 标记（实验后）	是否归回原位 （实验后）
				弃去（　　）个， 保留（　　）个		

注："是否准备完毕""是否清洗并清除标记"及"是否归回原位"三列，在相应位置打勾"√"或"×"。

3. 仪器准备及整理

仪器或配件名称	厂家及型号	是否能熟练操作*（实验前、实验后）	使用前情况	使用后情况	整理要求（实验后）	是否达到整理要求
		☐ ☐				
		☐ ☐				
		☐ ☐				
		☐ ☐				
		☐ ☐				

注：*结合各小组的实际情况，在相应方框内打勾"√"或"×"。

三、实验实施及原始数据记录

四环素类兽药残留检测原始数据记录单

样品称取	样品名称						
	样品编号	1		2		3	
	称取量/(g 或 mL)						
仪器参考条件	流动相			色谱柱			
	流速			检测波长			
	进样量			检测器名称			
原始数据记录	序号	标准液		样品			
				1		2	3
	浓度			—		—	—
	四环素峰面积						
	土霉素峰面积						
数据处理结果	标准曲线公式及 R^2			四环素： 土霉素：			
	样品编号		四环素			土霉素	
		1	2	3	1	2	3
	样品溶液中待测物质的浓度/(mg/L)						
	样品中待测物质的含量/(g/kg)						
	样品中待测物质的平均含量/(g/kg)						
	RSD						

<h3 style="text-align:center">氟喹诺酮类兽药残留检测原始数据记录单</h3>

样品称取	样品名称								
	样品编号	1			2			3	
	称取量/(g 或 mL)								
仪器参考条件	检测波长								
原始数据记录	序号	标准样				样品			空白样		
		1	2	3	平均值	4	5	6	平均值	1	2	3
	吸光度											
数据处理结果	样品名称								
	编号								
	标准样								
	样品								
	空白样								
	$C \cdot V$								

四、数据处理过程展示及实验反思

1. 标准曲线绘制及线性方程（注明 R^2）。

2. 请列出计算公式，并代入数据计算，按要求保留有效数字。

3. 根据 2002 年农业部颁布的《动物性食品中兽药最高残留限量》限量标准给出检测结论。

4. 实验过程中遇到的问题及解决方式。

五、实验后整理

①按照要求进行实验室废弃物的分类处理,填写"试剂配制及回收"表;
②按照要求进行耗材的清洗及回收,填写"耗材配备及回收"表;
③按照要求进行仪器的整理,填写"仪器准备及整理"表;
④按照要求进行实训室打扫,主要包括桌面清理、桌椅摆放、地面清洁、垃圾倾倒等。

六、评价与反馈

自我评价表   年　月　日

序号	评价内容	自我评价评语	参考分	实际分
1	理论学习		30	
2	实践操作		40	
3	实验结果		10	
4	小组协作		10	
5	实验整理		10	
	合　计		100	

组内评价表   年　月　日

序号	评价内容	参考分	组员1	组员2	组员3	组员4	组员5	组员6	平均分
1	理论学习	30							
2	实践操作	40							
3	实验结果	10							
4	小组协作	10							
5	实验整理	10							
6	合计	100							

教师评价表　　　　　　年　月　日

序号	考核内容		考核标准	参考分值	实际得分
1	知识考核	原理	对检测原理的理解与运用	10	
2		检测流程	能绘制整个实验的检测流程	10	
3	能力考核	制定方案	根据安排和要求，查阅相关资料，制定检测方案	15	
4		工作准备	根据需要和实际情况准备所需器具、试剂、仪器	10	
5		样品预处理	按预处理规范进行样品预处理，时刻注意安全	10	
6		检测及书写检测报告	仪器操作、规范检测，发现问题及时解决，书写检测报告	15	
7		实验后整理	及时收拾清洁、回收玻璃器皿及仪器设备，垃圾分类有环保意识	5	
8	素养考核	职业道德	能通过国家标准进行规范检测，数据真实	10	
9		学习与工作态度	态度端正，学习认真，方法多样，积极主动，责任心强，出满勤	5	
10		团队协作	服从安排，顾全大局，积极与小组成员合作，共同完成工作任务	10	
	合　计			100	

项目五 食品添加剂检测

任务一~二 防腐剂——苯甲酸和山梨酸的检测
护色剂——亚硝酸盐及硝酸盐的检测

一、小组讨论,设计检测方案

检测任务					
样品名称		保存地点			
检测时间		检测地点		预估耗时	
参考标准					
检测原理					
画出详细的检测流程图					
任务分工	姓名		任务		
	(组长)				

二、试剂、耗材、仪器的准备及回收单

1. 试剂配制及回收

序号	试剂名称 （括号内标注浓度）	用量/ mL	配制方法	完成情况[①]	垃圾分类[②]	处理方式[②]

注：①试剂配制完成后，请在完成情况一列的相应位置打勾"√"。
②垃圾分类和处理方式参考"SN/T 3592—2013《实验室化学药品和样品处理的标准指南》"中的相关规定。

2. 耗材配备及回收

序号	耗材名称 （括号内标注规格）	数量/ 个	是否准备完毕 （实验前）	回收数量 （实验后）	是否清洗并清除 标记（实验后）	是否归回原位 （实验后）
				弃去（　　）个， 保留（　　）个		

注："是否准备完毕""是否清洗并清除标记"及"是否归回原位"三列，在相应位置打勾"√"或"×"。

3. 仪器准备及整理

仪器或配件名称	厂家及型号	是否能熟练操作*（实验前、实验后）		使用前情况	使用后情况	整理要求（实验后）	是否达到整理要求
		☐	☐				
		☐	☐				
		☐	☐				
		☐	☐				
		☐	☐				

注：*结合各小组的实际情况，在相应方框内打勾"√"或"×"。

三、实验实施及原始数据记录

苯甲酸和山梨酸检测原始数据记录单

样品称取	样品名称								
	样品编号	1		2		3			
	称取量/(g 或 mL)								
混合标准系列溶液配制	标准储备液浓度				混合标准使用液浓度				
	混合标准系列溶液配制表								
	序号	1	2	3	4	5	6	7	8
	浓度/(mg/L)								
	标准使用液体积/mL								
	定容体积/mL								
	注：配制标准系列溶液时，一定要注意区分"标准储备液"和"混合标准使用液"								
仪器参考条件	流动相				色谱柱				
	流速				检测波长				
	进样量				检测器名称				
原始数据记录	序号	混合标准系列溶液							样品		
		1	2	3	4	5	6	7	8	1	2	3
	浓度									—	—	—
	山梨酸峰面积											
	苯甲酸峰面积											

续表

数据处理结果	标准曲线公式及 R^2		山梨酸： 苯甲酸：					
	样品编号		山梨酸			苯甲酸		
			1	2	3	1	2	3
	样品溶液中待测物质的浓度/(mg/L)							
	样品中待测物质的含量/(g/kg)							
	样品中待测物质的平均含量/(g/kg)							
	RSD							

亚硝酸盐及硝酸盐的检测（离子色谱法）原始数据记录单

样品称取	样品名称							
	样品编号	1		2		3		
	称取量/g							

混合标准系列溶液配制	标准储备液浓度			混合标准使用液浓度				
	混合标准系列溶液配制表							
	序号	1	2	3	4	5	6	7
	NO_2^- 浓度/(mg/L)							
	NO_3^- 浓度/(mg/L)							
	标准使用液体积/mL							
	定容体积/mL							
	注：配制混合标准系列溶液时，一定要注意区分"标准储备液"和"混合标准使用液"							

仪器参考条件	淋洗液		色谱柱	
	流速		检测器名称	
	进样量		检测器参数	

原始数据记录	序号	混合标准系列溶液							空白	试样溶液		
		1	2	3	4	5	6	7		1	2	3
	NO_2^- 浓度/(mg/L)	0.02	0.04	0.06	0.08	0.10	0.15	0.20				
	NO_2^- 峰面积											
	NO_3^- 浓度/(mg/L)	0.2	0.4	0.6	0.8	1.0	1.5	2.0				
	NO_3^- 峰面积											

续表

数据处理结果	标准曲线公式及 R^2		亚硝酸根（NO_2^-）： 硝酸根（NO_3^-）：					
	样品编号		亚硝酸根（NO_2^-）			硝酸根（NO_3^-）		
			1	2	3	1	2	3
	试样溶液中待测物质的浓度/(mg/L)							
	样品中待测物质的含量/(mg/kg)							
	样品中待测物质的平均含量/(mg/kg)							
	RSD							

亚硝酸盐及硝酸盐的检测（分光光度法）原始数据记录单

样品称取	样品名称												
	样品编号	1			2			3					
	称取量/g												
仪器参考条件	仪器名称及型号												
	比色杯规格												
	检测波长												
原始数据记录	序号	标准管（标准曲线系列比色管）									空白	试样管		
		1	2	3	4	5	6	7	8	9		1	2	3
	V_s/mL											—	—	—
	V_1/mL	—	—	—	—	—	—	—	—	—				
	V_0/mL	—	—	—	—	—	—	—	—	—				
	m_s/μg											—	—	—
	A_{538nm}													

注：V_s 为标准管中加入的亚硝酸钠标准使用液的体积；
V_1 为测定用样液体积。即，试样管中加入的试样溶液（即滤液）的体积，或空白管中加入空白溶液的体积；
V_0 为试样处理液总体积；
m_s 为标准管中亚硝酸钠的质量。

续表

数据处理结果	标准曲线公式及 R^2			
	样品编号	1	2	3
	m_2/μg			
	X_1/(mg/kg)			
	试样中亚硝酸钠的平均含量/(mg/kg)			
	RSD			
	注：m_2 为测定用样液中亚硝酸钠的质量 　　X_1 为试样中亚硝酸钠的含量			

四、数据处理过程展示及实验反思

1. 标准曲线绘制及线性方程（注明 R^2）。

2. 请列出计算公式，并代入数据计算，按要求保留有效数字。

3. 根据国家食品添加剂限量标准给出检测结论。

4. 实验过程中遇到的问题及解决方式。

五、实验后整理

①按照要求进行实验室废弃物的分类处理，填写"试剂配制及回收"表；
②按照要求进行耗材的清洗及回收，填写"耗材配备及回收"表；
③按照要求进行仪器的整理，填写"仪器准备及整理"表；
④按照要求进行实训室打扫，主要包括桌面清理、桌椅摆放、地面清洁、垃圾倾倒等。

六、评价与反馈

自我评价表　　　　　　年　　月　　日

序号	评价内容	自我评价评语	参考分	实际分
1	理论学习		30	
2	实践操作		40	
3	实验结果		10	
4	小组协作		10	
5	实验整理		10	
	合　计		100	

组内评价表　　　　　　年　　月　　日

序号	评价内容	参考分	组员1	组员2	组员3	组员4	组员5	组员6	平均分
1	理论学习	30							
2	实践操作	40							
3	实验结果	10							
4	小组协作	10							
5	实验整理	10							
6	合计	100							

教师评价表　　　　　年　月　日

序号	考核内容		考核标准	参考分值	实际得分
1	知识考核	原理	对检测原理的理解与运用	10	
2		检测流程	能绘制整个实验的检测流程	10	
3	能力考核	制定方案	根据安排和要求，查阅相关资料，制定检测方案	15	
4		工作准备	根据需要和实际情况准备所需器具、试剂、仪器	10	
5		样品预处理	按预处理规范进行样品预处理，时刻注意安全	10	
6		检测及书写检测报告	仪器操作、规范检测，发现问题及时解决，书写检测报告	15	
7		实验后整理	及时收拾清洁、回收玻璃器皿及仪器设备，垃圾分类有环保意识	5	
8	素养考核	职业道德	能通过国家标准进行规范检测，数据真实	10	
9		学习与工作态度	态度端正，学习认真，方法多样，积极主动，责任心强，出满勤	5	
10		团队协作	服从安排，顾全大局，积极与小组成员合作，共同完成工作任务	10	
	合　计			100	

任务三~四　抗氧化剂——BHA、BHT和TBHQ的检测　　漂白剂——亚硫酸盐的检测

一、小组讨论，设计检测方案

检测任务					
样品名称		保存地点			
检测时间		检测地点		预估耗时	
参考标准					
检测原理					

续表

画出详细的检测流程图	

任务分工	姓名	任务
	（组长）	

二、试剂、耗材、仪器的准备及回收单

1. 试剂配制及回收

序号	试剂名称（括号内标注浓度）	用量/mL	配制方法	完成情况[①]	垃圾分类[②]	处理方式[②]

注：①试剂配制完成后，请在完成情况一列的相应位置打勾"√"。
　　②垃圾分类和处理方式参考"SN/T 3592—2013《实验室化学药品和样品处理的标准指南》"中的相关规定。

2. 耗材配备及回收

序号	耗材名称 （括号内标注规格）	数量/ 个	是否准备完毕 （实验前）	回收数量 （实验后）	是否清洗并清除 标记（实验后）	是否归回原位 （实验后）
				弃去（　　）个， 保留（　　）个		

注："是否准备完毕""是否清洗并清除标记"及"是否归回原位"三列，在相应位置打勾"√"或"×"。

3. 仪器准备及整理

仪器或配件 名称	厂家及型号	是否能熟练操作* （实验前、实验后）		使用前 情况	使用后 情况	整理要求 （实验后）	是否达到 整理要求
		□	□				
		□	□				
		□	□				
		□	□				
		□	□				

注：*结合各小组的实际情况，在相应方框内打勾"√"或"×"。

三、实验实施及原始数据记录

BHA、BHT 和 TBHQ 的检测（高效液相色谱法）原始数据记录单

样品称取	样品名称			
	样品编号	1	2	3
	称取量/g			

续表

混合标准系列溶液配制	混合标准储备液浓度	BHA： BHT： TBHQ：						
	混合标准系列溶液配制表							
	序号	1	2	3	4	5	6	
	BHA 浓度/(μg/mL)							
	BHT 浓度/(μg/mL)							
	TBHQ 浓度/(μg/mL)							
	混合标准储备液体积/mL							
	定容体积/mL							

仪器参考条件	流动相		色谱柱
	流速		检测器名称
	进样量		检测器参数

		混合标准系列溶液						空白	试样溶液		
原始数据记录	序号	1	2	3	4	5	6		1	2	3
	BHA、BHT 和 TBHQ 浓度/(μg/mL)	10	50	100	150	200	250				
	BHA 峰面积										
	BHT 峰面积										
	TBHQ 峰面积										

数据处理结果	标准曲线公式及 R^2	BHA： BHT： TBHQ：							
	样品编号	BHA			BHT			TBHQ		
		1	2	3	1	2	3	1	2	3
	10μL 样液中待测物质质量/μg									
	样品中待测物质含量/(mg/kg)									
	样品中待测物质平均含量/(mg/kg)									
	RSD									

BHA、BHT 和 TBHQ 的检测（气相色谱法）原始数据记录单

样品称取	样品名称						
	样品编号	1		2		3	
	称取量/g						
仪器参考条件	色谱柱及柱温			检测器			
	进样量			燃气参数			
	进样口温度			助燃气参数			
	载气参数			检测器温度			

	项目	混合标准系列溶液			试样溶液		
		1	2	3	1	2	3
原始数据记录	BHA 和 BHT 浓度/(mg/mL)	0.040	0.040	0.040			
	BHA 峰面积或峰高						
	BHT 峰面积或峰高						
	V_i 或 V_s/mL						
	V_m/mL						
	m_2/g	—	—	—			

注：V_i 为注入色谱柱中的试样溶液体积；
V_s 为注入色谱柱中的混合标准系列溶液体积；
V_m 为待测试样溶液定容的体积；
m_2 为称取的从样品中提取出脂肪的质量

	样品编号	BHA			BHT		
		1	2	3	1	2	3
数据处理结果	待测溶液中 BHA 或 BHT 的质量/mg						
	食品中以脂肪计 BHA 或 BHT 含量/(mg/kg)						
	食品中以脂肪计 BHA 或 BHT 平均含量/(mg/kg)						
	RSD						

亚硫酸盐的检测（酸碱滴定法）原始数据记录单

样品称取	样品名称				
	样品编号	1	2	3	
	称取量/(g 或 mL)				
原始数据记录	记录项目	样品			空白
		1	2	3	
	NaOH 标准溶液浓度/(mol/L)				
	NaOH 标准溶液初读数/mL				
	NaOH 标准溶液终读数/mL				
	NaOH 标准溶液消耗量/mL				
数据处理结果	记录项目	样品			空白
		1	2	3	
	SO_2 总含量/(mg/kg 或 mg/L)				—
	SO_2 总含量平均值/(mg/kg 或 mg/L)				—
	RSD				—

注：若使用有证书的碘标准溶液时，可以省略标定步骤，直接用于二氧化硫含量测定。

四、数据处理过程展示及实验反思

1. 标准曲线绘制及线性方程（注明 R^2）。

2. 请列出 SO_2 总含量计算公式，并代入数据计算，按要求保留有效数字。

3. 根据国家食品添加剂限量标准给出检测结论。

4. 实验过程中遇到的问题及解决方式。

五、实验后整理

①按照要求进行实验室废弃物的分类处理,填写"试剂配制及回收"表;
②按照要求进行耗材的清洗及回收,填写"耗材配备及回收"表;
③按照要求进行仪器的整理,填写"仪器准备及整理"表;
④按照要求进行实训室打扫,主要包括桌面清理、桌椅摆放、地面清洁、垃圾倾倒等。

六、评价与反馈

自我评价表　　　　　年　月　日

序号	评价内容	自我评价评语	参考分	实际分
1	理论学习		30	
2	实践操作		40	
3	实验结果		10	
4	小组协作		10	
5	实验整理		10	
	合　计		100	

组内评价表　　　　　年　月　日

序号	评价内容	参考分	组员1	组员2	组员3	组员4	组员5	组员6	平均分
1	理论学习	30							
2	实践操作	40							
3	实验结果	10							
4	小组协作	10							
5	实验整理	10							
6	合计	100							

教师评价表　　　　年　月　日

序号	考核内容		考核标准	参考分值	实际得分
1	知识考核	原理	对检测原理的理解与运用	10	
2		检测流程	能绘制整个实验的检测流程	10	
3	能力考核	制定方案	根据安排和要求，查阅相关资料，制定检测方案	15	
4		工作准备	根据需要和实际情况准备所需器具、试剂、仪器	10	
5		样品预处理	按预处理规范进行样品预处理，时刻注意安全	10	
6		检测及书写检测报告	仪器操作、规范检测，发现问题及时解决，书写检测报告	15	
7	素养考核	实验后整理	及时收拾清洁、回收玻璃器皿及仪器设备，垃圾分类有环保意识	5	
8		职业道德	能通过国家标准进行规范检测，数据真实	10	
9		学习与工作态度	态度端正，学习认真，方法多样，积极主动，责任心强，出满勤	5	
10		团队协作	服从安排，顾全大局，积极与小组成员合作，共同完成工作任务	10	
	合　计			100	

任务五～六　甜味剂——环己基氨基磺酸钠（甜蜜素）的检测　　着色剂——胭脂红和栀子黄的检测

一、小组讨论，设计检测方案

检测任务					
样品名称		保存地点			
检测时间		检测地点		预估耗时	
参考标准					
检测原理					
画出详细的检测流程图					

续表

任务分工	姓名	任务
	（组长）	

二、试剂、耗材、仪器的准备及回收单

1. 试剂配制及回收

序号	试剂名称 （括号内标注浓度）	用量/ mL	配制方法	完成情况[①]	垃圾分类[②]	处理方式[②]

注：①试剂配制完成后，请在完成情况一列的相应位置打勾"√"。
②垃圾分类和处理方式参考"SN/T 3592—2013《实验室化学药品和样品处理的标准指南》"中的相关规定。

2. 耗材配备及回收

序号	耗材名称 （括号内标注规格）	数量/ 个	是否准备完毕 （实验前）	回收数量 （实验后）	是否清洗并清除 标记（实验后）	是否归回原位 （实验后）
				弃去（　）个， 保留（　）个		

注："是否准备完毕""是否清洗并清除标记"及"是否归回原位"三列，在相应位置打勾"√"或"×"。

3. 仪器准备及整理

仪器或配件 名称	厂家及型号	是否能熟练操作* （实验前、实验后）		使用前 情况	使用后 情况	整理要求 （实验后）	是否达到 整理要求
		□	□				
		□	□				
		□	□				
		□	□				
		□	□				

注：*结合各小组的实际情况，在相应方框内打勾"√"或"×"。

三、实验实施及原始数据记录

甜蜜素的检测（气相色谱法）原始数据记录单

样品称取	样品名称			
	样品编号	1	2	3
	称取量/g			

续表

标准系列溶液制备	标准储备液浓度						标准使用液浓度		
	标准系列溶液制备表								
	序号	1	2	3	4	5	6		
	标准溶液浓度/(mg/mL)								
	加入标准使用液体积/mL								
	定容体积/mL								
	注：配制标准系列溶液时，一定要注意区分"标准储备液"和"标准使用液"。								

仪器参考条件	色谱柱及柱温		载气参数	
	进样量		检测器及温度	
	进样口温度		燃气参数	
	分流比		助燃气参数	

原始数据记录	序号	标准系列溶液						空白	试样溶液		
		1	2	3	4	5	6		1	2	3
	浓度/(mg/mL)	0.01	0.02	0.05	0.10	0.20	0.50	—			
	$A_{环己醇亚硝酸酯}$										
	$A_{环己醇}$										
	$A_{环己醇亚硝酸酯}+A_{环己醇}$										

数据处理结果	标准曲线公式及 R^2			
	样品编号	1	2	3
	定容样液中待测物质的浓度/(mg/mL)			
	试样中待测物质的含量/(g/kg)			
	试样中待测物质的平均含量/(g/kg)			
	RSD			

胭脂红的检测（高效液相色谱法）原始数据记录单

样品称取	样品名称			
	样品编号	1	2	3
	称取量/g			
仪器参考条件	色谱柱		进样量	
	柱温		流动相	

续表

	项目	标准使用液			试样溶液		
		1	2	3	1	2	3
原始数据记录	胭脂红浓度/($\mu g/mL$)	50	50	50			
	胭脂红峰面积						
	V_i 或 V_s/μL						
	V/mL			—			
	注：V_i 为注入色谱柱中的试样溶液体积； V_s 为注入色谱柱中的胭脂红标准使用液体积； V 为试样稀释总体积						
数据处理结果	样品编号				1	2	3
	试样溶液中胭脂红的浓度/($\mu g/mL$)						
	试样中胭脂红的含量/(g/kg)						
	试样中胭脂红的平均含量/(g/kg)						
	RSD						

栀子黄的检测（高效液相色谱法）原始数据记录单

	样品名称					
样品称取	样品编号	1		2		3
	称取量/g					
混合标准系列溶液配制	标准储备液浓度			藏花素： 藏花酸：		
	混合标准系列溶液配制表					
	序号	1	2	3	4	5
	藏花素浓度/($\mu g/mL$)					
	藏花素标准储备液体积/mL					
	藏花酸浓度/($\mu g/mL$)					
	藏花酸标准储备液体积/mL					
	定容体积/mL					
仪器参考条件	流动相			色谱柱		
	流速			检测器名称		
	进样量			检测器参数		

续表

	序号	混合标准系列溶液					空白	试样溶液		
		1	2	3	4	5		1	2	3
原始数据记录	藏花素浓度/(μg/mL)	2.5	5	10	25	50				
	藏花素峰面积									
	藏花酸浓度/(μg/mL)	0.5	1	2	5	10				
	藏花酸峰面积									
数据处理结果	标准曲线公式及 R^2	藏花素： 藏花酸：								
	样品编号	藏花素			藏花酸					
		1	2	3	1	2	3			
	待测液中待测物质的浓度/(μg/mL)									
	试样中待测物质的含量/(g/kg)									
	试样中待测物质的平均含量/(g/kg)									
	RSD									

四、数据处理过程展示及实验反思

1. 标准曲线绘制及线性方程（注明 R^2）。

2. 请列出计算公式，并代入数据计算，按要求保留有效数字。

3. 根据国家食品添加剂限量标准给出检测结论。

4. 实验过程中遇到的问题及解决方式。

五、实验后整理

①按照要求进行实验室废弃物的分类处理，填写"试剂配制及回收"表；
②按照要求进行耗材的清洗及回收，填写"耗材配备及回收"表；
③按照要求进行仪器的整理，填写"仪器准备及整理"表；
④按照要求进行实训室打扫，主要包括桌面清理、桌椅摆放、地面清洁、垃圾倾倒等。

六、评价与反馈

自我评价表　　　　　　年　　月　　日

序号	评价内容	自我评价评语	参考分	实际分
1	理论学习		30	
2	实践操作		40	
3	实验结果		10	
4	小组协作		10	
5	实验整理		10	
	合　计		100	

组内评价表　　　　　　年　　月　　日

序号	评价内容	参考分	组员1	组员2	组员3	组员4	组员5	组员6	平均分
1	理论学习	30							
2	实践操作	40							
3	实验结果	10							
4	小组协作	10							
5	实验整理	10							
6	合计	100							

教师评价表　　　　　年　月　日

序号	考核内容		考核标准	参考分值	实际得分
1	知识考核	原理	对检测原理的理解与运用	10	
2		检测流程	能绘制整个实验的检测流程	10	
3	能力考核	制定方案	根据安排和要求，查阅相关资料，制定检测方案	15	
4		工作准备	根据需要和实际情况准备所需器具、试剂、仪器	10	
5		样品预处理	按预处理规范进行样品预处理，时刻注意安全	10	
6		检测及书写检测报告	仪器操作、规范检测，发现问题及时解决，书写检测报告	15	
7	素养考核	实验后整理	及时收拾清洁、回收玻璃器皿及仪器设备，垃圾分类有环保意识	5	
8		职业道德	能通过国家标准进行规范检测，数据真实	10	
9		学习与工作态度	态度端正，学习认真，方法多样，积极主动，责任心强，出满勤	5	
10		团队协作	服从安排，顾全大局，积极与小组成员合作，共同完成工作任务	10	
	合　计			100	

项目六　　食品中非法添加物检测

任务一~二　三聚氰胺的检测　瘦肉精的检测

一、小组讨论，设计检测方案

检测任务					
样品名称		保存地点			
检测时间		检测地点		预估耗时	
参考标准					
检测原理					
画出详细的检测流程图					

任务分工	姓名	任务
	（组长）	

二、试剂、耗材、仪器的准备及回收单

1. 试剂配制及回收

序号	试剂名称 （括号内标注浓度）	用量/ mL	配制方法	完成情况①	垃圾分类②	处理方式②

注：①试剂配制完成后，请在完成情况一列的相应位置打勾"√"。
②垃圾分类和处理方式参考"SN/T 3592—2013《实验室化学药品和样品处理的标准指南》"中的相关规定。

2. 耗材配备及回收

序号	耗材名称 （括号内标注规格）	数量/ 个	是否准备完毕 （实验前）	回收数量 （实验后）	是否清洗并清除 标记（实验后）	是否归回原位 （实验后）
				弃去（　　）个， 保留（　　）个		

注："是否准备完毕""是否清洗并清除标记"及"是否归回原位"三列，在相应位置打勾"√"或"×"。

3. 仪器准备及整理

仪器或配件名称	厂家及型号	是否能熟练操作*（实验前、实验后）	使用前情况	使用后情况	整理要求（实验后）	是否达到整理要求
		☐ ☐				
		☐ ☐				
		☐ ☐				
		☐ ☐				
		☐ ☐				

注：*结合各小组的实际情况，在相应方框内打勾"√"或"×"。

三、实验实施及原始数据记录

三聚氰胺检测原始数据记录单

样品称取	样品名称							
	样品编号	1		2		3		
	称取量/(g 或 mL)							
标准系列溶液配制	标准储备液浓度							
	标准系列溶液配制表							
	序号	1	2		3	4		5
	浓度/(μg/mL)							
	标准储备溶液体积/mL							
	定容体积/mL							
仪器参考条件	流动相				色谱柱			
	流速				检测波长			
	进样量				检测器名称			
原始数据记录	序号	标准系列溶液				样品		
		1	2	3	4	5	1	2	3
	浓度						—	—	—
	三聚氰胺峰面积								
数据处理结果	标准曲线公式及 R^2							
	样品编号					1	2	3
	样品溶液中待测物质的浓度/(μg/mL)							
	样品中待测物质的含量/(g/kg)							
	样品中待测物质的平均含量/(g/kg)							
	RSD							

瘦肉精检测原始数据记录单

样品称取	样品名称						
	样品编号	1		2		3	
	称取量/(g 或 mL)						
混合标准工作溶液配制	标准储备液浓度			混合标准储备液浓度			
	同位素内标储备液浓度			同位素内标工作溶液浓度			
仪器参考条件	LC 条件						
	色谱柱型号			柱温/℃			
	检测器			流速			
	进样体积			流动相			
	洗脱方式						
	MS 条件						
	离子源类型			扫描方式			
	监测方式			离子源温度/℃			
	毛细管电压/kV			去溶剂气温度/℃			
	去溶剂气流量/(L/Hr)			锥孔反吹气流量/(L/Hr)			

原始数据记录	瘦肉精名称	标准品	样品		
			1	2	3
		峰面积	峰面积	峰面积	峰面积

数据处理结果	样品中含有瘦肉精名称						
	样品编号	1	2	3	1	2	3
	样品中被测物残留量/(μg/kg)						
	样品中待测物质的平均含量/(μg/kg)						
	RSD						
	样品中含有瘦肉精名称						
	样品编号	1	2	3	1	2	3
	样品中被测物残留量/(μg/kg)						
	样品中待测物质的平均含量/(μg/kg)						
	RSD						

四、数据处理过程展示及实验反思

1. 标准曲线绘制及线性方程（注明 R^2）。

2. 请列出计算公式，并代入数据计算，按要求保留有效数字。

3. 根据国家食品添加剂限量标准给出检测结论。

4. 实验过程中遇到的问题及解决方式。

五、实验后整理

①按照要求进行实验室废弃物的分类处理，填写"试剂配制及回收"表；
②按照要求进行耗材的清洗及回收，填写"耗材配备及回收"表；
③按照要求进行仪器的整理，填写"仪器准备及整理"表；
④按照要求进行实训室打扫，主要包括桌面清理、桌椅摆放、地面清洁、垃圾倾倒等。

六、评价与反馈

自我评价表　　　　　年　月　日

序号	评价内容	自我评价评语	参考分	实际分
1	理论学习		30	
2	实践操作		40	
3	实验结果		10	
4	小组协作		10	
5	实验整理		10	
	合　计		100	

组内评价表　　　　　年　月　日

序号	评价内容	参考分	组员1	组员2	组员3	组员4	组员5	组员6	平均分
1	理论学习	30							
2	实践操作	40							
3	实验结果	10							
4	小组协作	10							
5	实验整理	10							
6	合计	100							

教师评价表　　　　　年　月　日

序号	考核内容		考核标准	参考分值	实际得分
1	知识考核	原理	对检测原理的理解与运用	10	
2		检测流程	能绘制整个实验的检测流程	10	
3	能力考核	制定方案	根据安排和要求,查阅相关资料,制定检测方案	15	
4		工作准备	根据需要和实际情况准备所需器具、试剂、仪器	10	
5		样品预处理	按预处理规范进行样品预处理,时刻注意安全	10	
6		检测及书写检测报告	仪器操作、规范检测,发现问题及时解决,书写检测报告	15	

续表

序号	考核内容		考核标准	参考分值	实际得分
7	素养考核	实验后整理	及时收拾清洁、回收玻璃器皿及仪器设备，垃圾分类有环保意识	5	
8		职业道德	能通过国家标准进行规范检测，数据真实	10	
9		学习与工作态度	态度端正，学习认真，方法多样，积极主动，责任心强，出满勤	5	
10		团队协作	服从安排，顾全大局，积极与小组成员合作，共同完成工作任务	10	
合 计				100	

任务三~四 苏丹红的检测 吊白块的检测

一、小组讨论，设计检测方案

检测任务					
样品名称		保存地点			
检测时间		检测地点		预估耗时	
参考标准					
检测原理					
画出详细的检测流程图					

续表

	姓名	任务
任务分工	（组长）	

二、试剂、耗材、仪器的准备及回收单

1. 试剂配制及回收

序号	试剂名称 （括号内标注浓度）	用量/ mL	配制方法	完成情况[①]	垃圾分类[②]	处理方式[②]

注：①试剂配制完成后，请在完成情况一列的相应位置打勾"√"。
②垃圾分类和处理方式参考"SN/T 3592—2013《实验室化学药品和样品处理的标准指南》"中的相关规定。

2. 耗材配备及回收

序号	耗材名称（括号内标注规格）	数量/个	是否准备完毕（实验前）	回收数量（实验后）	是否清洗并清除标记（实验后）	是否归回原位（实验后）
				弃去（　）个，保留（　）个		

注："是否准备完毕""是否清洗并清除标记"及"是否归回原位"三列，在相应位置打勾"√"或"×"。

3. 仪器准备及整理

仪器或配件名称	厂家及型号	是否能熟练操作*（实验前、实验后）	使用前情况	使用后情况	整理要求（实验后）	是否达到整理要求
		□　□				
		□　□				
		□　□				
		□　□				
		□　□				

注：*结合各小组的实际情况，在相应方框内打勾"√"或"×"。

三、实验实施及原始数据记录

苏丹红检测原始数据记录单

样品称取	样品名称			
	样品编号	1	2	3
	称取量/（g 或 mL）			

续表

标准系列溶液配制	标准储备液浓度							
	标准系列溶液配制表							
	序号	1	2	3	4	5	6	
	浓度/(mg/L)							
	标准储备液体积/mL							
	定容体积/mL							

仪器参考条件	流动相		色谱柱	
	流速		检测波长	
	进样量		检测器名称	

原始数据记录	序号	标准系列溶液						样品		
		1	2	3	4	5	6	1	2	3
	浓度							—	—	—
	苏丹红Ⅰ峰面积									
	苏丹红Ⅱ峰面积									
	苏丹红Ⅲ峰面积									
	苏丹红Ⅳ峰面积									

数据处理结果	标准曲线公式及 R^2	苏丹红Ⅰ： 苏丹红Ⅱ： 苏丹红Ⅲ： 苏丹红Ⅳ：					
	样品编号	苏丹红Ⅰ			苏丹红Ⅱ		
		1	2	3	1	2	3
	样品溶液中待测物质的浓度/(mg/L)						
	样品中待测物质的含量/(g/kg)						
	样品中待测物质的平均含量/(g/kg)						
	RSD						
	样品编号	苏丹红Ⅲ			苏丹红Ⅳ		
		1	2	3	1	2	3
	样品溶液中待测物质的浓度/(mg/L)						
	样品中待测物质的含量/(g/kg)						
	样品中待测物质的平均含量/(g/kg)						
	RSD						

吊白块检测原始数据记录单

<table>
<tr><td rowspan="3">样品称取</td><td>样品名称</td><td colspan="3"></td></tr>
<tr><td>样品编号</td><td>1</td><td>2</td><td>3</td></tr>
<tr><td>称取量/(g 或 mL)</td><td></td><td></td><td></td></tr>
</table>

<table>
<tr><td rowspan="6">标准系列溶液配制</td><td colspan="2">标准储备液浓度</td><td></td><td colspan="2">标准使用液浓度</td><td colspan="2"></td></tr>
<tr><td colspan="7">标准系列溶液配制表</td></tr>
<tr><td colspan="2">序号</td><td>1</td><td>2</td><td>3</td><td>4</td><td>5</td><td>6</td></tr>
<tr><td colspan="2">浓度/(mg/L)</td><td></td><td></td><td></td><td></td><td></td><td></td></tr>
<tr><td colspan="2">标准使用液体积/mL</td><td></td><td></td><td></td><td></td><td></td><td></td></tr>
<tr><td colspan="2">定容体积/mL</td><td></td><td></td><td></td><td></td><td></td><td></td></tr>
<tr><td colspan="8">注：配制标准系列溶液时，一定要注意区分"标准储备液"和"标准使用液"</td></tr>
</table>

<table>
<tr><td rowspan="3">仪器参考条件</td><td>流动相</td><td></td><td>色谱柱</td><td></td></tr>
<tr><td>流速</td><td></td><td>检测波长</td><td></td></tr>
<tr><td>进样量</td><td></td><td>检测器名称</td><td></td></tr>
</table>

<table>
<tr><td rowspan="4">原始数据记录</td><td rowspan="2">序号</td><td colspan="6">标准系列溶液</td><td colspan="3">样品</td></tr>
<tr><td>1</td><td>2</td><td>3</td><td>4</td><td>5</td><td>6</td><td>1</td><td>2</td><td>3</td></tr>
<tr><td>浓度</td><td></td><td></td><td></td><td></td><td></td><td></td><td>—</td><td>—</td><td>—</td></tr>
<tr><td>甲醛峰面积</td><td></td><td></td><td></td><td></td><td></td><td></td><td></td><td></td><td></td></tr>
</table>

<table>
<tr><td rowspan="6">数据处理结果</td><td colspan="2">标准曲线公式及 R^2</td><td colspan="3"></td></tr>
<tr><td colspan="2">样品编号</td><td>1</td><td>2</td><td>3</td></tr>
<tr><td colspan="2">样品溶液中待测物质的浓度/(mg/L)</td><td></td><td></td><td></td></tr>
<tr><td colspan="2">样品中待测物质的含量/(g/kg)</td><td></td><td></td><td></td></tr>
<tr><td colspan="2">样品中待测物质的平均含量/(g/kg)</td><td colspan="3"></td></tr>
<tr><td colspan="2">RSD</td><td colspan="3"></td></tr>
</table>

四、数据处理过程展示及实验反思

1. 标准曲线绘制及线性方程（注明 R^2）。

2. 请列出计算公式，并代入数据计算，按要求保留有效数字。

3. 根据国家食品添加剂限量标准给出检测结论。

4. 实验过程中遇到的问题及解决方式。

五、实验后整理

①按照要求进行实验室废弃物的分类处理，填写"试剂配制及回收"表；
②按照要求进行耗材的清洗及回收，填写"耗材配备及回收"表；
③按照要求进行仪器的整理，填写"仪器准备及整理"表；
④按照要求进行实训室打扫，主要包括桌面清理、桌椅摆放、地面清洁、垃圾倾倒等。

六、评价与反馈

自我评价表　　　　年　月　日

序号	评价内容	自我评价评语	参考分	实际分
1	理论学习		30	
2	实践操作		40	
3	实验结果		10	
4	小组协作		10	
5	实验整理		10	
		合　计	100	

组内评价表　　　　　年　　月　　日

序号	评价内容	参考分	组员1	组员2	组员3	组员4	组员5	组员6	平均分
1	理论学习	30							
2	实践操作	40							
3	实验结果	10							
4	小组协作	10							
5	实验整理	10							
6	合计	100							

教师评价表　　　　　年　　月　　日

序号	考核内容		考核标准	参考分值	实际得分
1	知识考核	原理	对检测原理的理解与运用	10	
2		检测流程	能绘制整个实验的检测流程	10	
3	能力考核	制定方案	根据安排和要求，查阅相关资料，制定检测方案	15	
4		工作准备	根据需要和实际情况准备所需器具、试剂、仪器	10	
5		样品预处理	按预处理规范进行样品预处理，时刻注意安全	10	
6		检测及书写检测报告	仪器操作、规范检测，发现问题及时解决，书写检测报告	15	
7	素养考核	实验后整理	及时收拾清洁、回收玻璃器皿及仪器设备，垃圾分类有环保意识	5	
8		职业道德	能通过国家标准进行规范检测，数据真实	10	
9		学习与工作态度	态度端正，学习认真，方法多样，积极主动，责任心强，出满勤	5	
10		团队协作	服从安排，顾全大局，积极与小组成员合作，共同完成工作任务	10	
	合计			100	

项目七　食品加工与贮藏过程中产生的有毒有害物质检测

任务一　杂环胺的检测

一、小组讨论，设计检测方案

检测任务					
样品名称		保存地点			
检测时间		检测地点		预估耗时	
参考标准					
检测原理					
画出详细的检测流程图					
任务分工	姓名		任务		
	（组长）				

二、试剂、耗材、仪器的准备及回收单

1. 试剂配制及回收

序号	试剂名称 （括号内标注浓度）	用量/ mL	配制方法	完成情况①	垃圾分类②	处理方式②

注：①试剂配制完成后，请在完成情况一列的相应位置打勾"√"。
②垃圾分类和处理方式参考"SN/T 3592—2013《实验室化学药品和样品处理的标准指南》"中的相关规定。

2. 耗材配备及回收

序号	耗材名称 （括号内标注规格）	数量/ 个	是否准备完毕 （实验前）	回收数量 （实验后）	是否清洗并清除 标记（实验后）	是否归回原位 （实验后）
				弃去（　　）个， 保留（　　）个		

注："是否准备完毕""是否清洗并清除标记"及"是否归回原位"三列，在相应位置打勾"√"或"×"。

3. 仪器准备及整理

仪器或配件 名称	厂家及型号	是否能熟练操作* （实验前、实验后）	使用前 情况	使用后 情况	整理要求 （实验后）	是否达到 整理要求
		□　□				
		□　□				

续表

仪器或配件名称	厂家及型号	是否能熟练操作*（实验前、实验后）	使用前情况	使用后情况	整理要求（实验后）	是否达到整理要求
		□ □				
		□ □				
		□ □				

注：*结合各小组的实际情况，在相应方框内打勾"√"或"×"。

三、实验实施及原始数据记录

样品称取	样品名称						
	样品编号	1		2		3	
	称取量/(g 或 mL)						
混合标准工作液配制	标准储备液浓度			内标储备液浓度			
	混合标准工作液配制表						
	序号	1	2	3	4	5	6
	浓度/(μg/L)						
	标准储备液体积/mL						
	内标储备液体积/mL						
	内标浓度/(μg/L)						
	定容体积/mL						
仪器参考条件	流动相			色谱柱			
	流速			电离方式			
	进样量			扫描方式			

原始数据记录	序号	混合标准工作液						样品		
		1	2	3	4	5	6	1	2	3
	浓度比							—	—	—
	MeIQ 峰面积									
	MeIQx 峰面积									
	4,8-DiMeIQx 峰面积									
	7,8-DiMeIQx 峰面积									
	PhIP 峰面积									
	4,7,8-TriMeIQx 峰面积									

续表

	标准曲线公式及 R^2						
数据处理结果	样品编号	MeIQ			MeIQx		
		1	2	3	1	2	3
	样品溶液中待测物质的浓度/(μg/L)						
	样品中待测物质的含量/(μg/kg)						
	样品中待测物质的平均含量/(μg/kg)						
	RSD						
	样品编号	4,8-DiMeIQx			7,8-DiMeIQx		
		1	2	3	1	2	3
	样品溶液中待测物质的浓度/(μg/L)						
	样品中待测物质的含量/(μg/kg)						
	样品中待测物质的平均含量/(μg/kg)						
	RSD						
	样品编号	PhIP					
		1	2	3			
	样品溶液中待测物质的浓度/(μg/L)						
	样品中待测物质的含量/(μg/kg)						
	样品中待测物质的平均含量/(μg/kg)						
	RSD						

四、数据处理过程展示及实验反思

1. 标准曲线绘制及线性方程（注明 R^2）。

2. 请列出计算公式，并代入数据计算，按要求保留有效数字。

3. 根据国家食品安全相关标准给出检测结论。

4. 实验过程中遇到的问题及解决方式。

五、实验后整理

①按照要求进行实验室废弃物的分类处理，填写"试剂配制及回收"表；
②按照要求进行耗材的清洗及回收，填写"耗材配备及回收"表；
③按照要求进行仪器的整理，填写"仪器准备及整理"表；
④按照要求进行实训室打扫，主要包括桌面清理、桌椅摆放、地面清洁、垃圾倾倒等。

六、评价与反馈

自我评价表　　　　　年　月　日

序号	评价内容	自我评价评语	参考分	实际分
1	理论学习		30	
2	实践操作		40	
3	实验结果		10	
4	小组协作		10	
5	实验整理		10	
	合　计		100	

组内评价表   年   月   日

序号	评价内容	参考分	组员1	组员2	组员3	组员4	组员5	组员6	平均分
1	理论学习	30							
2	实践操作	40							
3	实验结果	10							
4	小组协作	10							
5	实验整理	10							
6	合计	100							

教师评价表   年   月   日

序号	考核内容		考核标准	参考分值	实际得分
1	知识考核	原理	对检测原理的理解与运用	10	
2		检测流程	能绘制整个实验的检测流程	10	
3	能力考核	制定方案	根据安排和要求，查阅相关资料，制定检测方案	15	
4		工作准备	根据需要和实际情况准备所需器具、试剂、仪器	10	
5		样品预处理	按预处理规范进行样品预处理，时刻注意安全	10	
6		检测及书写检测报告	仪器操作、规范检测，发现问题及时解决，书写检测报告	15	
7	素养考核	实验后整理	及时收拾清洁、回收玻璃器皿及仪器设备，垃圾分类有环保意识	5	
8		职业道德	能通过国家标准进行规范检测，数据真实	10	
9		学习与工作态度	态度端正，学习认真，方法多样，积极主动，责任心强，出满勤	5	
10		团队协作	服从安排，顾全大局，积极与小组成员合作，共同完成工作任务	10	
	合计			100	

任务二~三 丙烯酰胺的检测　反式脂肪酸的检测

一、小组讨论，设计检测方案

检测任务					
样品名称		保存地点			
检测时间		检测地点		预估耗时	
参考标准					
检测原理					
画出详细的检测流程图					

任务分工	姓名	任务
	（组长）	

二、试剂、耗材、仪器的准备及回收单

1. 试剂配制及回收

序号	试剂名称 （括号内标注浓度）	用量/ mL	配制方法	完成情况①	垃圾分类②	处理方式②

注：①试剂配制完成后，请在完成情况一列的相应位置打勾"√"。
②垃圾分类和处理方式参考"SN/T 3592—2013《实验室化学药品和样品处理的标准指南》"中的相关规定。

2. 耗材配备及回收

序号	耗材名称 （括号内标注规格）	数量/ 个	是否准备完毕 （实验前）	回收数量 （实验后）	是否清洗并清除 标记（实验后）	是否归回原位 （实验后）
				弃去（　）个， 保留（　）个		

注："是否准备完毕""是否清洗并清除标记"及"是否归回原位"三列，在相应位置打勾"√"或"×"。

3. 仪器准备及整理

仪器或配件名称	厂家及型号	是否能熟练操作*（实验前、实验后）		使用前情况	使用后情况	整理要求（实验后）	是否达到整理要求
		☐	☐				
		☐	☐				
		☐	☐				
		☐	☐				
		☐	☐				

注：*结合各小组的实际情况，在相应方框内打勾"√"或"×"。

三、实验实施及原始数据记录

丙烯酰胺检测原始数据记录单

样品称取	样品名称						
	样品编号	1		2		3	
	称取量/(g 或 mL)						
标准系列溶液配制	标准储备液浓度			标准中间溶液浓度			
	工作溶液Ⅰ浓度			工作溶液Ⅱ浓度			
	标准系列溶液配制表						
	序号	1	2	3	4	5	6
	浓度/(mg/L)						
	标准中间溶液体积/mL						
	工作溶液Ⅱ体积/mL						
	内标工作溶液体积/mL						
	定容体积/mL						
	注：配制标准系列溶液时，一定要注意区分"标准储备液"和"标准中间溶液"。						
仪器参考条件	流动相			色谱柱			
	流速			检测方式			
	进样量			电离方式			
原始数据记录	序号	标准系列溶液						样品		
		1	2	3	4	5	6	1	2	3
	浓度							—	—	—
	丙烯酰胺峰面积									
	内标峰面积									

续表

数据处理结果	标准曲线公式及 R^2	丙烯酰胺		
	样品编号	1	2	3
	样品溶液中待测物质的浓度/(μg/L)			
	样品中待测物质的含量/(μg/kg)			
	样品中待测物质的平均含量/(μg/kg)			
	RSD			

反式脂肪酸检测原始数据记录单

样品称取	样品名称								
	样品编号	1		2			3		
	称取量/(g 或 mL)								
混合标准工作液配制	标准储备液浓度				混合标准中间液浓度				
	混合标准工作液配制表								
	序号	1	2	3	4	5	6	7	8
	浓度/(mg/L)								
	标准中间溶液体积/mL								
	定容体积/mL								
	注:配制标准工作液时,一定要注意区分"标准储备液"和"混合标准中间液"								
仪器参考条件	流动相				色谱柱				
	流速				检测波长				
	进样量				检测器名称				

原始数据记录	序号	混合标准工作液							样品		
		1	2	3	4	5	6	7	8	1	2	3
	浓度									—	—	—
	$C_{16:1}$ 9t 峰面积											
	$C_{18:1}$ 6t 峰面积											
	$C_{18:1}$ 9t 峰面积											
	$C_{18:1}$ 11t 峰面积											
	$C_{18:2}$ 9t,12t 峰面积											
	……											

续表

数据处理结果	样品编号	反式脂肪酸		
		1	2	3
	样品溶液中待测物质的浓度/(mg/L)			
	样品中待测物质的含量/%（质量分数）			
	样品中待测物质的平均含量/%（质量分数）			
	RSD			

四、数据处理过程展示及实验反思

1. 标准曲线绘制及线性方程（注明 R^2）。

2. 样品中反式脂肪酸的定量及定性。

3. 请列出计算公式，并代入数据计算，按要求保留有效数字。

4. 根据食品安全国家相关标准给出检测结论。

5. 实验过程中遇到的问题及解决方式。

五、实验后整理

①按照要求进行实验室废弃物的分类处理，填写"试剂配制及回收"表；
②按照要求进行耗材的清洗及回收，填写"耗材配备及回收"表；
③按照要求进行仪器的整理，填写"仪器准备及整理"表；
④按照要求进行实训室打扫，主要包括桌面清理、桌椅摆放、地面清洁、垃圾倾倒等。

六、评价与反馈

自我评价表　　　　　年　　月　　日

序号	评价内容	自我评价评语	参考分	实际分
1	理论学习		30	
2	实践操作		40	
3	实验结果		10	
4	小组协作		10	
5	实验整理		10	
	合计		100	

组内评价表　　　　　年　　月　　日

序号	评价内容	参考分	组员1	组员2	组员3	组员4	组员5	组员6	平均分
1	理论学习	30							
2	实践操作	40							
3	实验结果	10							
4	小组协作	10							
5	实验整理	10							
6	合计	100							

教师评价表　　　　　　年　　月　　日

序号	考核内容		考核标准	参考分值	实际得分
1	知识考核	原理	对检测原理的理解与运用	10	
2		检测流程	能绘制整个实验的检测流程	10	
3	能力考核	制定方案	根据安排和要求，查阅相关资料，制定检测方案	15	
4		工作准备	根据需要和实际情况准备所需器具、试剂、仪器	10	
5		样品预处理	按预处理规范进行样品预处理，时刻注意安全	10	
6		检测及书写检测报告	仪器操作、规范检测，发现问题及时解决，书写检测报告	15	
7	素养考核	实验后整理	及时收拾清洁、回收玻璃器皿及仪器设备，垃圾分类有环保意识	5	
8		职业道德	能通过国家标准进行规范检测，数据真实	10	
9		学习与工作态度	态度端正，学习认真，方法多样，积极主动，责任心强，出满勤	5	
10		团队协作	服从安排，顾全大局，积极与小组成员合作，共同完成工作任务	10	
	合　计			100	